バイオ医薬品製造の効率化と生産基材の開発

Development of Efficient Manufacturing Process for Biotechnology Products and Novel Production Processes

《普及版／Popular Edition》

監修 山口照英

シーエムシー出版

はじめに

遺伝子組換え技術を応用したバイオテクノロジー医薬品（バイオ医薬品）が世に出て四半世紀になろうとしている。この間，エリスロポエチンやヒト成長ホルモンなど様々な生理活性タンパク質の大量生産が可能になり，多くの患者にとって必要不可欠な医薬品になっている。また，血漿分画製品の代わりに組換え第8因子等の製品が製造されるようになっている。さらにヒトモノクローナル抗体の製造技術が確立されたことにより抗体医薬品がバイオ医薬品の中心になりつつある。抗体医薬品の中でも抗TNFα抗体やTNF受容体とFcとの融合タンパク質などが関節リウマチやクローン病の治療に用いられるようになり，自己免疫疾患の治療戦略が大きく変わってきている。また，発作性夜間ヘモグロビン尿症治療薬の抗C5a抗体のように患者の延命にも大きく寄与するバイオ医薬品も数多く承認されるようになっている。

世界の医薬品の売り上げのトップ15にバイオ医薬品が7品目も入っており，これらの全てが抗体医薬品あるいは抗体関連製品である。このようにバイオ医薬品の開発が急速に進展するに従い，その医療費への負荷も危惧されるようになっており，英国の国立医療技術評価機構は高価過ぎるとの理由から一部の抗体医薬品の保険適用を拒否する決定もしている。また国内でもバイオ医薬品の継続的な使用に対して多くの患者で経済的負担が高いことが指摘されている。

こうした背景から，よりコストの低い製造技術の開発が続けられており，従来の生産基材であってもより効率的な製造方法の最適化も試みられている。本書ではまずはCHOや*Escherichia coli*等を用いた多くの従来型生産基材を取り上げていただき，どのような最適化が必要かを中心に解説をお願いした。次いで，生産基材としてトランスジェニック動・植物を用いたバイオ医薬品の開発や様々な製造技術が模索されており，最先端の技術について解説をしていただいた。さらに，糖鎖改変が抗体の有効性の画期的な改変につながることが明らかになり，糖鎖改変に関する基盤技術についても触れていただいた。また，抗体医薬品の体内動態の改良についても解説をお願いした。このような体内動態や薬効の画期的な改良は，生産基盤というだけにとどまらずバイオ医薬品に広がりを与えるものになり，従来の治療戦略にも大きなインパクトが与えられようとしている。

一方で，従来の抗体医薬品や生理活性タンパク質をペプチドや核酸医薬品に代替する試みも続けられており，将来的に抗体医薬品や生理活性タンパク質の代わりにペプチドや核酸医薬品が用いられることも想定される。もちろん核酸医薬品などはDDSの開発により独自のタンパク質発現制御を通じた医薬品としての開発も進められている。本書では化学合成によるペプチドや核酸医薬品の製造技術についても解説していただいた。

本書のこのような多岐にわたる生産基材のついての紹介が，バイオ医薬品開発に携わる方のみならず基礎研究を行っておられる研究者にとっても新たな研究のきっかけになることを期待している。

2012年4月

山口照英

普及版の刊行にあたって

本書は2012年に『バイオ医薬品製造の効率化と生産基材の開発』として刊行されました。普及版の刊行にあたり，内容は当時のままであり加筆・訂正などの手は加えておりませんので，ご了承ください。

2018年10月

シーエムシー出版　編集部

執筆者一覧（執筆順）

山口照英　国立医薬品食品衛生研究所　生物薬品部　研究員

桐原　清　日本ケミカルリサーチ㈱　生産本部

平林　淳　(独)産業技術総合研究所　糖鎖医工学研究センター　副センター長；レクチン応用開発チーム　チーム長

大政健史　徳島大学　大学院ソシオテクノサイエンス研究部　教授

井川智之　中外製薬㈱　研究本部　探索研究部　チームリーダー

服部有宏　中外製薬㈱　研究本部　探索研究部　部長

松田治男　広島大学　大学院生物圏科学研究科　特任教授；㈱広島バイオメディカル

佐藤正治　㈱広島バイオメディカル　研究開発部　主席研究員

菅原卓也　愛媛大学　農学部　准教授

岡村元義　㈱ファーマトリエ　代表取締役

籔田雅之　第一三共㈱　製薬技術本部　バイオ医薬研究所　主席

千葉靖典　(独)産業技術総合研究所　糖鎖医工学研究センター　主任研究員

伊藤孝司　徳島大学　大学院ヘルスバイオサイエンス研究部　創薬生命工学分野　教授

浅野竜太郎　東北大学　大学院工学研究科　バイオ工学専攻　准教授

熊谷　泉　東北大学　大学院工学研究科　バイオ工学専攻　教授

松村　健　(独)産業技術総合研究所　生物プロセス研究部門　植物分子工学研究グループ　研究グループ長

梶浦裕之　大阪大学　生物工学国際交流センター　特任研究員

三﨑　亮　大阪大学　生物工学国際交流センター　助教

藤山和仁　大阪大学　生物工学国際交流センター　教授

福澤徳穂　(独)産業技術総合研究所　生物プロセス研究部門　植物分子工学研究グループ　研究員

上田清貴　奈良先端科学技術大学院大学　バイオサイエンス研究科　植物代謝制御研究室　博士後期課程

加藤　晃　奈良先端科学技術大学院大学　バイオサイエンス研究科　植物代謝制御研究室　助教

安野理恵　㈱産業技術総合研究所　生物プロセス研究部門　植物分子工学研究グループ　研究員

冨田正浩　㈱免疫生物研究所　製造・商品開発部　蛋白工学室　室長

百嶋　崇　科研製薬㈱　生産技術研究所

朴　龍洙　静岡大学　創造科学技術大学院　教授

西島謙一　名古屋大学　大学院工学研究科　化学・生物工学専攻　生物機能工学分野　遺伝子工学研究グループ　助教

石川文啓　三重大学　大学院生物資源学研究科　生物圏生命科学専攻　博士後期課程

田丸　浩　三重大学　大学院生物資源学研究科　生物圏生命科学専攻　准教授

南海浩一　㈱ジーンデザイン　プロセス開発部　部長

鈴木啓正　積水メディカル㈱　医療事業部門　医薬事業部　営業部営業企画グループ　グループ長

阿部　準　積水メディカル㈱　医療事業部門　医薬事業部　岩手研究開発センター　研究開発グループ　研究員

中野秀雄　名古屋大学　大学院生命農学研究科　教授

兒島孝明　名古屋大学　大学院生命農学研究科　助教

内田恵理子　国立医薬品食品衛生研究所　遺伝子細胞医薬部第一室　室長

稲川淳一　GEヘルスケア・ジャパン㈱　ライフサイエンス統括本部　バイオプロセス事業部　テクニカルエキスパート

本田真也　㈱産業技術総合研究所　バイオメディカル研究部門　研究グループ長；東京大学　大学院新領域創成科学研究科　メディカルゲノム専攻　客員教授

宮川　伸　㈱リボミック　代表取締役社長

中村義一　東京大学　医科学研究所　遺伝子動態分野　教授

青山茂之　JNC㈱　水俣研究所

宮津嘉信　一般財団法人　化学及血清療法研究所　試作事業部　部長

中島和幸　一般財団法人　化学及血清療法研究所　試作事業部　試作事業第1課　課長

赤崎慎二　一般財団法人　化学及血清療法研究所　試作事業部　試作事業第1課

執筆者の所属表記は，2012年当時のものを使用しております。

目　　次

【第Ⅰ編　総　論】

第1章　バイオ医薬品の効率的製造に向けた世界動向と規制状況　山口照英

第2章　バイオ後続品生産における宿主の安定性および安全性　桐原　清

第3章　バイオ医薬品開発における糖鎖技術　平林　淳

【第Ⅱ編　細胞培養法による製造】

第1章　CHO細胞におけるタンパク質生産性向上技術，ベクター開発　大政健史

第2章　薬物動態および物理化学的性質の優れた抗体医薬品の開発　井川智之，服部有宏

第3章　ニワトリ抗体の基礎と組換え抗体　松田治男，佐藤正治

第4章　高密度培養法　菅原卓也

【第Ⅲ編　微生物を用いた製造】

第1章　大腸菌等の原核生物を用いた組換え医薬品の生産と精製プロセス　岡村元義

第2章　融合タンパク法によるペプチド・タンパクの生産　籔田雅之

第3章　酵母を用いた糖鎖合成制御とタンパク質の生産　千葉靖典

第4章　新規生産基材を利用した組換えリソソーム病治療薬の開発　伊藤孝司

第5章　低分子治療抗体の開発　浅野竜太郎，熊谷　泉

【第Ⅳ編　トランスジェニック植物による製造】

第1章　植物による抗体生産について（海外動向など）　松村　健

第2章　植物における糖鎖の制御　梶浦裕之，三﨑　亮，藤山和仁

第3章　植物での抗体遺伝子の高発現（遺伝子導入）技術　福澤徳穂

第4章　植物におけるタンパク質翻訳の効率化　上田清貴，加藤　晃

第5章　植物工場による生産　安野理恵

第6章　トランスジェニック植物を用いて製造されるバイオ医薬品に関する規制動向　山口照英

【第V編　トランスジェニック動物・昆虫・その他】

第1章　トランスジェニックカイコを用いた抗体生産技術　冨田正浩

第2章　カイコによるヒト型抗体の生産と糖鎖解析　百嶋　崇，朴　龍洙

第3章　遺伝子組換え鳥類の作製と抗体生産技術　西島謙一

第4章　金魚を用いた抗体生産　石川文啓，田丸　浩

第5章　核酸医薬（オリゴヌクレオチド）の製造技術　南海浩一

第6章　ペプチド医薬品の高効率的製造法：Molecular Hiving™技術のGMP製造への適用　鈴木啓正，阿部　準

第7章　無細胞蛋白質合成系の利用技術の新展開　中野秀雄，兒島孝明

第8章　トランスジェニック動物によるバイオ医薬品生産に関する海外ガイドライン解説　内田恵理子

【第Ⅵ章　バイオ医薬品の大量精製技術】

第1章　抗体医薬品製造における精製戦略　稲川淳一

第2章　抗体精製用アフィニティーリガンドの論理的改変　本田真也

第3章　アプタマーを用いた抗体精製　宮川　伸，中村義一

第4章　液体クロマトグラフィー用担体の開発　　青山茂之

第5章　酵母を用いた遺伝子組換え人血清アルブミンの大量生産技術　　宮津嘉信，中島和幸，赤崎慎二

【第I編　総　論】

第1章　バイオ医薬品の効率的製造に向けた世界動向と規制状況

山口照英*

1　バイオ医薬品の生産技術の開発動向

1980年代に組換えヒトインスリンや組換えヒト成長ホルモンが開発され，バイオ医薬品の新しい生産技術が確立されていった。それまでのタンパク質医薬品はヒトや動物から製造するか，あるいは微生物を用いて製造される酵素類などを精製して用いられていた。生体由来タンパク質は有効な薬理作用が明らかにされていた場合でも大量に精製することは原材料の量的な観点から治療に用いるには大きなハードルとなっていた。ところが，組換えDNA技術の確立と共に細胞培養技術なども急速に進歩し，生体微量タンパク質を大量に生産することが可能になり，バイオ医薬品の開発が急速に進んだ。表1に挙げるように既に世界の医薬品販売の多くをバイオ医薬品が占めるようになっており，従来の化学合成医薬品をしのぐ勢いで開発が進められている。2010年代の終わりには，新薬の30％がバイオ医薬品になると予想されている。特に，モノクローナル抗体医薬品やエタネルセプトなどの抗体関連医薬品（抗体医薬品等と略）の開発は目覚しいものがあり，2010年以降のバイオ医薬品の中でも抗体医薬品等の占める割合が非常に高くなっており，さらに販売額でも非常に大きな位置を占めるようになっている。

一方で，このようなモノクローナル抗体医薬品を中心としたバイオ医薬品の開発の進展により医療経済上の危機感が増してきており，英国保険機構は高額な薬価に見合う患者のメリットが無いとして2つのモノクローナル抗体医薬品の保険適用を拒否することを決めた（表1）。また，FDAはアバスチンの乳がん患者への適用拡大申請に対して，その適用拡大を認めない決定をした。いくつか挙げられている理由の一つに薬価の高さに見合うほどの効果が示されていないとしている。これについてはまだ議論が続いているようだが，抗体医薬品の適用に当たってその薬価の高さが非常に重要な問題になっていることは否めない。バイオ医薬品の開発の勢いは今後も続くと考えられ，拡大を続けるバイオ医薬品の今後のあり方をどのようにしていくのかが問われている。

全く異なる視点ではあるが，我が国発のモノクローナル抗体に関する新規技術が相次いで発表されている。ひとつは抗体のFc領域のコンセンサスN型糖鎖のFucoseを除去することにより(Fucoseを結合させない糖鎖改変)，抗体依存性細胞傷害活性（ADCC）を増強する技術である[1]。この低Fucose化技術により，抗腫瘍作用がこれまでの50-100分の1の抗体量で達成されると報

＊　Teruhide Yamaguchi　国立医薬品食品衛生研究所　生物薬品部　研究員

表1　バイオ医薬品の開発の広がりと医療費の高騰

売上順	一般名	薬効等	百万ドル
1	アトルバスタチン	高脂血症	13,476
2	クロピドグレル	抗血小板薬	9,291
3	サルメテロール フルチカゾン	抗喘息薬	7,737
4	リツキシマブ	非ホジキンリンパ腫	6,739
5	エタネルセプト	関節リウマチ/乾癬	6,447
6	インフリキシマブ	関節リウマチ/クローン病	6,230
7	バルサルタン	抗圧剤	6,227
8	エソメプラゾール	抗潰瘍剤	5,200
9	エポエチン　アルファ	腎性貧血	5,116
10	ベバシズマブ	抗がん剤	4,933
11	トラスツズマブ	抗がん剤	4,824
12	オランザピン	統合失調症	4,696
13	フマル酸クエチアピン	統合失調症	4,656
14	モンテルカス	抗喘息	4,582
15	アダリムマブ	関節リウマチ	4,359

世界の大型医薬品売り上げ高ランキング（2008）http://www.utobrain.co.jp/news-release/2009/0730/NewsRelease0730.pdf

- 2018年に新薬の中に占める抗体医薬品の比率は30％になる
  Reichert, M. J.; Monoclonal Antibodies as Innovative Therapeutics. Current Pharmaceutical Biotechnology, 9, 423-430（2008）
- National Institute for Health and Clinical Excellence が，Avastin と Erbitux は高価過ぎて使用を推薦できず
  Colorectal Cancer: Bad NICE News for Avastin and Erbitux
  Posted on: Monday, 21 August 2006, 12:00 CDT
  The UK's National Institute of Clinical Excellence has decided against making Avastin and Erbitux available for the treatment of colorectal cancer on the National Health Service, arguing that both drugs are too expensive.
  UK's NICE Recommends Use Of Erbitux For Metastatic Colorectal Cancer Patients
  02 Jun 2009

告されており，従来のモノクローナル抗体よりもはるかに少ない抗体により抗腫瘍効果が発揮されると期待されている。もうひとつは，抗体の血管内皮細胞でのリサイクリングに関与するFcRnに対する親和性を改変する技術で，よりFcRnに親和性を持たせることにより血中半減期の延長をもたらす[2)]。これらの2つの技術は開発が進むモノクローナル抗体医薬品をより低用量で使用可能にする技術であり，大量投与が必要とされてきた抗体医薬品の適用に変革をもたらす可能性がある。

このような動きは医薬品全体の中でのバイオ医薬品のプレゼンスが増大するに従い，医療費の高騰や患者の負担の増加に対する対応として出てきたといえる。このような対応を含めバイオ医薬品製造における技術革新は目覚しいものがあり，いくつかの製造技術が相互にそれぞれの欠点を補う形で開発が進められている。本稿では，バイオ医薬品の生産技術開発の世界動向について

概説すると共に，それぞれの技術がどのように関連するか，またバイオ医薬品のライフサイクルを踏まえて今後についての大胆な予測も書いてみたい。また，製造技術開発における安全性や品質管理で話題になった点についても触れてみたい。尚本書では様々な生産技術について多くの識者からそれぞれの製品ごとに解説していただいているので，詳細は各章を参照していただきたい。

2　*Escherichia coli*等の原核生物を細胞基材とする医薬品生産

インスリンやヒト成長ホルモンなどの組換えDNA技術応用タンパク質医薬品（組換え医薬品）の開発から30年以上にもなる。新規に承認されるバイオ医薬品は動物細胞を用いたものが多いが，抗体医薬品でもターゲット分子との結合だけを目的とする場合にはFabを*E.coli*で製造することも行われている。効率的な生産のために，プロテアーゼの少ない宿主を用いたり，封入体などの生産部位の選択によりきわめて高い生産性が達成されている。また，ベクターと宿主の組み合わせについても非常によく研究されており，ある意味非常に成熟した技術といえる。

安全性の観点から，ウシ海綿状脳症（BSE）を受けウシペプトンを用いる方法から，植物分解物や無機塩類のみの製造も開発がおこなわれてきており，問題点はすべての培養液の組成を既知物質だけにするとコストの面で非常に高くなってしまうことであろう。また，抗体医薬品のFabのみを発現させた場合には，全抗体分子と異なり血中半減期が短いことが問題とされている。単純タンパク質の血中半減期を延長させる改変として，ポリエチレングリコール等を結合させる試みが行われている[3)]。すでに，PEGインターフェロン類やPEG化抗体などいくつかの製品が市販されている[4, 5)]。

不純物としてエンドトキシンとECPがある。1980年代の初期のヒト成長ホルモン（hGH）の生産では宿主大腸菌タンパク質（ECP）の混入量が多いためにアジュバント効果が見られ，初期臨床試験では抗hGH抗体の産生が見られた。精製法の改良によりECPの混入量を低減化し，抗体産生は殆ど見られなくなった。hHGのバイオ後続品であるオムニトロープの初期臨床試験で抗hGH抗体の産生が見られたが，ECP量を低減化することにより抗体産生は見られなくなった[6)]。このオムニトロープ開発における初期臨床試験の結果は，バイオ医薬品開発初期の経験が適切に生かされていなかったことを意味しており，*E.coli*を用いたタンパク質医薬品製造のおもわぬ落とし穴であったといえる。

単純タンパク質医薬品開発では今後も*E.coli*等の原核生物を用いた製造は重要な技術として汎用されていくと思われるが，一方で，より生産性の高い細胞基材を用いた開発も進められている。ただ，*E.coli*を用いた経験は非常に重要であり，新たな細胞基材を開発していくに際してもECPの免疫反応性への関与を常に念頭におく必要がある。

3 CHO細胞等の動物細胞を用いたタンパク質医薬品の生産

単純タンパク質から糖たんぱく質の生産の歴史を振り返ってみると，開発ストラテジーの変遷と，一度技術が出来上がってしまうと他の技術の導入が余り進まないという保守的な側面が見えてくる。組織プラズミノーゲン活性化因子（tPA）やエリスロポエチンなどの糖タンパク質の生産には動物細胞が必要とされ，複数の株化細胞が用いられていた。また，ヒトリンパ球細胞であるNAMALWA細胞やBALL細胞を生産基材として製造されるインターフェロンαなど様々な細胞が用いられていたが，生産効率の高さなどからCHO細胞が汎用されるようになった[7, 8]。CHOが生産基材として用いられ始めた初期には牛胎児血清が用いられていたが，培養後のバルクハーベストにおける目的タンパク質の純度やBSE発症によりリスク回避を目的として無血清化技術が飛躍的に進んだ。さらに，大量培養を行うために浮遊培養の開発が行われ，5,000L培養槽を用いた生産が一般的に行われている。

無血清培養が可能になったことにより，バルクハーベストの目的タンパク質の純度は飛躍的に向上しており，場合によっては目的タンパク質70％を超えることもあるようで，高い純度はその後の精製工程の負荷の軽減に大きく寄与している。

一方で無血清培地の改良も大きく進み，モノクローナル抗体医薬品の製造では培養液1L当たり数gから10gの生産が可能とまで言われている。このように極めて高い生産性が達成されているが，CHO細胞を用いる生産技術としてほぼ成熟されている感がある。CHO細胞を用いるタンパク質生産は，目的タンパク質をコードする遺伝子導入と導入された細胞内でのメトトレキセートによるコピー数の増幅によって高い生産性がもたらされている。

CHO細胞以外の動物細胞でのタンパク質生産では，より生産性の高い細胞の選択[9]や，目的タンパク質遺伝子のコピー数を増加させるために工夫[10]が行われている。開発中のこれらの技術については本書では触れられなかったが，将来この技術が実用化されてくる可能性も十分あり得る。一方で，CHO細胞での経験は，単にタンパク質の生産ばかりでなく内在性のウイルス様粒子の解析，宿主タンパク質の管理など多くの製造のノウハウが蓄積されており，新たな生産手段の導入に際してはこのようなCHO細胞を用いた生産の経験をどのように生かすか，あるいは独自の経験をどのようにして蓄積していくかが大きな鍵を握ると考えられる。

モノクローナル抗体の生産ではCHO細胞以外にNS0細胞やSP2/0細胞のようにマウスミローマ細胞が汎用されている。これは，ミエローマ細胞を用いることにより重鎖（H鎖）及び軽鎖（L鎖）それぞれ2分子ずつから構成される抗体分子の発現に有用であるとの技術的要因にあると思われる。一方で，NS0細胞やSP2/0ではマウス型の糖鎖が付加され，ヒトが持つ異種糖鎖抗原付加によるアナフィラキシーの発症のリスクもあり得る[10]。但し，糖鎖の付加部位によっては異種抗原糖鎖が付加しても必ずしも反応性があるわけではなく，抗体のFc領域のコンセンサス糖鎖ではGalα1-3Galといった異種抗原糖鎖が結合しても必ずしもアナフィラキシー発症リスクがあるわけではないとされている。

一方で動物細胞を用いた培養工程では培養スケールの大きさが非常に重要となる。特に浮遊細胞系では酸素の安定供給と老廃物の除去のために攪拌操作が非常に重要であるが，大量培養になれば十分に攪拌するために回転翼の回転速度を増加させる必要があり，その回転翼による細胞のせん断が細胞の生存率に影響を与える可能性が高くなる。また目的タンパク質の翻訳後修飾にも大きな影響を与える。FDAは，培養細胞を用いたバイオ医薬品の製造において5,000Lから25,000Lといった培養スケールの大幅な変更申請に対して製法変更とは認められないという結論を出したケースもあった。このように製造スケールの変更における製造変更の同等性評価は今後の大きな課題となっている。

動物培養細胞を用いたバイオ医薬品の製造で，どのような細胞を選択するかは目的タンパク質の特性や生産効率，翻訳後修飾などを考慮して選択していく必要がある。一方で，CHOやNS0，SP2/0といった製造経験の多い細胞は，製造におけるタンパク質修飾や生産性についてのデータが豊富に蓄積されており，さらにウイルス安全性面からも蓄積された情報を活用しやすいという利点がある。このために新たな細胞基材を用いるのはハードルが高いとされている。

その一方で，糖タンパク質はこれまでCHO等の動物タンパク質を用いてしか製造されないとされてきたが，酵母を用いた糖タンパク質製造の試みがなされている[11, 12]。もし酵母を用いた糖タンパク質の製造が実用化レベルにいたれば，これまで動物細胞を用いた開発で，必須とされてきたウイルス安全性の評価に要していた解析時間やリソースを省くことが可能になり，製法開発のスピードが上がる可能性がある。タンパク質の特性を考慮しつつ生産系をどのように選択していくかは今後の大きな課題と思われる。

4　トランスジェニック動植物を用いたバイオ医薬品の製造

バイオ医薬品を製造するのに，動物や植物に目的タンパク質遺伝子を導入してトランスジェニック動物や植物を作製する技術が注目を集めている。既にTg動物製品は2品目が海外で市販されており，実用化の時代に入っている。Tg動物を用いたバイオ医薬品に関してはEUでは1994年にガイドライン[13]が発出されており，FDAはバイオ医薬品に関するガイドラインではないがTg動物作製に当たってのガイダンス案を出している[14]。我が国ではTg動物に関する指針や通知は発出されていないために，規制上の要件に関しては，これらの欧米ガイドラインが参考になる。

具体的なTg動物を用いたバイオ医薬品製造については他章で詳しく触れていただいており，そちらを参考にしていただきたい。ここでは，Tg動物を用いる場合の安全性や品質のキーポイントになる点について言及する。Tg動物を用いる生産では，無菌動物やウイルスフリー動物を用いることは余り現実的ではないことから，ウイルス安全性に対する対応が重要となる。特に内在性のレトロウイルスや潜在しているウイルスに関する試験や，原料にウイルスが混入していることを前提としての精製工程でのウイルスクリアランス試験とその評価が重要である。従って，

①生産用Tg動物作製に用いる動物種の選択とウイルス等の試験，②製造過程がどの程度ウイルス除去及び不活化能力を有するかに関する評価，③原料バルクなど製造工程の適当な段階における製品のウイルス否定試験などの3つのアプローチを採用し，相互補完的にウイルス安全性を確保する必要がある。また平行して，動物の飼育工程での迷入ウイルスに対する試験も重要であり，そのためには飼育環境，飼料等からの汚染の可能性を出来る限り低減することも重要である。

一方で，動物由来タンパク質や多糖類を医薬品として利用しており，これらのウイルス安全性確保では生物由来原料基準の中の動物由来原料基準を適用するべきと考えられる[15]。また，局方参考情報「日局生物薬品のウイルス安全性確保の基本要件」も参考にするべきであろう。ここでは，食肉基準への適合と健康な動物の要件が記載されており，Tg動物由来バイオ医薬品の製造にも適用できる要件もあると考えられる。

Tg植物製品についてはEU及びFDAからガイドライン（FDAは案）が発出されており，Tg植物を用いたバイオ医薬品の製造における品質や安全性評価のポイントが示されている。特に，Tg植物で製造されたタンパク質の翻訳後修飾が動物細胞を用いた場合と大きく異なる可能性があり，植物特有の糖鎖修飾はヒトに対して異種抗原となる可能性があり，そのために糖転移酵素の導入やノックダウンを行う遺伝子改変されたTg植物に目的遺伝子を導入することが行われている。ただ，これらの糖鎖修飾酵素をヒト型に改変できているわけではなく，また改変によっては植物の生長そのものに影響を与える可能性があり，現実的には目的タンパク質の特性に応じた宿主植物の改変によって製造法を確立していく必要がある。糖鎖以外にも植物特有のリン酸化や脂質付加などが起こる場合もあり，これらの修飾がどの程度ヒトでの安全性に関与するかが明らかになっていないことも多い。

Tg植物由来タンパク質医薬品が先進国で承認された製品は無いが，Tg動物由来製品以上にコストの低減化が期待されている。例えば，EUではTg植物由来製品に関するコンソーシアム[16]が作られており，この中にはムコ多糖症治療薬のような希少疾病薬製品をTg植物を用いて製造することにより医療費の低減化を図りたいとの狙いがある。ムコ多糖症治療用タンパク質医薬品では，年間での投与に要する費用が数千万円にも上る場合があり，これらを植物を用いて製造することが可能になれば，患者の負担軽減や医療費の軽減に寄与できると考えられる。

またTg植物由来製品の中には果実や野菜のように食品の形態で摂取するものの中に目的タンパク質を発現させ，そのタンパク質に対する抗体産生を目的とする“食べるワクチン”開発も進められている。食べるワクチンは有効成分の含量をどのように管理するのか等いくつかの課題があるが，注射製剤と異なり感染性因子に対する管理が比較的容易であり，精製工程が簡便であり無菌製造工程を行わないですむことから製造コストが極めて低く抑えられるという利点がある。

5　核酸医薬品やペプチド合成技術

これまで述べてきたバイオ医薬品の製造は細胞や動物，あるいは植物といった生物を生産手段として用いるものである。生物を生産手段として用いることにより，転写，翻訳，翻訳後修飾といった生物の持つ巧妙なタンパク質産生機構を利用することにより複雑なタンパク質合成を可能としている。その一方で，生きている生物を利用することによる生産の揺らぎがあり品質の恒常性を担保するためには製造条件の厳密な管理が必要とされる。また，生産基材によってはウイルス等の感染性因子に対する安全性確保が重要な課題となっている。

一方で，化学合成されたペプチドや低分子の核酸の医薬品としての利用が既に行われている。例えばペプチドの合成技術は非常に向上してきており，またそのコストも非常に低減化されている。合成で可能なペプチドの大きさも改良が重ねられており，従来は組換えDNA技術を用いて製造されていたペプチドも合成法によって製造可能になりつつある。

もう一方で，抗体などの複雑な分子の機能を28アミノ酸で代用できることが示され[17]，ペプチド医薬品が抗体医薬品の代用として使われる可能性も視野に入れられている。また，サイトカインや増殖因子の機能を真似る（ミミック）医薬品としてペプチドミミックの開発も精力的に進められている。このような新たな開発戦略により，ペプチド合成技術が注目されている。

核酸医薬としては特定の遺伝子発現をノックダウンさせるアンチセンスオリゴヌクレオチドやRNA緩衝因子であるsiRNA，さらには特定の遺伝子の転写因子と結合するデコイ核酸などタンパク質の翻訳や機能発現を細胞内で制御するためのオリゴヌクレオチド技術の開発が進められている。それ以外のオリゴヌクレオチド技術として特定のタンパク質との結合性を有するアプタマ

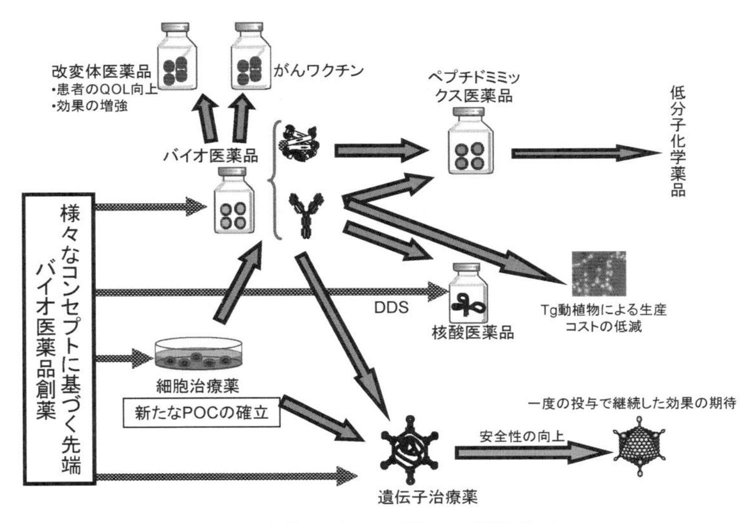

図1　今後のバイオ医薬品の製造戦略
従来の*E.coli*やCHO細胞等を用いたバイオ医薬品の生産から，より生産効率の高い細胞やTg動植物を用いた生産の取り組みが続けられると予想される。また，タンパク質の代わりに，同様の生物活性を持つ低分子ペプチドや核酸医薬の開発も現実性が出てきている。また，有用タンパク質を産生する細胞を直接ヒトに投与したり，遺伝子治療薬としての利用も近いと考えられる。

ーの開発が注目されている。細胞内で作用するアンチセンスオリゴヌクレオチドやsiRNA等は特定の細胞への送達と細胞内へ取り込ませるDDS技術の開発が必須であり，このDDS開発が大きな課題となっている。アプタマーは抗体のような利用法が可能であり，すでに加齢性黄斑症の治療薬として市販されている。

上記したペプチドや核酸医薬は将来バイオ医薬品の代替として用いられるようになる可能性が考えられる。また，前項で述べたTg植物やTg動物を用いたバイオ医薬品の製造もCHO細胞等での製造に変わって用いられてくるようになる可能性がある。このような，バイオ医薬品の製造技術の変化は近い将来におけるバイオ医薬品のライフサイクルを考える上でも重要である。このような考え方を図1にまとめてみた。今回は取り上げられなかったが，細胞治療や遺伝子治療といった製品もバイオ医薬品製造におけるライフサイクルと切り離しては考えられなくなると予想している。

6　おわりに

バイオ医薬品の生産に，多様な製造技術が開発されるようになってきており，我が国が得意とするカイコを用いた医薬品の製造やニワトリといったこれまでにない技術開発も行われてきているが，これらの新しい技術については触れることが出来なかった。また無細胞系でのタンパク質製造についても触れることが出来なかったが，他章で詳しく述べられているのでそちらを参照してほしい。

バイオ医薬品の製造手段としてどれを選択していくかは目的タンパク質の特性に応じて柔軟に考えるべきと思われるが，一方で従来の手法から新しい製造技術を導入するには経験の蓄積が生かせないという側面もある。従って全く異なる生産基材，例えばTg植物を用いてバイオ医薬品を製造する場合に，もし同種製品が既にCHO細胞等を用いて製造されている場合には既存の製品との比較が極めて有用な情報をもたらしてくれる可能性がある。新たな生産手法を導入するメリットは，おそらくコストの削減であったり，感染因子のリスクの低い生産基材の選択であることが想定され，そのメリットと新規生産技術採用に際して払うべきリソースの大きさが重要であろう。一方で，バイオ医薬品開発は，今後も益々拡大していくことが予測され，医療費の増大や患者負担を考えると，より効率的かつ安全性の高い製造技術の開発が望まれている。

文　献

1）S. Iida *et al., Clin. Cancer Res.*, **12**, 2879-2887（2006）
2）T. Igawa *et al., Nature Biotech.*, **28**, 1203-1208（2010）

3) M. J. Roberts *et al., Advanced Drug Delivery Reviews*, **54**, 459-476 (2002)
4) R. B. Pepinsky *et al., J. Pharmacol. Exp. Therapeu.*, **297**, 1059-1066 (2001)
5) A. Kozlowski *et al., J. Controlled Release*, **72**, 217-224 (2001)
6) Omnitrope EMA Scientific Discussion:
http://www.ema.europa.eu/docs/en_GB/document_library/EPAR_-_Scientific_Discussion/human/000607/WC500043692.pdf
7) J. Chusainow *et al., Biotech. Bioengineer.*, **102**, 1182-1196 (2009)
8) T. Yoshikawa *et al., Cytotechnology*, **33**, 37-46 (2000)
9) F. M. Wurm *et al., Nature Biotech.*, **22**, 1393-1398 (2004)
10) M. W. Saif *et al., Cancer Chemother Pharmacol.*, **63**, 1017-1022 (2009)
11) S. R. Hamilton *et al., Current Opinion Biotech.*, **18**, 387-392 (2007)
12) P. P. Jacobs *et al., Current Molecul. Medicine*, **9** (7), 774-800 (2009)
13) Use of transgenic animals in the manufacture of biological medicinal products for human use legislative basis Directive 75/318/EEC as amended date of first adoption. December 1994 none/III/3612/93
14) Guidance for Industry: Regulation of Genetically Engineered Animals Containing Heritable Recombinant DNA Constructs. FDA 2009
(http://www.fda.gov/AnimalVeterinary/GuidanceComplianceEnforcement/GuidanceforIndustry/default.htm)
15) 生物由来原料基準. 2003年5月20日制定（平成15年厚生労働省告示第210号）
16) J. K-C. Ma *et al., EMBO Rep.*, **6**, 593-599 (2005)
17) R. C. Ladner, *Nature Biotech.*, **25**, 875-876 (2007)

第2章　バイオ後続品生産における宿主の安定性および安全性

桐原　清*

1　はじめに

バイオ後続品は「バイオ後続品の品質・安全性・有効性確保のための指針」（薬食審査発第0304007号　平成21年3月4日）では以下の様に定義されている。

> バイオ後続品とは，国内で既に新有効成分含有医薬品として承認されたバイオテクノロジー応用医薬品（以下「先行バイオ医薬品」という。）と同等／同質の品質，安全性，有効性を有する医薬品として，異なる製造販売業者により開発される医薬品である。一般にバイオ後続品は品質，安全性及び有効性について，先行バイオ医薬品との比較から得られた同等性／同質性を示すデータ等に基づき開発できる。

バイオ医薬品は，微生物や培養細胞より産生されるたん白質成分であるが，たん白質のアミノ酸配列が同じであっても，糖鎖修飾等によって生体内での半減期や受容体への結合能が異なる場合があり，そのため医薬品としての有効性・安全性が同一とは限らない。

したがって，バイオ後続品は，低分子薬品の後発品開発と異なる開発プロセス・要件を満たさなければならない。バイオ後続品では一般に，品質特性および非臨床試験結果のみで，先行バイオ医薬品との同等性・同質性を検証することは困難であり，基本的には，臨床試験により同等性・同質性を評価する必要がある。

バイオ後続品の開発では，独自の製法を確立すると共に，新有効成分含有遺伝子組換え蛋白質医薬品と同様に，その品質特性を詳細に明らかにすることが必要とされる。さらに，実証データなどを用いて，品質特性については新有効成分含有医薬品と同等の資料（表1）に加え，先行バイオ医薬品と類似性が高いことを示すことが要求される。したがって，宿主の安定性・安全性についても先行バイオ医薬品と同等の情報が求められている[1]。

バイオ後続品の開発過程において必要となる同等性や同質性評価は，ICH Q5E「生物薬品（バイオテクノロジー応用医薬品／生物起源由来医薬品）の製造工程の変更に伴う同等性／同質性評価」に準じて，品質特性に関わる試験（理化学試験，生物学的試験）を参考とし，さらに非臨床試験データおよび臨床試験データを組み合わせて評価する。

バイオ後続品の製剤開発においては，医療現場の実情に合わせ先行バイオ医薬品と同剤型の開

---

*　Sei Kirihara　日本ケミカルリサーチ㈱　生産本部

表1　医薬品承認申請に必要な資料の比較

承認申請資料		新有効成分	バイオ後続品	後発医薬品
イ. 起源又は発見の経緯及び外国における使用状況等に関する資料	1. 起源又は発見の経緯	○	○	×
	2. 外国における使用状況	○	○	×
	3. 特性及び他の医薬品との比較検討等	○	○	×
ロ. 製造方法並びに規格及び試験方法等に関する資料	1. 構造決定及び物理的化学的性質等	○	○	×
	2. 製造方法	○	○	△
	3. 規格及び試験方法	○	○	○
ハ. 安定性に関する資料	1. 長期保存試験	○	○	×
	2. 苛酷試験	○	○	×
	3. 加速試験	○	○	○
ニ. 薬理作用に関する資料	1. 効力を裏付ける試験	○	○	×
	2. 副次的薬理・安全性薬理	○	△	×
	3. その他の薬理	△	△	×
ホ. 吸収，分布，代謝，排泄に関する資料	1. 吸収	○	△	×
	2. 分布	○	△	×
	3. 代謝	○	△	×
	4. 排泄	○	△	×
	5. 生物学的同等性	×	×	○
	6. その他の薬物動態	△	△	×
ヘ. 急性毒性，亜急性毒性，慢性毒性，催奇形性その他の毒性に関する資料	1. 単回投与毒性	○	△	×
	2. 反復投与毒性	○	○	×
	3. 遺伝毒性	○	×	×
	4. がん原性	△	×	×
	5. 生殖発生毒性	○	×	×
	6. 局所刺激性	△	△	×
	7. その他の毒性	△	△	×
ト. 臨床試験の試験成績に関する資料	臨床試験成績	○	○	×

出典：H17. 3. 31薬食発0331015，H17. 4. 22事務連絡「医薬品の承認申請に際し留意すべき事項について」
H21. 3. 4薬食審査発第0304007号「バイオ後続品の品質・安全性・有効性確保のための指針」

発は必須である。一方，たん白質としての品質特性は同等／同質であっても製剤開発においては先行バイオ医薬品より安定性の高い処方や使い易さの面で優れた特徴をもたせることは可能である。

① 製法（培養法及び精製法）が異なるため，品質特性については新有効成分含有医薬品と同等の資料が必要である。
② 先行バイオ医薬品との類似性の評価（品質特性，非臨床試験及び臨床試験）が必要である。
③ 製剤は先行バイオ医薬品と同剤型とし，付加的な特徴をもたせることはできる。

2　宿主の選択

一般に，バイオ医薬品において糖鎖修飾のない単純タンパク質は大腸菌を用いて大量発現させる系が確立されている。また，糖たん白質を生産させるために遺伝子導入して用いられる動物細胞は，チャイニーズハムスター卵巣細胞（CHO）やベビーハムスター腎臓細胞（BHK）が，また，ヒト細胞ではヒト繊維肉腫細胞（HT-1080）などが利用されている（表2）[2]。

バイオ後続品の開発において，物質生産に用いる宿主の選択は重要であり，先行バイオ医薬品の宿主が分かっている場合は，他に合理的な理由がなければ同じ宿主とすべきであるが，同じ宿主を用いても先行バイオ医薬品とは異なるベクター，製造プロセスであるため，目的物質，目的物質関連物質，目的物質由来不純物，工程由来不純物を含めた品質特性に関して先行バイオ医薬品とバイオ後続品との同等性／同質性評価を行う必要がある。

しかし，これらの不純物プロファイルの解明は先行バイオ医薬品との類似性を明らかにすることが重要ではなく，むしろ新有効成分含有医薬品としての観点から不純物の安全性を確認し，必要かつ合理的な工程内管理や規格及び試験方法によって，製造プロセスの不純物の除去状況が恒常的に担保されることが重要である。そこで明らかにした宿主に由来する不純物プロファイルの差異が，有効性や安全性にどのような影響があるかを評価し，その結果に基づいて非臨床・臨床で実施すべき試験を選択すべきである。

細胞基材に由来する不純物として宿主細胞由来たん白質と宿主細胞由来DNAの代表的な検出手法について以下に述べる。

表2　宿主と発現たん白質

宿主	発現たん白質	糖鎖修飾	発現様式	特徴
チャイニーズハムスター卵巣細胞（CHO）	Epoetin（alfa，beta，kappa）抗体医薬	あり	分泌	最も汎用されている宿主であり，糖たん白質の生産が可能である。
ベビーハムスター腎臓細胞（BHK）	Epoetin omega	あり	分泌	糖たん白質の生産が可能である。
ヒト細胞（HT-1080）	Epoetin delta	あり	分泌	ジーンアクチベーションにより糖たん白質の生産が可能である。ヒト型の糖鎖修飾が可能である。
大腸菌（*E. coli*）	インターフェロン インスリン ソマトロピン	なし	抽出	糖鎖修飾のない単純たん白質の生産に適している。発現たん白質が菌体内に貯留する為，抽出操作が必要である。
酵母（*Pichia*）	アルブミン	あり	分泌	シグナルペプチドの付加により分泌させることが可能である。
昆虫細胞（イラクサギンウワバ由来細胞）	HPVワクチン	あり	分泌	翻訳後修飾により糖鎖修飾が可能である。

2.1　宿主細胞由来たん白質

宿主細胞由来たん白質の種類が多く，個別に管理できない場合には，総宿主由来たん白質抗体を用いた酵素免疫学的測定法（ELISA）を用いる。一般に産生細胞から目的物質をコードする遺伝子を除いた細胞を培養し，その培養上清を出発物質として，目的物質の精製工程と同じ工程を経て得られた宿主細胞由来たん白質を抗原として抗体を作製する。この時，目的物質の精製に用いたカラムを使用すると，キャリーオーバーした目的物質が抗原に混入している可能性がある。また，作製した抗体の反応性はウエスタンブロティング等で確認するが，抗原となる宿主細胞由来たん白質のエピトープの抗原性の強弱によって，実際の抗原中の含量プロファイルを反映しない場合がある。

2.2　宿主細胞由来DNA

宿主細胞由来DNAは原薬に含まれるDNAをハイブリダイゼーション法により総DNAとして検出する。一般にスレッシュホールドシステム（日本モレキュラーデバイス社）の総DNAアッセイが多用されている。本システムの原理は，最終製品に含まれる細胞由来のDNAを加熱により一本鎖DNAに解離させ，ビオチン標識した結合たん白質と反応させた後，ストレプトアビジンで捕獲し，さらにメンブレン上に固定したビオチンでサンドイッチ結合させる。次いで，ウレアーゼ標識した抗DNA抗体で一本鎖DNAの別の部分を結合させて，尿素を含む並列型光活性電位センサー内でウレアーゼによって尿素から分解したアンモニアと二酸化炭素による局所的なpH変化を測定し，検量線より総DNA量を算出する。

3　宿主の安定性

宿主の発現安定性は商業生産時のコストに大きく影響するものであり，安定株の取得は重要な課題である。動物細胞を宿主とした時は，商業生産に用いる候補細胞株が決まると遺伝子の脱落を防ぐため，継代時にクローニングに用いた抗生物質で常にセレクションを行い，目的遺伝子が脱落した細胞を排除して，目的の遺伝子に形質転換された細胞の純度（単一性）を高める。得られた高純度の候補細胞株を用いてセルバンクを調製し，常に同一の細胞基材より生産培養を行うことで生産物の恒常性を担保する。

さらに候補細胞株は想定される生産期間を超えて継代を行い長期間の生産安定性を確認しておく必要がある。高生産株の中には抗生物質による選択を行っていても長期間の継代によって，徐々に生産量が低下していく例もあり，商業生産に用いる細胞株は生産性と継代安定性の均衡のとれた細胞株を選択すべきである（図1）。

商業生産に用いる細胞株が決まるとマスターセルバンク（MCB）を調製し十分な特性解析を行って唯一無二のものであることを定義する。MCBが決まると実際に生産に用いるワーキングセルバンク（WCB）を調製し，親株であるMCBの特性を受け継ぎ，発現タンパク質が一定の品

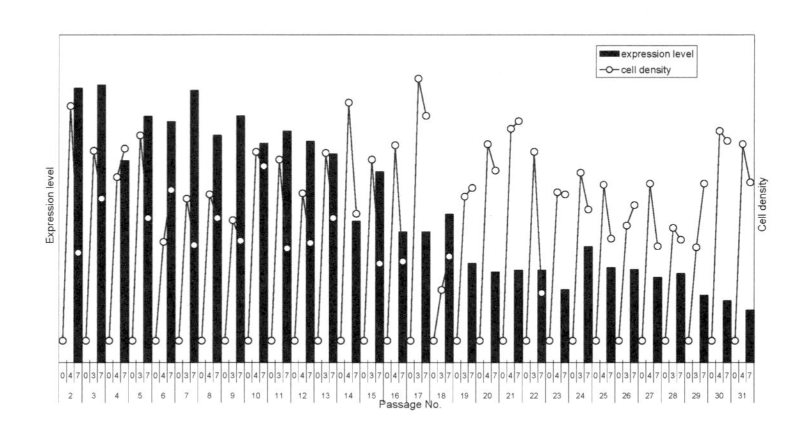

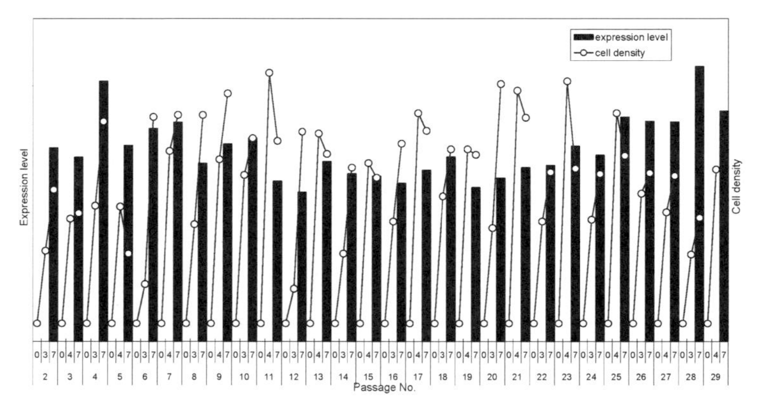

図1　形質転換したCHO細胞における継代安定性の確認
上段：長期間継代により生産量が低下した細胞株　下段：長期間安定な細胞株

表3　マスターセルバンク及び医薬品製造のため *in vitro* 細胞齢の上限にまで培養された細胞（CAL）の特性解析の一例

試験項目	試験方法
DNAコピー数	Q-PCR法にて，挿入された目的DNAコピー数を測定する。
挿入DNAパターンの解析	サザンブロット法にて，ゲノムDNAの制限酵素消化パターンを解析する。
DNA塩基配列	PCR増幅物について，目的遺伝子の5'及び3'flanking領域のDNA塩基配列を解析する。
mRNA塩基配列	RT-PCR増幅物について，目的遺伝子のcDNA塩基配列を解析する。
mRNAサイズ	ノーザンブロット法にて，目的mRNAのサイズを解析する。
発現たん白質の解析	ウエスタンブロット法にて，培養液中の発現たん白質について解析する。
アイソザイム解析	6種類の酵素（NP，G6PD，MD，MPI，LD，PepB）のアイソザイムパターンを評価する。
Fluorescence *in situ* hybridization (FISH)	FISH法にて，プラスミドの染色体への組込みを解析する。

表4　ワーキングセルバンクの特性解析の一例

試験項目	試験方法
発現たん白質の解析	ウエスタンブロット法にて，培養液中の発現たん白質について解析する。
アイソザイム解析	7種類の酵素（NP，G6PD，MD，MPI，LD，PepB，AST）のアイソザイムパターンを評価する。

質特性を有することを確認しておかなければならない（表3，4）。

また，長期間の細胞の特性の変化を予見するものとして*in vitro*細胞齢の上限まで培養された細胞（CAL）の特性解析も行い，長期間の継代によりMCBから受継いだ特性に変化がないことを確認する。特性解析された同一の細胞基材は，他のセルバンクと混同しないように，保管管理を厳重に行う必要がある。

4　宿主の安全性

先行バイオ医薬品の宿主の安全性が確認されていても，バイオ後続品の宿主はベクターが異なるため，宿主の安全性は確認しなければならない。一般に，遺伝子の導入にはウイルスベクターが汎用されるが，発現ベクターへの導入の際には，病原性のないプロモーターを選択するとともに，宿主とプロモーター，エンハンサーの組み合わせにも考慮しなければならない。

合成医薬品と異なる点は，出発物質が生細胞であり，その他の原料においてもウイルス感染性リスクを含んでいることであり，これらのウイルス等感染物質に対する安全性を確認しておかなければならない。ウイルス安全性に関するICHガイドラインはQ5A「ヒト又は動物細胞株を用いて製造されるバイオテクノロジー応用医薬品のウイルス安全性評価について」（医薬審第329号　平成12年2月22日）に定められており，ウイルス汚染を防止するための3つのアプローチ，①細胞株（純度試験）及び原材料の評価，②製造工程の評価（ウイルスクリアランス），③製品の感染性ウイルス否定試験を基本として総合的な安全性評価を行うとしている[3, 4]。

4.1　細胞株（純度試験）及び原材料の評価

ヒトに対して感染性や病原性を示す可能性のあるウイルス汚染を防ぐためには，細胞株，その他培地成分を含む原材料を選択して，試験により安全性を確認することである。

MCBにおけるウイルスの存在は，細胞の継代毎に垂直伝播することから，ウイルス純度試験を実施して，潜在的なウイルスゲノムや内在的なレトロウイルスの存在の可能性について徹底的な検証が必要である。非内在性のウイルスの存在は，*in vitro*試験，*in vivo*試験及び抗体産生試験によって確認する。内在性レトロウイルスの確認には，感染性試験（S^+L^-試験やXCプラーク試験），透過型電子顕微鏡による観察，逆転写酵素活性試験などが実施される。また，細胞株個々の由来から存在が予想されるウイルスと細胞株の樹立過程で混入が予測されるウイルスの検出もそれぞれ行っておかなければならない（表5，6）。

表5　マスターセルバンク（MCB）における純度試験項目の一例

試験項目		試験方法
異種微生物混入		無菌試験法直接法
マイコプラズマ		マイコプラズマ否定試験法
ウイルス試験	感染性試験	感受性細胞（mink $S^{+}L^{-}$細胞）を用いて，レトロウイルスの感染性について調べる。
	電子顕微鏡観察	電子顕微鏡によりレトロウイルス及びレトロウイルス様粒子の存在について調べる。
	in vitro 試験	指示細胞（MRC-5細胞，Vero細胞，CHO細胞）に接種し，それぞれ細胞変性，血球吸着及び血球凝集について観察する。
	in vivo 試験	動物（成熟マウス，乳のみマウス）及び発育鶏卵に接種し，それぞれ健康状態を観察する。
	抗体産生試験（マウス）	ウイルスフリーのマウスに接種し飼育後，血清中の16種類のウイルスに対する抗体産生の有無を調べる。
	抗体産生試験（ハムスター）	ウイルスフリーのハムスターに接種し飼育後，血清中の10種類のウイルスに対する抗体産生の有無を調べる。
	ウシウイルス試験	指示細胞（BT細胞，Vero細胞）を用い，ウシウイルスの混入について調べる。
	ブタウイルス試験	指示細胞（PPK細胞）を用い，ブタウイルスの混入について調べる。
	ウシ・ブタウイルス試験	real time PCR法にて，ウシ／ブタのcircovirusの混入について調べる。

表6　ワーキングセルバンク（WCB）における純度試験項目の一例

試験項目		試験方法
異種微生物混入		無菌試験法直接法
マイコプラズマ		マイコプラズマ否定試験法
ウイルス試験	*in vitro* 試験	指示細胞（MRC-5細胞，Vero細胞，CHO細胞，324K細胞）に接種し，それぞれ細胞変性，血球吸着及び血球凝集について観察する。
	in vivo 試験	動物（成熟マウス，乳のみマウス，モルモット）及び発育鶏卵に接種し，それぞれ健康状態を観察する。

また，「医薬品製造のため*in vitro*細胞齢の上限にまで培養された細胞（CAL）」はパイロットスケール又は実生産スケールの条件で培養した細胞であり，MCB，WCBでは検出できない内在性ウイルスを確認するために用いる（表7）。

4.2　製造工程の評価（ウイルスクリアランス）

CHO細胞のように細胞内にレトロウイルスの存在が確認されている細胞を用いる場合は，未加工／未精製バルク中のレトロウイルス様粒子数を電子顕微鏡観察などにより確認する必要がある。未加工／未精製バルク中に細胞由来のレトロウイルス様粒子が確認された場合，マウス白血病ウイルス（MuLV）のような特異的モデルウイルスを用いたウイルスクリアランス試験を実施し，精製工程のウイルス除去能力が未加工／未精製バルク中に存在する粒子数を超えることを確

表7　医薬品製造のため *in vitro* 細胞齢の上限にまで培養された細胞（CAL）の純度試験の一例

試験項目		試験方法
異種微生物混入		無菌試験法直接法
マイコプラズマ		マイコプラズマ否定試験法
ウイルス試験	感染性試験	感受性細胞を用いて，レトロウイルスの感染性について調べる（$S^{+}L^{-}$ focus assay, XC plaque assay）。
	電子顕微鏡観察	電子顕微鏡によりレトロウイルス及びレトロウイルス様粒子の存在について調べる。
	逆転写酵素活性	逆転写酵素の活性について調べる。
	in vitro 試験	指示細胞（MRC-5，Vero細胞，CHO細胞，324K細胞）に接種し，それぞれ細胞変性及び血球凝集について観察する。
	in vivo 試験	動物（成熟マウス，乳のみマウス），モルモット及び発育鶏卵に接種し，それぞれ健康状態を観察する。

表8　CHO細胞におけるウイルスクリアランス工程評価の一例

工程	クリアランス効率（LRV）			
	特異的モデルウイルス（マウスレトロウイルス）	非特異的モデルウイルスA（エンベロープを持つDNAウイルス）	非特異的モデルウイルスB（非エンベロープを持つRNAウイルス）	非特異的モデルウイルス（非エンベロープを持つ小型球形DNAウイルス）
ウイルス不活化	≧x.xx	実施せず	≧x.xx	≧x.xx
ウイルス除去	≧x.xx	≧x.xx	≧x.xx	≧x.xx
総クリアランス率（LRV）	≧x.xx	≧x.xx	≧x.xx	≧x.xx

認し，十分なウイルスクリアランス能力があることを確認しておかなければならない。

ウイルスクリアランス能力の評価は不活化と除去工程で得られたクリアランス効率（LRV）を総和して総クリアランス率として評価する。この時，用いるウイルスの選定の根拠は重要であり，細胞基材や工程で用いられる試薬類や各物質等に混在することが知られている場合は関連ウイルスを用い，関連ウイルスが入手困難な場合は特異的モデルウイルスを用いる。また，純粋に工程のウイルス除去能力や不活化能力を評価する場合は異なる性質をもつ様々な非特異的モデルウイルスを用いて評価する必要がある。非特異的モデルウイルスはエンベロープの有無，ゲノムタイプ（RNAとDNA）を組み合わせて選択する（表8）。

4.3　製品の感染性ウイルス否定試験

生産培養終了時の培養液（未加工／未精製バルク）は，外来性のウイルス汚染を検出する効果的な段階の試料であり，*in vitro* 試験等で外来性ウイルスの混入の有無を確認し，細菌・真菌・マイコプラズマによる汚染の有無を確認する（表9）。この段階で，外来性のウイルス等が検出された未加工／未精製バルクは，医薬品製造原料として不適格である。

さらに培養中に細胞の特性変化が起きることを予見する目的で医薬品製造の際に予想される *in vitro* 細胞齢の上限まで培養された細胞（CAL）を評価する。生産時と同条件で種培養から拡大培養工程において通常より多く継代を繰り返し，人為的に細胞を加齢させたCALを用いてレト

表9　未精製バルクの純度試験及びウイルス試験の一例

試験項目		試験方法
無菌試験		無菌試験法直接法
マイコプラズマ試験		マイコプラズマ否定試験法
ウイルス試験	電子顕微鏡観察	電子顕微鏡によりレトロウイルス及びレトロウイルス様粒子の存在について調べる。
	in vitro 試験	指示細胞（MRC-5細胞，Vero細胞，CHO細胞，324K細胞）に接種し，それぞれ細胞変性，血球吸着及び血球凝集について観察する。

ロウイルスの出現等を評価する。

また，CALの評価のもう一つの目的は製造工程中の外来性ウイルス汚染の機会を判定することである。もしこの段階で外来性ウイルス汚染が認められるようであれば，製造に用いた原料や製造環境，製造工程に外来性ウイルスが汚染する機会が存在するため，これら汚染の機会を封じる対策を行わなければならない。

文　　献

1)　T. Arato, T. Yamaguchi, *Biologicals*, **39** (5), 289-92 (2011)
2)　W. Jelkmann, *Acta Physiologica*, **189** (653) (2007)
3)　村上浩紀，第3章　動物細胞の大量培養技術，64-69，動物細胞培養技術と物質生産（監修: 大石道夫），シーエムシー出版，(2002年普及版)
4)　医薬審第329号「ヒト又は動物細胞を用いて製造されるバイオテクノロジー応用医薬品のウイルス安全性評価」厚生省医薬安全局審査管理課長，平成12年2月22日

第3章　バイオ医薬品開発における糖鎖技術

平林　淳*

1　はじめに

2011年はバイオ医薬品の特許切れ問題が顕在化することからバイオシミラー元年とも言われる。バイオ医薬品とはヒト由来のタンパク質医薬品であって，その多くは糖タンパク質である。血清アルブミンやインシュリンはむしろ例外であって，今後開発されるバイオ医薬品のほとんどは糖タンパク質と考えられる。しかし，生来糖鎖構造は多様かつ不均一であることから，先行品と同一の「糖タンパク質」を合成，調製することは極めて難しい。先行品と同等・同質（comparable）な後続品をうまく合成できれば，いわゆる「バイオシミラー」となるが，同等・同質性の判断基準は必ずしも明確ではない。一方，特許が切れたことから，先行品と同一のタンパク質であっても糖鎖に工夫を盛り込むことで，新薬としての付加価値を有する新たな製品を開発することが可能だ。そのためには，糖鎖の合成と解析法に関する理解と「改良型バイオ後続品」に関する特段の戦略が必要である。現状まだ定まらないバイオ医薬品開発における糖鎖技術の現状と今後の展望について述べる。

2　バイオ医薬品と糖鎖

バイオ医薬品，特にタンパク質性医薬品開発における根本的な問題は，その多くが複雑多様な糖鎖の付加したタンパク質であるということだ。アルブミンを除くほとんどの分泌タンパク質には多様な糖鎖が付加している。糖鎖付加の意義は様々で，一般化できるものから個々のタンパク固有の活性制御に関わるものまでさまざまである。例えば，タンパク質の水溶性やプロテアーゼに対する抵抗性を高める作用，さらには臓器特異性を決定づける点などはある程度一般化できる機能だが，抗体のADCC（抗体依存性細胞傷害）活性を制御したり，エリスロポイエチンの血中半減期を左右したりする作用は，それぞれ個々のタンパク質にほぼ限定された糖鎖の機能である。後者の様な糖鎖の特別な作用は個々のタンパク質について具体的に調べてみないとわからない場合が多く，糖鎖機能の一般化が阻まれている要因である。糖鎖生物学の代表的な教科書と言われる「Essentials of Glycobiology」[1]には，このことが「A priori prediction of the functions of a specific glycan or its relative importance to the organism is difficult」と表現されている。さ

＊　Jun Hirabayashi　㈱産業技術総合研究所　糖鎖医工学研究センター　副センター長；
レクチン応用開発チーム　チーム長

らに，糖鎖構造は細胞の起源（生物種や組織）ばかりでなく，細胞の状態（発生段階や分化度，悪性度など）によっても劇的に変化する（後述）。このことは，たとえタンパク質構造が同一でも，糖鎖構造を修飾，あるいは収束することで，従来品と比べ効能や安定性が改善したバイオ医薬品（バイオベター）が開発される可能性を示している。糖鎖に関する普遍原理の現状を表1にまとめた。

糖タンパク質医薬品の開発にはきわめて多くのプレーヤーが必要である。各技術についての詳細は最近発刊された本章と同名の姉妹書「バイオ医薬品開発における糖鎖技術」にまとめられているため[2]，本章ではそのエッセンスを紹介するに留めたい。しかし，なぜ，そもそも我々生物には糖鎖が備わり，タンパク質を修飾しているのか。この点は，糖鎖修飾の生物学的意義を理解する上で不可欠なので，最初に述べておく。

3 糖の普遍性と特殊性

糖鎖はグルコース（Glc）やマンノース（Man）などの単糖類（一般にアルドヘキソース），さらにその誘導体であるN-アセチルグルコサミン（GlcNAc）やグルクロン酸（GlcA）がグリコシド結合によって脱水縮合した重合体である。しかし，ここで用いられる単糖はかなり限定されており，基本的にはアルドヘキソースとアルドペントースからなる10種類程度のみである。一方，生物固有に認められる単糖（植物におけるL-アラビノースや細菌におけるL-ラムノースやジデオキシ糖など）もあり，特に微生物ではその傾向が強い。一般に糖鎖の重合反応は，糖ヌクレオチドという糖供与体を用い，特異的な酵素（糖転移酵素）によってグリコシド結合の形成が賄われる。図1には生合成における糖ヌクレオチドの相互変換を示す。生物がいかに少ない種類の単糖を活用し，様々に代謝変換しているかがわかるだろう。糖の起源については教科書にほとんど記載がなく，このことは糖の理解を一層困難にさせている。持論で恐縮だが，糖（厳密には炭水化物）の起源と上記相互変換は「ホルモース反応を起点とする化学進化」によって一通り説明できることを記しておく[3, 4]。ホルモース反応（ホルムアルデヒドの重合反応）とそれに次ぐアルドール縮合（グリセルアルデヒドとジヒドロキシアセトンからケトヘキソースが生成），さらにケト・エノール互変異性を介した異性化反応（Lobry de Bruyn-Alberda van Ekenstein転位）によって，果糖（D-フルクトース）やブドウ糖（D-グルコース）が先ず生成する（以上，化学進化の時代）。ついで生命誕生と前後する形で，最も安定かつ多量に存在したと考えられるグルコースからガラクトースやフコース，シアル酸などがブリコラージュ（鋳掛屋仕事）[注1]の一環で次々と生み出されていく。生命は基本的に鏡像異性体のうちD-体のみを利用しており，

注1） ブリコラージュ（bricolage）とはフランスの文化人類学者，Levi Strausが提唱した言葉，「鋳掛屋仕事」とも。未開人が身の回りの道具をつなぎ合わせたり作り変えたりすることで目的物を作る様を「engineering」に対し表現。同じフランスのFrançois Jacobは分子進化にも当てはまる現象として「molecular tinkering」と表現した[6]。

表1　糖鎖の普遍的原理

1. 糖の基礎化学
・糖の基本構造は炭水化物（carbohydrate）であり，炭素・水素・酸素が1：2：1からなる比較的単純な組成物であるが，多くの異性体と誘導体を派生する。
・炭素数nのアルドースでは（n-2）の不正炭素が存在し，環化したピラノース，フラノース構造ではさらにアノマー異性（α，β）が生成するため，異性体数は$2^{(n-1)}$になる。
・生物はD-グリセルアルデヒドやD-グルコース（ブドウ糖）に代表されるように一般にD-糖を利用する。
・グリコシド結合はタンパク質や核酸と同様，構成分子同士の脱水縮合によるが，アノマー水酸基（非還元末端側）とアルコール性水酸基（還元末端側）の組み合わせは一般に複数あるため，低い重合度で大きな構造多様性を形成しうる。6量体では1兆の可能性という試算も。
2. 糖鎖の存在形態と生合成
・糖鎖は細菌を含めたすべての生物のすべての細胞を覆う（糖衣）。
・D-グルコース（ブドウ糖）は，糖鎖に限らず物質代謝の中心に位置づけられる。
・糖鎖はミルクオリゴ糖や，グリコーゲン，セルロース，キチン等の多糖類として存在するほか，タンパク質や脂質に結合した複合糖鎖等，多様な状態で存在する。
・糖鎖を構成する単糖には立体異性を含め生物間で一定の共通性があるが，生物特異的に使われる単糖もある。
・真核生物で合成される分泌タンパク質のほとんどが小胞体，ゴルジ体で糖鎖修飾を受ける。
・糖鎖の原料は単糖として細胞内で合成，ないし外部から供給される。
・単糖同士の結合形成には活性化単糖として糖ヌクレオチドが用いられ糖転移酵素が特異的反応を触媒する。
・糖転移酵素はアクセプター糖鎖を認識するものがほとんどだが，脂質やタンパク質（ポリペプチド）に直接転移するものもある。
・多くの糖鎖合成関連遺伝子（糖転移酵素，硫酸転移酵素，グリコシダーゼ，糖ヌクレオチド輸送体）の発現は細胞の種類（生物種，組織）や状態（分化度，悪性度など）によって変化する。
・糖鎖は一般に著しい不均一性を示し糖タンパク質においてもその傾向は顕著である。
3. 糖鎖の認識
・糖鎖は生物がもっている糖結合タンパク質（レクチン，抗糖鎖抗体など）によって認識され，様々な生体分子間相互作用や細胞機能に関与している。
・感染性の微生物（細菌毒素，ウィルス含む）は細胞が表層の糖鎖を認識して感染初期過程を果たす。
・糖鎖に対する糖結合タンパク質の結合様式は，タンパク質間相互作用と比べ一般に弱く特異性も低いが，糖鎖の分岐構造や多価の結合により特異性，結合親和性が大きく変化することがある。
・レクチンは一般にオリゴマー構造や分子内に複数の糖結合ドメインを持つため多価の分子として機能する。
4. 遺伝学および生物学
・主要な糖鎖構造を遺伝的に除去すると一般に初期発生において致死となる。
・細胞表面の糖鎖に関する遺伝的欠損は，培養細胞においては限定的な影響しか及ぼさないことが多いが，多細胞生物個体においては顕著な表現型の変化をもたらすことがある。
・糖鎖の主たる生物機能は細胞間，ないし，細胞・マトリックス間相互作用に関わることが多い。
・糖鎖の生物機能は，根本的には重要でないものから，発生，機能，生物の存在そのものに必須な活性まで，幅広いスペクトルを持っている。
・糖鎖機能に関する多くの説は正しいが，必ず例外も存在する。
・糖鎖合成関連遺伝子の発現は組織特異的であることから，同じタンパク質であっても糖鎖構造が変化することで生物機能や物理的性質が異なることがある。細胞の状態（発生段階，悪性度）が異なる場合にも同様である。
・特定の糖鎖構造に対しその機能や，その生物における重要度を演繹的に予測することは難しい。
5. 進化
・D-グルコースが糖の進化の原点と考えることは妥当であるが，グルコースの非生物的合成に関しては，ホルモース反応（ホルムアルデヒドの重合反応）が唯一知られている化学反応である。
・最小の糖であるグリセルアルデヒドとジヒドロキシアセトンとアルドール縮合を起こすとフルクトース（果糖）を含むケトヘキソースが生成することが知られているが，この逆反応は細菌を含めたすべての生物で用いられている解糖系の逆反応である。
・構造の最も安定なグルコース，およびそのエピマーであるマンノースやガラクトースが生物界に広く存在し，さらにそれらの派生形と考えられる糖誘導体（GlcNAc, L-Fuc, シアル酸など）が主として生物に採用され，対応する糖ヌクレオチドが生合成されているが，採用されていない糖は特殊な生物や環境で稀に存在するものの，対応する糖ヌクレオチドは見いだされていない。
・糖鎖の構造多様性の変化は生物進化と密接に関連していると考えられる。中でも，微生物（細菌，ウイルス）による感染や，有害な薬剤との相互作用と関連が深い。
・同時に，糖鎖の構造多様性の変化は内在性の機能とも関連し，一見価値のない糖鎖も病原体による選択圧と内在性機能との間で生じ，それが新たな内在性機能の創出に向けて温存されるのかもしれない。

＊糖鎖生物学・第2版（編集Ajit Varkiら，文献1）を参考に作成。糖の基礎化学と進化についてはそれぞれ文献4，5からの抜粋。

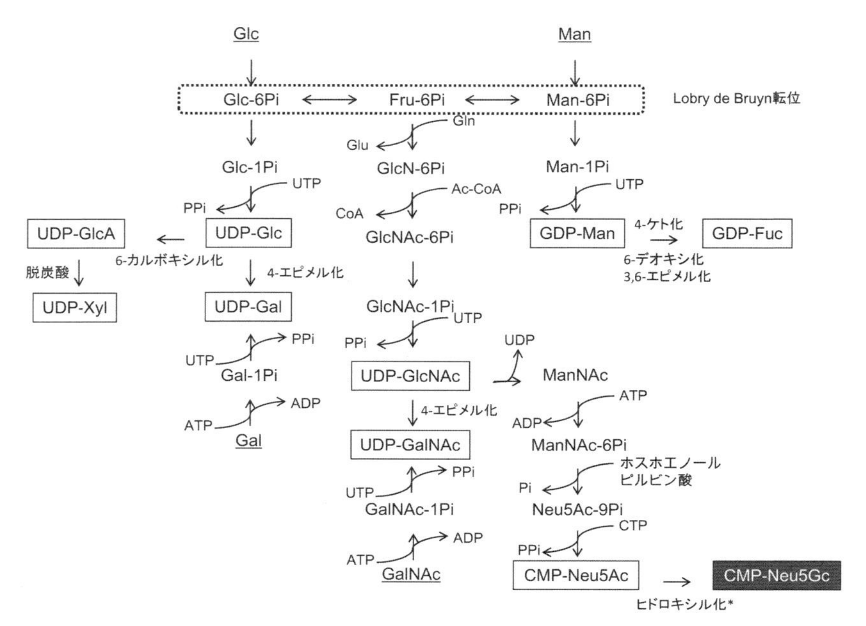

図1　単糖と糖ヌクレオチドの生合成スキーム
グリコリル型シアル酸（Neu5Gc）はヒトを含む霊長類では，シアル酸水酸化酵素（CMAH：CMP-N-acetylneuraminic acid hydroxylase）が不活化しているため合成できない。

L-表記の糖（L-フコース，L-ラムノース，L-アラビノース，L-イズロン酸，L-グルロン酸等）でも，いずれも元はD-体が原料であるか，記載上単にL-体となっているにすぎない。いずれにしても，一定数の低分子モノマーの繋ぎ合わせ（脱水縮合）によって，大きな構造的多様性を生み出す点では，他の生体高分子である核酸（DNA，RNA）やタンパク質と同じ原理が使われている。しかし，糖鎖には核酸，タンパク質には備わっていない「分岐」が存在するため，その構造把握は容易ではない。また，単糖同士が結合するとき，アノマー異性（α，β）という性質の異なる結合様式が生じ，これを合成する酵素も別のものが必要となる。糖鎖の構造的多様性は同じ重合度の核酸（ヌクレオチド），タンパク質（ペプチド）のそれを圧倒し，重合度6の場合，糖の数は約1兆に達する[5)]。さらに，遺伝子構造によって一義的に決まるタンパク質のアミノ酸配列と異なり，ゲノム情報，発現情報だけから糖鎖構造を予測することも難しい。

4　細胞を舞台にした糖鎖合成

一般に糖鎖のグリコシド結合生成には活性化されたドナー基質（糖ヌクレオチド）が特異的な糖転移酵素によってアクセプター基質へと転移されると述べた。タンパク質への糖鎖修飾は翻訳の途中（co-translation），および翻訳後（post-translation）に起こり，その合成機構は複雑である（図2）。ヒトの場合約200種類の糖転移酵素が小胞体，ゴルジ体（シス，メディアル，トラ

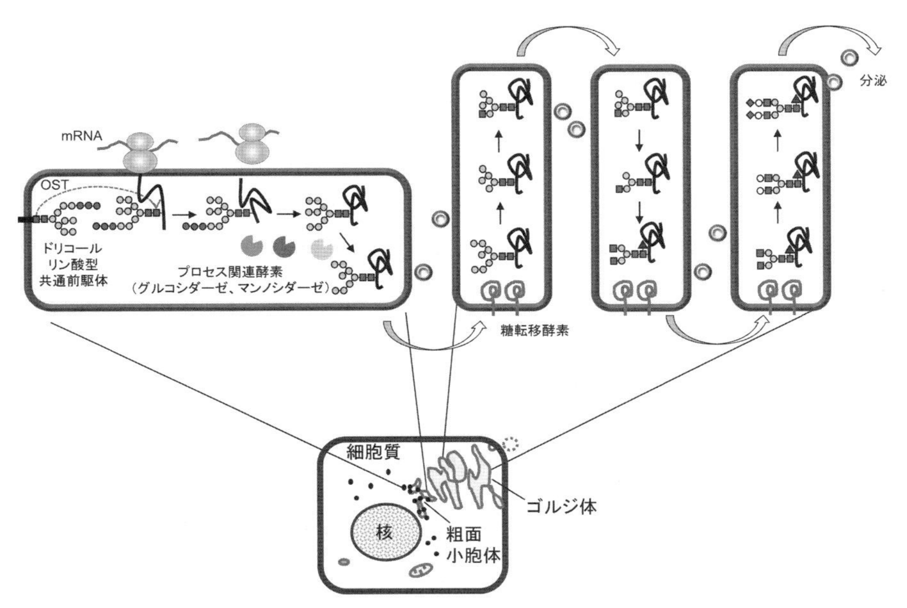

図2　哺乳動物細胞における糖鎖合成のあらまし

ンスに分画）の内腔側に配置され，N-結合型糖鎖，O-結合型糖鎖の還元末端側から非還元末端へ転移が積み重なっていく。ただし，N-結合型糖鎖の場合，最初に14糖からなる共通前駆体（$Glc_3Man_9GlcNAc_2$）がひとまとまりで合成初期のポリペプチドへと転移される。その後，プロセッシングと呼ばれる刈り込みが行われ，最終的にマンノース残基はコア構造（$Man_3GlcNAc_2$）を形成する3残基のみが残り，このコアの外側に改めてGlcNAc，Gal，Neu5Ac（代表的なシアル酸），Fucといった修飾糖が転移されていき，構造的，機能的に成熟した複合型糖鎖と呼ばれる構造体ができる。疎水性アミノ酸からなる分泌シグナルや膜貫通領域をもつタンパク質は，リボソームでの生合成で生じたこの疎水性領域を介し小胞体の内腔側へと移動し，このときポリペプチド上に糖鎖付加位置を指示するコンセンサス配列（N-結合型糖鎖の場合，Asn-X-Ser/Thr，XはProを除く）があれば，アスパラギン側鎖のアミド部分（$-CO-NH_2$）に糖鎖が付加する[注2)]。

一般に酵素には厳密な基質特異性（供与体である糖ヌクレオチドと受容体である糖鎖，ないしポリペプチド）があること，さらにそれらの上記小胞内における配置にも一定の「規律」がある

注2）　分泌タンパク質であるにもかかわらずコンセンサス配列を持たない血清アルブミンには糖鎖がついていない。このことはコンセンサス配列（Asn-X-Ser/Thr）の出現期待値（アミノ酸残基数約600からなるアルブミンの場合，ほぼ100％と見積もられる），近縁タンパク質であるα-胎児性抗原（AFP）には糖鎖が付加していること等を考えると意味深い。アルブミンの機能，高い血中濃度を考えると，アルブミンには「糖鎖付加が起こらないような選択圧がかかった」結果と考える方が自然かもしれない。

ため，全ての単糖同士の組み合わせがつくられることはない。それでも糖鎖の構造が一般に多様であるのは，タンパク質や核酸とことなり，分岐構造を生じることに加え，翻訳後修飾のさらに後の段階で（ポストグリコシレーションと呼ぶ），リン酸化，硫酸化，メチル化，エピメル化などが頻繁に起こるためである。紙面の都合で糖転移酵素の詳細を述べることはできないが，現在，糖鎖合成に関する遺伝子のデータベースが整備され関連情報とともに公開されている[7]。近年，バイオ医薬品生産に重要なCHO細胞のゲノム解析もなされたことで[8]，今後本細胞の糖鎖関連遺伝子を修飾した糖鎖リモデリングの研究が大きく進展することが予想される。

糖タンパク質の構造多様性についてはさらに説明が必要である。糖鎖構造に差をもたらす因子としては上述の合成系の差，すなわち生物ゲノムが異なることで合成される糖鎖構造にも変化が起こりうる。しかし，一方では，糖鎖構造は近縁であれば共通性が高く，区別がつかない場合も多い。一般に，種が異なればコアタンパク質のアミノ酸配列は異なり抗原性が生じるが，糖鎖の場合は「種を超えて」保存される場合が多いため，糖鎖に対する抗体は生成しにくい。一方，種が同じでコアタンパク質も同じであったとしても，糖タンパク質の糖鎖構造が異なることはよく知られている（図3）。発現させようとする細胞の種類（起源となる組織等）や状態（分化・発生段階や悪性度等），さらには成育環境（温度，pH，細胞密度，培地成分等）によって糖鎖合成遺伝子の発現パターンに変化が生じる。さらに，糖鎖構造（プロファイル）の変化はコアタンパク質における糖鎖付加位置ごとに異なることを考慮する必要がある。α胎児性抗原（AFP）のようにN-結合型糖鎖の付加位置が1か所のタンパク質もあれば，エリスロポイエチン（EPO）のように3か所ある糖タンパク質もある。後者であればそれぞれの付加位置ごとに異なるグライコフォーム（糖鎖構造の多様性）が生じる可能性があるため，分子全体では莫大な数の糖タンパク

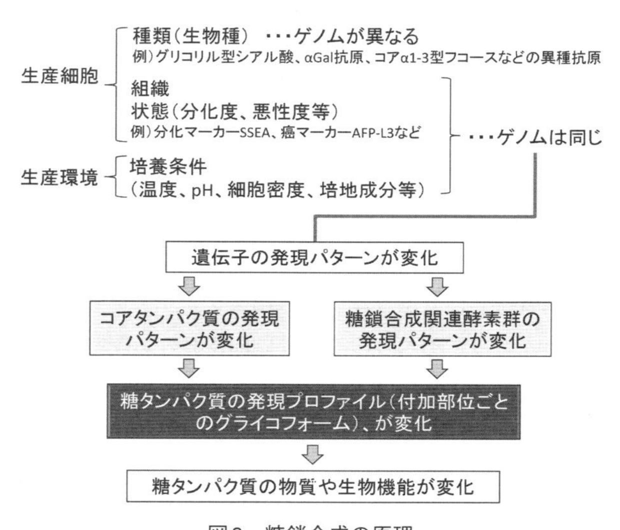

図3　糖鎖合成の原理
糖鎖構造に影響を与える因子とその結果が生物機能や
物理的特性に与える影響をスキーム化して示す。

質分子種が生成する。

このようにバイオ医薬品開発や品質管理を行う上で，糖鎖の構築原理を知ることは大変重要である。初心者にはハードルが高いであろうが，先述の教科書（大学院レベル）[1]の他に，初歩的なレベルの入門書もあり[9]，両書とも日本語版が出版されている。著者自身らによる手引書もあるので，糖鎖になじみのなかった方の参考になれば幸いである[10]。

5　糖鎖解析技術における我が国の先駆性

早川は上述の「バイオ医薬品開発における糖鎖技術」の中で「我が国の本領域での研究や経験の蓄積が伝統的に世界の最前性にあることは強調し意識すべきことである」と述べている[2]。すなわち，世界ではじめて糖鎖の微量解析のための蛍光標識法（ピリジルアミノ化法）の開発[11]とそれを利用した多次元HPLCマップ法の開発[12]，それに先立つ糖鎖の切り出し法であるヒドラジン分解法の開発[13]，糖タンパク質糖鎖や糖脂質糖鎖を遊離する有用性の高い加水分解酵素（ペプチド-N-グリカナーゼ[14]，グリコセラミーゼ[15]の発見，エンド型グリコシダーゼによるトランスグリコシレーション反応[16]，およびその改良による合成酵素（Glycosynthase）の開発[17]（後述）が代表例である。また，ゲノム時代の幕開けを待たず200種近くに上る糖鎖合成関連遺伝子ライブラリーの開発で我が国は他国を圧倒した[18]。この優位性はその後も引き継がれ，500種以上の標準ピリジルアミノ化糖鎖を利した糖鎖解析法や多段階タンデム質量分析スペクトルデータベースの構築[19]，キャピラリー電気泳動法の改良改善[20]，さらに新たな糖鎖解析法（糖鎖プロファイリング）として開発されたレクチンマイクロアレイ法[21]は，それ以前の定量アフィニティークロマト技術であるフロンタル・アフィニティークロマト法[22]が上記ピリジルアミノ化糖鎖ライブラリーと融合，高精度化したこと[23]に端を発する。これら技術の詳細については，

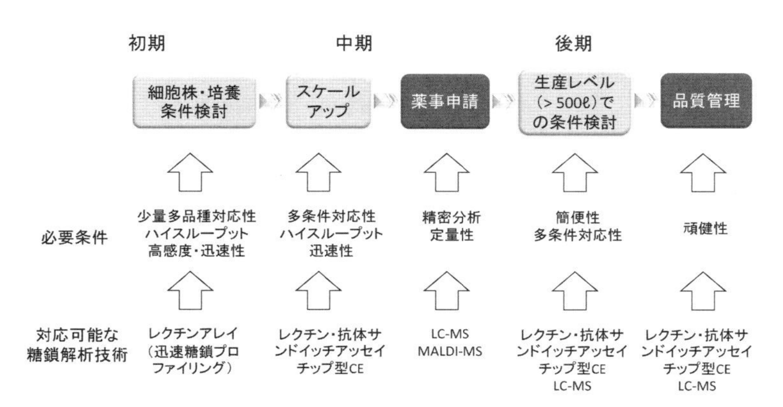

図4　バイオ医薬品（糖タンパク質の場合）の開発段階と糖鎖解析技術
開発の初期から中期を経て後期段階に至る工程それぞれで求められる糖鎖解析の条件は大きく異なる。このため，これに対応した解析技術も変わっていく。

上述の「バイオ医薬品開発における糖鎖技術」[2] を参照されたい。バイオ医薬品の糖鎖解析においては，これら糖鎖関連技術の多くが必要となる。その大まかなイメージを図4に示した。後述するように，開発段階ごとに求められる糖鎖解析技術が異なり，その選択はまさに今後の課題として各製薬企業，大学等研究機関が注力すべき点である。ここで気になるのは，バイオ医薬品を開発する製薬企業各社が糖タンパク質における糖鎖課題をどのように捉えているかだ。

6 バイオ医薬品開発の糖鎖課題に対峙する我が国の製薬企業

2010年現在，医薬品の売り上げトップ10のうちバイオ医薬品は5品目を占め（Remicade，Enbrel，Humira，Avastin，Rituxan），さらに2016年には7品目（HerseptinとLantusが追加）がバイオ医薬品になるとの予想である。昨今バイオ医薬品に関する議論が産官学の場で盛んになされているが，その背景として，2015年前後にピークを迎えるバイオ医薬品の特許切れ問題がある。低分子医薬品の特許切れはこれに先立ってはじまり，ブロックバスターと言われる大型製品が米国をはじめとする巨大市場から失われる状況が生じつつある。特許切れするバイオ医薬品，中でも糖タンパク質医薬品の同効薬を開発する際に生じる問題として，先行品との同質性・同等性を追求し，安価で高品質な「バイオシミラー」の開発に注力するのか，あるいは先行品にプラスαの要素を加味し新薬としての道を探る「改良型バイオロジクス」（バイオベターとも）を開発するのか，という選択がある。我々は日本製薬工業協会の協力を得て「糖タンパク質標準品の生産および解析技術に関する実用化研究」に関するアンケート調査を行った（回答数13社）。表2にその抜粋を示し，以下若干の考察を試みる。

表2　FS調査研究：製薬協へのアンケート結果から

＊数字は回答（%）

1）低分子医薬品とバイオ医薬品のどちらに将来性があるか。		
0 低分子	42 バイオ医薬品	58 わからない
2）日本はバイオ医薬品の国際競争で勝ち残れると思うか。		
25 思う	17 思わない	58 わからない
3）CHO細胞生産法に代わる調製法が開発されるべきと思うか。		
100 思う	0 思わない	0 わからない
4）タンパク質医薬品にはタンパク質だけでは賄いきれない部分があると思うか。		
75 思う	0 思わない	25 場合による
5）タンパク質医薬品において，PEG化が有効だと思うか。		
50 思う	50 有効でない場合も	0 思わない
6）糖タンパク質医薬品の開発において糖鎖解析は必要だと思うか。		
84 思う	8 思わない	8 その他
7）バイオシミラーと改良型バイオロジクスではどちらが有望か。		
8 後発品	50 改良型	42 わからない
8）均一な糖鎖構造を持つ糖タンパク質医薬品を生産する技術は必要か。		
33 必要	25 必要ない	42 わからない

設問1：全社が低分子医薬品（化学合成品）より，バイオ医薬品に将来性があると考えている。しかし，バイオ医薬品開発は技術レベルのみならず，コンセプト自体（バイオ医薬はどうあるべき，という）がまだ未成熟であることを感じさせられる。実際には，双方にメリット，デメリットがあり，どこまで可能性を伸ばせるかが鍵だが，バイオ医薬品にはまだ歴史的に十分な検証を経ていない，という実情がある。

設問2：わからないとの回答が過半数。実際，海外のバイテク企業に後れを取っているのが現状である。これからの技術革新によって国際競争で勝ち残れる余地はある，とのコメントがある一方，失われた10年を乗り越え，追いつくためには国を挙げての強化策や当局の規制面からの支援がなければ実現不可能とする厳しい意見も。まずは，ローカル市場であるバイオ後続品で日本企業は参入を果たし，その後ベターや新薬へ展開できるオプションが無ければ勝ち残れるどころではない，とは一見悲観的なコメントだが，バイオシミラーの開発から，バイオベターや新薬に展開できる道筋を模索する，との指摘は，バイオ医薬品開発には「イノベーション」が起こる要素あり，と解釈できる。ともあれ，既存のバイオ医薬品の後発品開発だけでは追いつけない危機感の表れであることは間違いないだろう。

設問3：100％がCHO以外の生産系を望んでおり，その理由としては，製造設備，開発コストが第一に挙げられる。しかし，万能なタンパク質発現系はまだ存在せず，目的（糖）タンパク質に応じた発現系の選択が必要になるというのが現実的な見方。また，当局のレギュレーションや先発メーカーからのブロックで承認を得るハードルが非常に高いという側面も。さらに，CHO細胞は実績も多く現状大きな問題はないが，培養条件によって糖鎖構造などが変化するため，より頑強な生産方法の開発が望まれている。この点も，バイオ医薬品開発がまだ未成熟であることの表れと言えよう。現状デファクト化しているCHOを変更するにはかなりのエネルギーを要するが，それでも長期的には代替法が望まれていると解釈すべきだろう。

設問4：タンパク質医薬品におけるタンパク質以外の重要性に関する認識は十分高いと言える。具体的にはポリエチレングリコール（PEG）修飾や糖鎖の問題，さらには酸化，脱アミノ化など，力価，安全性，動態に影響を及ぼす因子が多く，これらをブラックボックスとして放置するのではなく解明する必要がある。また，本来の生体内での機能やその強度だけでは医薬，すなわち疾病の治療に至らないケースが多々ある，との指摘も。タンパク質医薬には多くの開発要素と可能性が残されていることから，企業だけではなく産学連携や国の支援が必要だろう。

設問5：上記設問と関連し，PEG化に対する評価は，ある程度効果を認めうるが不十分な場合も多いとの認識。PEG化はタンパク質そのものの血中安定性を高めたり，抗原性を低下させたりすることが知られているものの，その効果や目的はタンパク質に応じてケース・バイ・ケースになるため。実際，PEG化インターフェロンなど大幅に利便性を向上させ，患者にメリットのあるバイオ医薬品がある一方で，PEG化のコスト，立体障害により活性が減弱する場合が多く，適用できる局面（対象）が限定される，とのコメントもあった。

設問6：糖タンパク質医薬品の開発において糖鎖解析はほぼ全社が必要と答えたが，その理由として，「糖鎖によるmicrohetrogeniety（微小不均一性）が原因で生物活性への影響を調べる必要がある」，「糖鎖は何の意味もなく飾りでついているものでなく，糖鎖構造が変われば，バイオロジカルな性質も変わるはず」などが挙げられた。また，糖鎖解析が必要なシーンについても，「生産条件の検討時」，「プロセス開発の途中段階」，「最終産物の品質検証時」とそれぞれの開発段階で求められていることがわかり，この点は図4でも示した通りである。ただし，今後開発される新薬や改良型については，最終段階のみの解析（確認）で済む可能性もある，とのコメントも。この点が，改良型（バイオベター），新薬開発における大きな利点である。一方，糖鎖の「機能」が問題となっていることも事実で，生理活性や安定性の関係を知ることができれば開発や解析の目安になるが，現状殆ど不十分である。糖鎖解析が必要なのは今や常識という感覚は浸透しているが，「必要」というよりもむしろ「課題視している」という認識が妥当かもしれない。今後その課題が解け，活性や安定性との相関が判れば，解析でなく生産へのニーズに繋がっていくだろう。

設問7：冒頭で述べたバイオ医薬品の特許切れ問題に関し，バイオ後続品（バイオシミラー）と改良型バイオロジクス（糖鎖修飾，PEG化，ペプチド修飾など）のどちらが有望か，との問。半数は改良型バイオロジクスと回答し，バイオシミラーとの意見は少数意見であった。一方，同じアンケートを日本ジェネリック製薬協会の協力を得て行った結果は大きく異なり（回答数7社），バイオシミラーに対し有望との意見が大半であった。ただし，費用対効果が不明な点や設備投資が大きい，生産ノウハウの蓄積が無い等，クリアしなければならない問題が多い，とのコメントも多かった。バイオシミラーを国家戦略に据える方針は欧州，アジア新興国で特に注目されるが，前者はバイオシミラーという制度を先行してつくり，これに諸外国を従わせようとする戦略が，また後者においては新薬開発の実績が無い土壌にあっては，市場の拡大が見込まれるバイオ医薬品に対し，新薬開発は当座狙わず，バイオシミラーに注力せざるを得ない，という事情がある。もう少し具体的に製薬企業（新薬メーカー）の声を紹介すると，

・それぞれにメリットがありケース・バイ・ケース

・新薬メーカーの立場で考えると改良型バイオロジクスの方が有望

・現在では改良型バイオロジクス（バイオベター）は，新薬と同等の臨床試験が必要となる可能性が高い。このため，ターゲットが明らかである場合は差別化のポイントを明確にしなくてはならない

・新薬メーカーは後続品はやらないだろうし，新薬か改良型を戦略として取り組むはず。一方，後発メーカーは，いきなり改良型はできないから後続品から参入となるはず

・既存医薬品との差別化が可能であるという点で改良型が有望だが，規制当局が「先発品の二番煎じ」とみなし，薬価が低く設定されると事業性は乏しくなる

・機能向上を目的とした改良型バイオロジクスは，医療ニーズに応えることができ，新たな市場を開拓できる

・これもケース・バイ・ケースで，市場性やモノの作りやすさ等により変わってくる

上記設問と関連し，「タンパク質医薬品におけるバイオ後続品（バイオシミラー）において考えられる問題点（複数回答可）」を聞いた。その結果，「先発品との同等性，同質性を示すエビデンスの提示」が最も多く，これに「糖鎖修飾の不均一性やプロセス過程での変動」と「国毎に異なるガイドラインのぶれ」が続き，加えて「費用対効果が不透明」との意見や「範例の少なさ」との意見もあった。開発対象とする医薬品によって事情が異なってくること，具体的なバイオベターの方策が十分検討されていないこと，レギュレーション側の壁がなお高いことなど，研究上の問題以外に，コストや規制といった多くの問題が存在することが窺える。一言で言えば，バイオ医薬品という存在自体が歴史上まだ成熟していない時期にあることの裏返しだろう。ただ，日本企業の考え方として，国策としてバイオシミラーやジェネリックに取り組むアジア諸国のそれとは明らかに異なる姿勢を強く感じる。我が国は低分子医薬品については新薬開発の実績を有し，これをバイオ医薬品開発へと大きく方向転換する時期を迎えているが，単なる欧米追随型のバイオシミラーでは失われた10年を取り戻すことは到底叶わない。もし，バイオシミラーの製造を起点としつつ，そこに新たな要素を加味し，今までにない効力や安全性を確保でき，そしてそれが，我が国が蓄積してきた糖鎖技術によって優位になされるのなら，失われた10年を取り戻すのみならず，諸外国に勝るバイオ医薬先進国となる可能性がでてくる。

設問8：最後の質問は，均一な糖鎖構造を持つ糖タンパク質医薬品の生産技術（後述）についてである。調査側にとって最も核心的な問いであったが，答えは大きく3分した。付されたコメントは多かったが，代表的な意見として，「糖タンパク質の糖鎖の多様性がどのような生物学的な意味があるのか判明しないと，均一な糖鎖だけのバイオ医薬品の位置づけ，本技術の価値がつけられない」，「均一であれば“望ましい”という程度だが，たとえば設問3に関連して非糖たんぱく質に簡便かつ正確に糖鎖導入できる技術があれば望ましい」がある。すなわち，そのような技術があれば「脱CHO生産系」によって糖鎖変動による解析の煩わしさから解放される，というメリットはあるものの，そのことによりバイオ医薬品としての生物学的な品質，価値がどうなるのかが不透明，とのコメントだ。これは繰り返し述べてきた，バイオ医薬品，ひいては糖タンパク質医薬品開発における根本的な問いである。と同時に，バイオ医薬品という歴史的に未成熟な創薬マターに対し，開発者側がどのようなコンセプトと戦略で臨むのかが問われている。筆者の考えになるが，おそらく，そのような均一の糖鎖構造の糖タンパク質医薬品を作った前例を見ないと，その価値を判断できない，というのが「産」側の感覚ではないか。その意味で，まだ，「学」側における糖鎖工学（グライコバイオロジクス）という新技術領域のイメージが伝わっていないのが実情なのだろう。一方，企業側からすれば，生産する技術の確立は合成する技術が確立され均一糖鎖の有用性が明らかになった後，求められることである。その意味で，この設問は製薬企業に対してはいささか不適切であったかもしれない。

7　ケミカルバイオロジーのコンセプトに基づく革新的バイオ医薬品（Bio-innovative）の開発シナリオ

なぜ，モノフォーム（均一）の糖鎖を持つ糖タンパク質を作る必要があるのか。極論すれば，それを作ってみないと糖鎖の効果がわからないからだとすれば，これは殆ど信じて行う他ないといった作業になる。今やバイオ医薬品の代名詞にもなっている抗体医薬の抗体依存細胞障害（ADCC）活性は，コアフコースという糖鎖構造が欠如することによって起こる。通常血清中の抗体にはこのフコース修飾があるが，遺伝子操作によってコアフコースが全くなくなった抗体には80倍もの比活性の上昇が起こる（協和発酵工業，現協和発酵キリンの発明）。だが，これは意図して開発された技術ではなく，できてみて気づいた効果であるという。生体は細胞内でタンパク質を合成する際に，糖鎖修飾と分泌システムを通常一体化させている。このことは先に述べたように生命の長い歴史の中に深く刻まれたしくみであるが，それゆえ糖鎖構造は必然的にばらけ，著しい不均一性が生じる。それが糖鎖本来の形，すなわち生物の求めた結果であると揶揄され，モノフォームを作ることの意味を問われることがある。しかし，産業的なモノつくりはしばしば自然界のそれとは異なり，事実人類はそのような工業生産法をいくつも開発してきた。自然に学ぶべきことは学び，しかし産業応用は効率と目的を明確にするところから始まる。筆者は糖タンパク質を医薬品として産業生産する手法，戦略は生体が作る仕組みと同一（バイオシミラー型戦略）にする必然性はないと考える。

これはケミカルグライコバイオロジーの思想であるが[24]，化学はモノを分析し，分子や数式で記述することから研究を始めるが，同時に反応や事象を形成する「要素」を抽出しつくすことによって，「エンジニア」する発想が芽生える。かつ，化学にはそれを実行する力が備わっているはずだ。グライコバイオロジクスを遂行する上で，分析学，化学，構造生物学，細胞工学，生産工学，糖鎖工学，機能グライコミクス等の素養が不可欠であるが，記述や解析レベルで終わらせることなく，産業として，工業として成り立ちうる，最適なグライコバイオロジクスの方法を設計，実現化していくことが求められる。それが，革新的バイオ医薬品（Bio-innovative）の開発につながると信じる。早川の言葉を借りれば，「不均一性を不可避」とする製品から「均一を前提」とする製品へのパラダイムシフトである[2]。基本は生体に学ぶが，それを工業レベルで生産する際には，まったく材料や方法は自然のそれから離れてもよい，とする発想，いわばデザインによって優れた医薬品（Advanced Pharmaceuticals by Designとでもいうべきか）を想像する力が必要である。以下，その具体的なアイデアを述べるが，より現実的な選択肢としての糖鎖リモデリングによる改良品開発のストラテジーについても触れておく。

7.1　現実的な選択肢としての糖鎖リモデリング法

現状行われている基本的な細胞生産法を基盤とする糖鎖リモデリング法による開発イメージを図5に示す。糖鎖リモデリングとは糖鎖合成に関わる酵素や遺伝子を操作することによって，よ

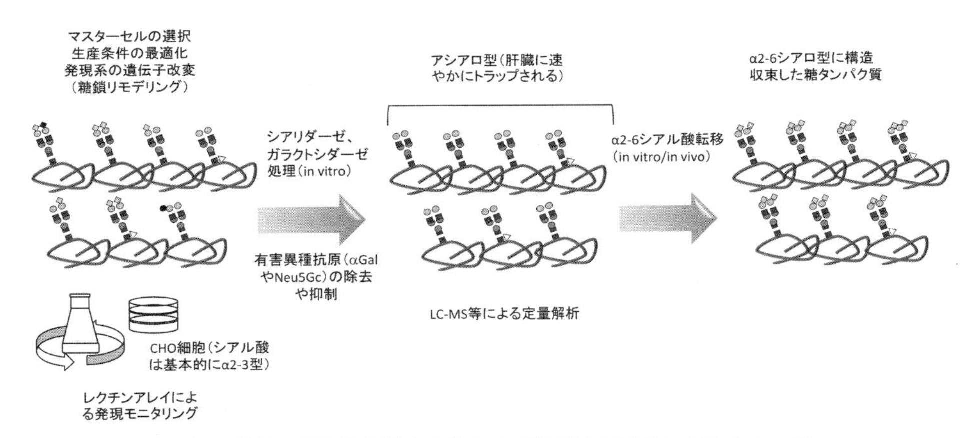

図5　現状の細胞生産系を基盤とする糖鎖リモデリングのイメージ

現状，シアル酸の結合型をα2-3かα2-6型に統一することは技術的に可能。しかし，それ以外の要素（バイセクトN-アセチルグルコサミン，3本鎖以上の分岐，ルイス型フコース等）については必ずしも容易ではないが，コアα1-6フコースが除去された抗体分子は協和発酵キリンの開発した技術（遺伝子操作によってFUT8を除去）によって可能になっている。

り性能の優れた糖鎖構造へと修飾，収束化する手法である。たとえば，現状シアル酸の結合型をα2-3かα2-6型に統一することは技術的に可能である。また，CHO細胞などヒト以外の異種生物を発現系として用いる場合，異種抗原とよばれるヒトにはない糖鎖抗原が混ざって合成される可能性があり，ヒトの体内へと投与することが前提のバイオ医薬品においては，効力の低下や拒絶反応の誘起等が懸念される。CHO細胞で生産されたバイオ医薬品は安全性が確認されたものが多く，大きな問題はないとの見解もあるが，たとえば重篤な障害を引き起こすことが知られているαGal抗原（Galα1-3Galβ1-4GlcNAc）は，ヒトが後天的に本糖鎖抗原に対する抗体を比較的高濃度に生産しているため，異種生物を用いた臓器移植等で問題となる。ヒトや旧世界ザルでは本糖鎖構造を合成する遺伝子が偽遺伝子となっているため，この抗原にさらされると超急性の拒絶反応を引き起こす[25]。本来，ヒトは臓器移植を受けていないのにこの抗原に対する抗体が備わっているのは，ある種の腸内細菌が産生する糖鎖構造にαGal構造と同一，あるいは類似したものがあり，それに対する自然抗体が生産された結果と考えられている[26]。また，最近では，グリコリル型シアル酸と呼ばれる異種抗原の問題も浮上している。これは代表的なシアル酸であるN-アセチルノイラミン酸（Neu5Ac）が，ヒトや旧世界ザルを除く哺乳動物では糖ヌクレオチドの形でさらに修飾を受けアセチル基（CH_3CONH-）の一部がグルコリル基（CH_2OH-CONH-）に変化するのに対し，ヒトや旧世界ザルではこの反応に関与する水酸化酵素（CMAH）が不活化していることによる（図1参照）[27]。最近の研究によると，食肉等で摂取したグリコリル型シアル酸（Neu5Gc）がヒトの体中に取り込まれ，シアル酸含有糖鎖複合体を提示，免疫系が異物として認識する結果，「自己抗原」に対する抗体を産生するとの報告がある。モデル実験であるが，抗Neu5Gcに対し抗体を産生するようにさせたマウスでは，グリコリル型シアル酸を多く含む抗体の投与では，これを中和する作用が認められ，抗体医薬の効力が低下する可能性，さらに異種抗原に対する拒絶反応の危険性が指摘された[28]。CHOを含む異種生物由来細胞が生産するバイオ医薬品の糖鎖抗原についてはまだ十分な科学的検証がなされていない状況だが，従来知られていなかった新たな事実を含む事象であり，今後FDAをはじめとする規制当局がどのような態度をとり方針変更していくのか，その動向が注目される。

7.2 革新的バイオ医薬品の開発シナリオ

我が国が欧米諸国や台頭するアジア新興国に対峙していくためには優れた科学技術に立脚したバイオ医薬品開発戦略が不可欠である。バイオシミラーは欧州がそのコンセプト，戦略を主導したものであること，またアジア新興国は新薬開発に実績を有さないことを考慮すると，安易にバイオシミラー路線に乗る選択肢は避けるべきであろう。科学技術立国たる日本が特許の切れた抗体，ホルモン，酵素等のバイオ医薬品で新たな工夫を様々に導入し，格段にその付加価値を高めた改良品を積極的に開発する道を選ぶべきではないか。図6には従来のバイオ医薬品を対象としつつも，その製法を大きく変えた方法論の概要を示す。ここで，技術の中核となるのが，エンドグリコシダーゼがもつトランスグリコシレーション反応による均一糖鎖構造をもった糖タンパク質の合成である。詳しくは先述の本誌シリーズ先行版[2]を見ていただくとして，ここではその骨子を述べるにとどめる。第1に，ケミカルバイオロジーの合成戦略であること。すなわち，明確な糖鎖機能が解明されてから，標的糖鎖をもつバイオ医薬品の開発を開始するのではなく，均一構造分子を作る技術をまず作ることによって，「最適の糖鎖構造」を決定していく，という戦略である。第2に，上述のトランスグリコシレーションを起こすための必須アイテム（いわば3種の神器）が出揃った状況であること。すなわち，①山本らによるEndo Mを基盤とする改変酵素

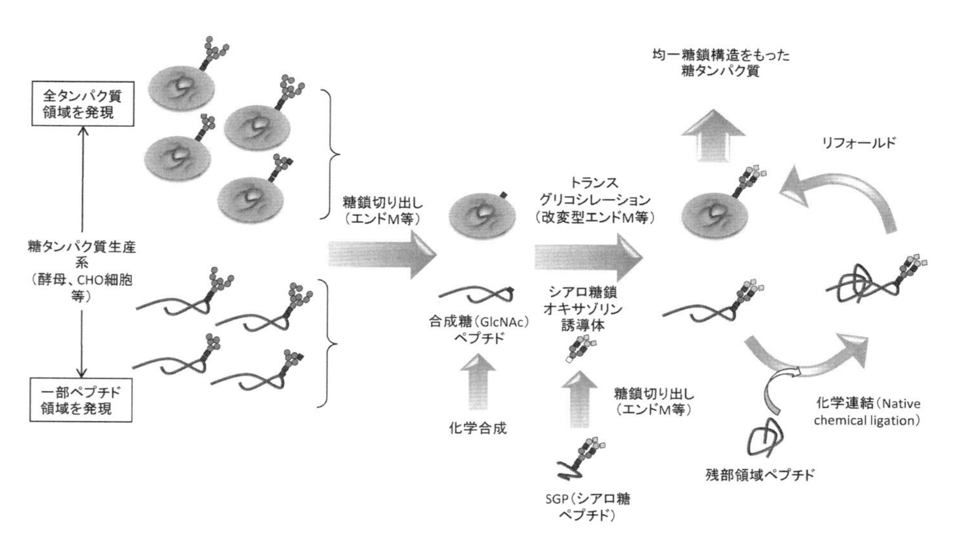

図6　ケミカルバイオロジーの概念に基づく新しい糖タンパク質開発の製造スキーム

(Glycosynthase) の開発[17]，②正田らによるオキサゾリン中間体の発見とその簡易合成系の開発[29]，③鶏卵からのシアロオリゴ糖ペプチド（SGP）の大量調製系の開発（伏見製薬所から製造，販売）である。

ここで均一構造の糖タンパク質（あるいは糖ペプチド）を合成する意義を述べておく。第一に，糖タンパク質医薬品における糖鎖構造・機能相関の明確化である。糖鎖機能の明確化は先述の抗体医薬におけるコアフコースの除去やEPOにおける高分岐シアロ糖鎖の効果ですでに見ることができるが，このような事例は均一糖鎖構造を付与することで，他の多くの糖タンパク質医薬品にも発掘できる可能性がある。そのことによって，単なるバイオ医薬品の高機能化，すなわち血中安定性，臓器指向性，結合親和性等におけるバイオベターの開発が達成されるのみならず，開発者の予想をも上回るような画期的バイオ医薬品の発見，もしくはそれに向けた新たな開発戦略が生まれるかもしれない。仮に，高機能化が達成されなかったにしても，生産条件に揺さぶられる糖鎖合成システムから脱却し（エンドグリコシダーゼにより，ばらけていた糖鎖構造は一括除去される），均一な糖タンパク質が合成されるメリットは大きい。さらに，均一糖鎖構造をもった糖タンパク質（ペプチド）は様々な分析技術の向上をもたらすだろう。すなわち，LC/MS等の計測法における分解能・精度・感度を測る「標準物質」となることから，医薬品開発業界と分析業界間の相乗効果が期待できる。

7.3 残された技術課題

上記革新的バイオ医薬品開発シナリオはまだ試行錯誤段階でしかない。3種の神器は手にしたが，まだ解決しなければならない問題が残されている。これらの問題は個別な産学連携に頼るだけでは解決しがたく，国家レベルでのプロジェクト戦略による取り組みが必要である。

①　トランスグリコシレーションに用いる酵素の特異性の改善：現在最も広く用いられているEndo M（糸状菌*Mucor hiemalis*由来）は糖加水分解酵素（GH）ファミリー85に分類されるエンドグリコシダーゼである。基本的にハイマンノース型糖鎖を認識し水解する酵素だが，2本鎖型の複合型糖鎖に対しても活性を有する。最初にエンドグリコシダーゼ活性が見つかったEndo A（*Arthrobacter protophormiae*由来）はハイマンノース型糖鎖にのみ働く酵素であったため[16]，シアル酸を含む複合型糖鎖（SGP等）にも働くEndo M（およびその改変酵素）の基質特異性の広さは，糖鎖工学的には大変有用なものとなった。しかし，その広さは決して十分ではなく，例えば三分岐以上の高分岐型複合型糖鎖（EPO等が有する）に対しては働かない。また，コアフコースが付加した還元末端GlcNAcにも活性を示さない。同じGH85ファミリーや同じ配列モチーフを持つGH18ファミリーの中に，より広い基質特異性を持つ酵素がある可能性があり，今後はEndo Mに捉われない酵素開発が必要だろう。また，最近大きな進歩を遂げている構造生物学や進化工学を取り入れた研究も求められる。

②　タンパク質への転移効率の改善とポリペプチド鎖の巻き戻し：エンドグリコシダーゼによるトランスグリコシレーションは画期的な糖ペプチド合成技術であるが，大きな分子量を持つタン

パク質への適用は困難と聞く。おそらく立体障害による問題だが，転移させるドナー糖鎖が複合型で分子量が大きくなると尚更だろう。このため，従来の研究は分子量の比較的小さなリボヌクレアーゼ（124アミノ酸）やEPO（165アミノ酸）に限られた。IgGは主として2本鎖型複合型糖鎖からなるが，抗体分子全体はジスルフィド結合を介した分子量15万の巨大分子である。しかも，一対保存されたN-結合型糖鎖はヒンジ領域の近傍に埋もれているため，鎖としては例外的に外からアクセスしにくい環境にある。このような難点を回避する方法は比較的低分子のペプチドを用いて先ず転移反応を行ない，これを残りのポリペプチド領域と化学連結させることである。Native chemical ligationと呼ぶこの手法は梶原が糖タンパク質の精密化学合成法として以前より手がけている方法である[30)]。しかし，本来タンパク質の生合成に適ったスキームではないので，もつれたポリペプチド鎖を変性剤を使い根気よく巻き戻す「リフォールディング」の作業が不可欠となる。リフォールディングは古くから存在する問題であり，王道は無く，100％生理活性を回復した糖タンパク質を再生させることは容易なことではない。しかし，最初に述べたように，バイオ医薬品のほとんどは分泌タンパク質であり，ペプチド性ホルモン等含め比較的低分子のものが多い。この点では複雑な分子構造の膜タンパク質と比べるとハードルは低いはずだ。

画期的バイオ医薬品を開発するシナリオは整いつつあるが，最後の難関として我々に立ちはだかっているのはどうやらタンパク質化学に帰する上記2つの問題のようだ。我が国のバイオ総合力が問われている。

8 おわりに

アップル社の創設者でコンピュータと人間の関係に大きな影響を与えたスティーブ・ジョブス（Steven Paul Jobs）が2011年10月5日に他界した。生前，彼は2005年スタンフォード大学の卒業式における講演会を「Stay hungry, stay foolish」という言葉で締めくくっている。この言葉は，グーグルのペーパーバック版とも言える「The Whole Earth Catalogue（全地球カタログ）」という画期的な出版物を著したステュアート・ブランド氏によるものだが，以後ジョブス氏の座右の銘となった[31)]。バイオ医薬品の製造法を既成の概念でとらえてはならない，というのが私なりの「Stay hungry, stay foolish」である。我が国が優位性を有する糖鎖技術を活用しながら，ケミカルバイオロジーのアプローチで新薬につながるバイオ医薬品を開発することができれば，失われた10年を取り戻し，世界に追い付き追い越すことが十分可能であると信じる。

文　　献

1) “Essentials of Glycobiology” eds. Varki, A., Cummings, R. D., Esko, J. D. Freeze, H. H.,

Stanley, P., Bertozzi, C. R., Hart, G. W., and Etzler, M. E. Cold Spring Harbor（NY), Cold Spring Harbor Laboratory Press（2009), 第2版に対する日本語版「糖鎖生物学」鈴木康夫, 木全弘治監訳, 丸善（2010), および無償閲覧可能な教育用インターネット版(http://www.ncbi.nlm.nih.gov/books/NBK1908/）あり。
2）「バイオ医薬品開発における糖鎖技術」監修：早川堯夫, 掛樋一晃, 平林淳, シーエムシー出版, 2011
3） J. Hirabayashi, *Q Rev Biol.*, **71**, 365-80（1996）
4）「糖鎖のはなし」平林淳, 日刊工業新聞, 2008
5） R. A. Laine, *Glycobiology*, **4**, 759-767（1994）
6）「可能世界と現実世界」F. ジャコブ（田村俊秀・安田純一訳), みすず書房（1994）
7）「糖鎖関連遺伝子データベース（GGDB)」(http://riodb.ibase.aist.go.jp/rcmg/ggdb/), この他, 様々な糖鎖関連の情報が「日本糖鎖科学統合データベース」(http://jcggdb.jp/）として整備されている。
8） X. Xu *et al., Nat. Biotechnol.*, **29**, 735-741（2011）
9） “Introduction to Glycobiology”（2nd ed.）Taylor ME, Drickamer K, Oxford University Press,（2006）
10）「きちんとわかる糖鎖工学」産業技術総合研究所, 白水社（2008）
11） S. Hase, T. Ikenaka, and Y. Matsushima, *J. Biochem.*, **90**, 407-414（1981）
12） N. Tomiya *et al., Anal. Biochem.*, **171**, 73-90（1988）
13） S. Takasaki, T. Mizuochi, and A. Kobata, *Methods Enzymol.*, **83**, 263-826（1982）
14） N. Takahashi, *Biochem. Biophys. Res. Commun.*, **76**, 1194-1201（1977）
15） M. I to, and T. Yamagata *J. Biol. Chem.*, **261**, 14278-14282（1986）
16） K. Takegawa *et al., Biochem Int.*, **25**, 829-835（1991）
17） M. Umekawa *et al., J. Biol. Chem.*, **283**, 4469-4479（2008）
18） H. Narimatsu, *Glycoconj, J.*, **21**, 17-24（2004）
19） A. Kameyama *et al., Anal. Chem.*, **77**, 4719-4725（2005）
20） S. Kamoda, and K. Kakehi, *Electrophoresis*, **27**, 2495-2504（2006）
21） A. Kuno *et al., Nat. Methods*, **2**, 851-856（2005）
22） K. Kasai *et al., J. Chromatogr.*, **376**, 33-47（1986）
23） J. Hirabayashi, Y. Arata, K. Kasai, *J. Chromatogr. A*, **890**, 261-271（2000）
24） 稲津敏行, 野口研究所時報, **53**, 26-34（2010）
25） 村松喬,「移植と糖鎖抗原」GlycoWordから
http://www.glycoforum.gr.jp/science/word/glycoprotein/GPA08J.html
26）「臓器移植のニューステージ―異種移植から細胞移植まで」谷口直之監修, 細胞工学, **19**(6)(2000)
27） A. Varki, *Proc. Natl. Acad. Sci. U. S. A.*, **107**, 8939-8946（2010）
28） D. Ghaderi *et al., Nat. Biotechnol.*, **28**, 863-867,（2010）
29） M. Noguchi *et al., J. Org. Chem.*, **74**, 2210-2212（2009）
30） Y. Kajihara *et al., Chem. Rec.*, **10**, 80-100（2010）
31） Stanford Report, June 14, 2005. ～'You've got to find what you love,' Jobs says（http://news.stanford.edu/news/2005/june15/jobs-061505.html）

【第Ⅱ編　細胞培養法による製造】

第1章　CHO細胞におけるタンパク質生産性向上技術，ベクター開発

大政健史*

1　はじめに—細胞改良のエンジニアリング

動物は典型的な多細胞生物であり，様々な細胞の集合体として成り立っている。実際に動物を産業応用する場合には，現在では多細胞生物のまま（動物個体）で用いるのではなくて，ほとんどの場合生命の最小構成単位である「細胞」の状態にして用いる。すなわち，細胞単位に分けることが可能になったため，微生物（細胞）を用いる技術（液体培養，純粋培養，深部培養，液体培地等）が応用可能になったと言える。最終的に細胞の育種（細胞株構築），培地，小規模培養，大規模培養，分離精製とその生産工程は微生物を用いた物質生産と何ら変わるところはない。

さて，産業用に用いられる微生物を指して工業微生物と呼び，工業微生物学という学問分野や講義も存在する。「工業動物細胞」はこれに対比して産業に用いられる細胞を指す筆者の造語[1)]であるが，実際に蛋白質医薬品生産に多用されている細胞はいったい何であろうか。2006年から2010年にアメリカとEUにおいて上市されたバイオ医薬品58品目[2)]のうち，32品目が動物細胞を用いて生産され，そのほとんどがChinese hamster ovary（CHO）細胞を用いて生産されていた。現在の抗体医薬の宿主の大部分もCHO細胞であり，「工業動物細胞」を代表する細胞としてCHO細胞が対象として取り上げられる場合が多い。

CHO細胞は1957年にPuckらによってチャイニーズハムスター卵巣組織から樹立され[3)]，ATCCにはKaoらにより1968年に分離された亜種CHO-K1細胞株[4)]が元も古く登録されている。現在，産業応用されているCHO細胞株はCHO-K1由来細胞株もしくはコロンビア大学のChasinによって樹立されたジヒドロ葉酸還元酵素（DHFR）欠損株であるCHO DG44細胞株[5)]が主なものである。CHO DG44細胞が多用されている理由は，遺伝子増幅が容易な点にある[6)]。遺伝子増幅とはある特定の遺伝子がゲノム中に本来あるコピー数より増加する現象であり，ガンの耐性メカニズムとしてよく知られている。目的遺伝子とDHFR遺伝子を同時に細胞に導入し，DHFRの阻害剤であるメトトレキセート（MTX）にて選択することにより目的遺伝子共々DHFR遺伝子が増幅した高生産株を構築できる。CHO DG44細胞は，この遺伝子増幅に適した宿主細胞として樹立された細胞であり，ライセンスの簡便さや，Chasinから多方面に分与されたことにより幅広く用いられるようになっている。

CHO細胞を用いた蛋白質医薬品生産における生産性向上手法は，大きく2つにわけられる[7)]。

---

*　Takeshi Omasa　徳島大学　大学院ソシオテクノサイエンス研究部　教授

1つ目は細胞のエンジニアリングであり，細胞あたりの生産性（すなわち，比生産速度）を向上させるためのエンジニアリングである。2つ目は細胞培養のエンジニアリングであり，細胞をいかに高細胞濃度にまで早く培養をおこない，高い生残率を維持したまま長期間培養する手法の開発である。近年の10g/Lレベルまでの生産性の高まりは，この2つの技術の掛け算によって達成されている。細胞あたりの生産性を向上させる手法は，大きく3つのステップに大別される。1つは，細胞あたりの遺伝子数を増強やmRNA量の安定化や増加による転写プロセスの増強，2つ目はアミノ酸への翻訳プロセスの増強，3つ目は分泌を含む翻訳後プロセスの改良である。現在開発されている技術はこの3つに大別されるが，実際の生産CHO細胞株において，このどのプロセスが律速になっているかを判断するのは現在は難しい。このうち，最も様々な角度から検討され，研究例も豊富なのは，第一番目の転写プロセスの増強である。その中でも，古典的な手法でありながら，現在でも十分に効果的なのは細胞あたりのコピー数を増強する手法である。本稿では，この1つ目の細胞あたりの生産性を向上させる手法，特に遺伝子増幅現象について紹介する。

2　遺伝子増幅現象とは

遺伝子増幅とはゲノム中に本来存在するコピー数以上に遺伝子が増幅する現象であり，古くからガン細胞の抗ガン剤の耐性メカニズムや発生時におけるコピー数増加などにおいて見られてきた。CHO細胞においては，生産性向上の手段として，実際の医薬品生産の応用例としても多数用いられている。その概念図を下の図1に示す。この遺伝子増幅現象は，ある特定の遺伝子とその遺伝子産物に対する阻害剤の組み合わせによって引き起こされる。すなわち，その阻害剤を入

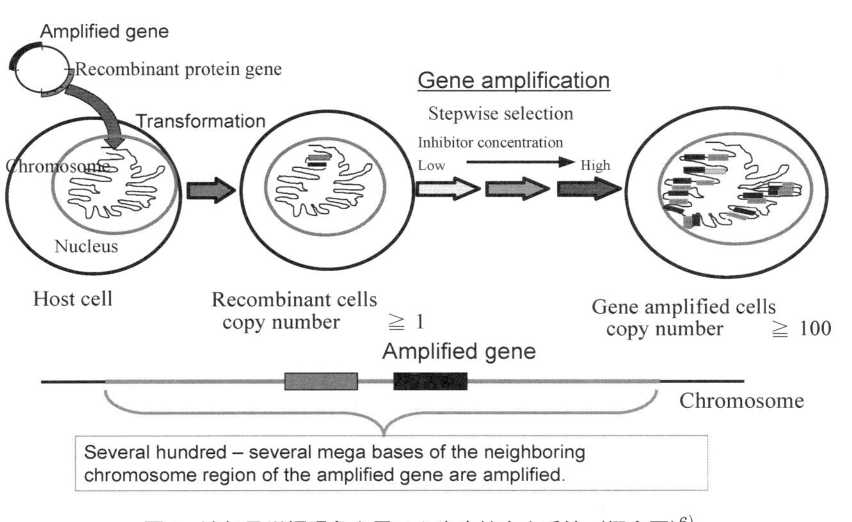

図1　遺伝子増幅現象を用いた生産性向上手法（概念図）[6]

れた細胞培養培地において選択をすることにより，細胞株内においてその特定遺伝子のコピー数が増加する。この際に，増幅遺伝子近傍のゲノム遺伝子も同時にゲノム内において増幅される。そこで，増幅遺伝子と目的蛋白質遺伝子を含む発現ベクターを構築し，これを動物細胞内に遺伝子導入する。その後，その増幅遺伝子の阻害剤を入れた培地を用いて選択することにより，この阻害剤に対して耐性を獲得した細胞が構築できる。阻害剤濃度を段階的に上昇させることにより，細胞内において飛躍的に（100コピー以上）その数が増加し，遺伝子が増幅した細胞が構築できる。

この時の耐性獲得機構として，コピー数増加によって細胞あたりの蛋白質発現量が増加し，これによって阻害剤に対する耐性を獲得している。この際に，目的遺伝子も同時に増幅されており，目的遺伝子のコピー数増加，すなわちmRNA量の増加によって生産性が飛躍的に上昇する。このような現象がおこる遺伝子と阻害剤，細胞株の組み合わせは限られており，動物細胞においてはCHO細胞での報告例が最も多い[6]。我々の経験でも，CHO細胞においては，同じ発現ベクターを導入してもヒト細胞よりも遺伝子増幅が引き起こされやすく，この点からもCHO細胞においては，他の細胞株よりも遺伝子増幅現象が利用しやすいと言える[8]。現在においても，この遺伝子増幅現象は手間と時間はかかるが，数さえこなせば，高生産細胞株を確実に構築できることから，生産株構築に利用されている。

これまで，遺伝子増幅現象を用いた物質生産株構築は非常に多用されていたが，その細胞株構築条件や，構築した細胞そのものの解析はあまり進んでいなかった。筆者らは，この細胞株構築のプロセスこそが，細胞バイオプロセスそのもののカギを握ると考え，1990年代前半より，遺伝子増幅現象を用いた細胞株構築について解析を行ってきた。

3　遺伝子増幅現象を用いたセルエンジニアリング

遺伝子増幅を用いた生産性向上株の構築においては，増幅遺伝子の阻害剤の段階的濃度上昇によって選択し，生き残ってきた細胞を用いることによって，生産性を向上させた細胞を得ることができる。この濃度上昇法と選択の基準については，試行錯誤的な手法しか行われてこなかった。これまでの手法では，阻害剤濃度を上昇させた各ステップにおいて，細胞株をクローニングし，これをさらに次の阻害剤濃度上昇操作にかけるという手法が採られており，阻害剤濃度上昇法の違いによって得られる細胞株の性質に違いがでるかどうかについては，明確ではなかった。そこで，我々の研究グループでは，阻害剤濃度を様々なパターンにて上昇させることによって阻害剤耐性を獲得した細胞集団を構築し，この細胞株集団の特性を解析した後に，細胞集団から細胞クローンを選抜し，この特性を解析することにより，阻害剤濃度上昇法と得られた細胞株の特性の関係について検討した[9, 10]。対象とする宿主細胞をジヒドロ葉酸還元酵素（DHFR）欠損株CHO DG44細胞株とし，*Dhfr*遺伝子を組み込んだ増幅ベクターを用いて，DHFRの阻害剤であるメトトレキセート（MTX）濃度を様々に変化させて，遺伝子増幅細胞集団を構築した。その結果，阻害剤濃度を段階的に上昇させた場合が，一気に上昇させた場合よりも安定でかつ高生産な細胞株を効率良く構築可能であることが示された。また，得られた1000nM MTX耐性細胞集団より細胞株をクローニングして，その性質を検討した結果，阻害剤濃度耐性の獲得機構として，細胞へのMTXへの取り込み能が変化している細胞株が得られること，さらには，低コピーで耐性を獲得している細胞株も出現することが示された[11]。

この研究の過程にて構築された1000nM MTX細胞株を解析して行く過程において，遺伝子増幅の引き起こされた染色体領域を解析したところ，高コピーかつ安定性の高い細胞株は，特定染色体に遺伝子増幅がなされている割合が高いとの結果が得られた（未発表データ）。この時点では，染色体の分類識別が困難であったため，画像解析を用いて染色体DAPI蛍光標識画像を解析した結果に基づくものであった。そこで，最もコピー数の高い1細胞株を選択し，この細胞株の遺伝子増幅領域と，関連するCHOゲノム上の配列について解析を行った。

染色体上の配列解析を行うためには，増幅領域を含む染色体配列を取り出す必要がある。一方，増幅領域のサイズは不明であり，様々な手段を用いたがなかなか取り出すことはできなかった。そこで，著者らは，ヒトゲノム解析において実績のある，バクテリア人工染色体（BAC）ライブラリーを構築してCHO細胞の染色体からの配列取得を試みた。幸いなことに，ヒトBACライブラリー構築とヒトゲノム解析に実績のある慶応大学の清水信義，浅川修一（現，東京大学）両先生のご協力を得て，遺伝子増幅CHO DR1000L-4N細胞株を出発点として，12万クローンからなるBACライブラリーを構築した[12]。BACライブラリーは，100kb程度の増幅領域を含むものが8万個，そして160kb程度のサイズを含むもの3万5千個からなる。構築したBACライブラリーを元にして，導入したベクターをプローブとして遺伝子増幅領域を含むクローンを選抜すれば，増幅領域の配列が取得できる。このクローンの選抜は，通常ではとても難しい点であったが，慶応大学において開発されたHDRフィルター法を用いることにより，増幅領域を含むBACクローンを選抜できた[12]。

得られたBACクローンから，最も典型的な配列を含むクローン（Cg0031N14）を選択し，配列構造を決定し，他のBACクローンとの関連を検証した。これらを取りまとめた結果を図2に表している。典型的なクローンについて配列決定をショットガン法にて行ったが，実際にはBACへの挿入サイズに比べて，得られたシークエンス結果が，半分ほどのサイズしかなく，何らかの大きな繰り返し配列を含んでいると推定された。最終的に，様々なBACクローンの結果から推定した配列構造は，導入したベクターが，一部欠失しながら，逆位反復配列をとった形で挿入され，さらにこれをCHO細胞ゲノム配列が大きく挟み込む構造をとっていることが分かった。残念ながら，この繰り返し領域の全体のサイズ，さらにはこのCHO細胞ゲノム由来配列領域の「端」の構造がいったいどうなっているのかは現在は判明していない。さて，BACライブラリー構築のリソースとなった遺伝子増幅CHO DR1000L-4N細胞株は，その生産性が阻害剤であるMTX非存在下においてもある程度安定に保たれているという結果が得られている[9]。そこで現在，得られたCHO細胞ゲノム由来配列にも遺伝子発現を安定化する何らかの機能が存在

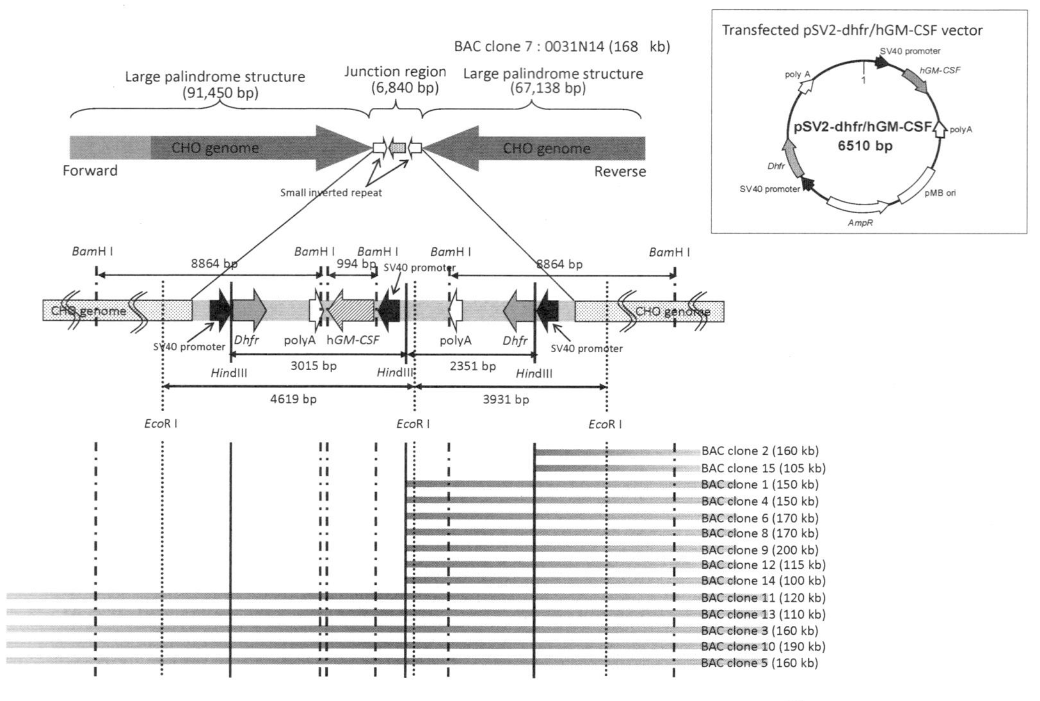

図2　遺伝子増幅領域の配列構造と対応するBACクローン[13]

するのではないかと考え，得られた配列からゲノム安定化エレメントを単離し，これを用いた発現ベクターを構築している[14, 15]。

4　おわりに

いよいよCHO K1細胞のゲノム配列が昨年（2011年）8月に公開になり[16]，CHO細胞もゲノム育種の時代が始まった。このゲノム配列は，約半年間かかって配列が決定されたものであり，公開になる前に様々な紆余曲折があった[17]。本原稿では主として遺伝子増幅，すなわちmRNA量を増加させることによる生産性向上手法へのアプローチと，そのための技術開発に焦点を絞って我々の結果を紹介した。一方，mRNA量の増加だけでは，生産性に限界があり，翻訳後のプロセスも含めた細胞の最適化，改良も必要とされる[7]。一方，これらのプロセスは様々なアプローチがなされているものの[18]，いったいどのプロセスが律速になっているのかがはっきりしない。これらのステップを明確にするためのセルエンジニアリングが今後必要とされる。また，本稿では糖鎖については述べなかったが，糖鎖に関しては，成書を参考にされたい[19]。

文　献

1) 大政健史，化学と生物，**45**, 9-11 (2007)
2) G. Walsh, *Nat. Biotechnol.*, **28**, 917-924 (2010)
3) T. T. Puck, S.J.Cieciura, and A.Robinson, *The Journal of Experimental Medicine*, **108**, 945-956 (1958)
4) F. T. Kao and T. T. Puck, *Proc. Natl. Acad. Sci. U. S. A.*, **60**, 1275-1281 (1968)
5) G.Urlaub *et al., Somat. Cell Mol. Genet.*, **12**, 555-566 (1986)
6) T. Omasa, *J. Biosci. Bioeng.*, **94**, 600-605 (2002)
7) 大政健史，化学工学，**75**, 143-146 (2011)
8) T. Omasa *et al., Enzyme Microb. Technol.*, **35**, 519-524 (2004)
9) T. Yoshikawa, *et al.*, *Cytotechnology*, **33**, 37-46 (2000)
10) T. Yoshikawa, *et al., Biotechnol. Prog.*, **16**, 710-715 (2000)
11) T. Yoshikawa *et al., Biotechnol. Bioeng.*, **74**, 435-442 (2001)
12) T. Omasa *et al., Biotechnol. Bioeng.*, **104**, 986-994 (2009)
13) J. Y. Park *et al., J. Biosci. Bioeng.*, **109**, 504-511 (2010)
14) 山崎知実ほか，遺伝子発現安定化エレメント，特許4568378. 2010.
15) 清水正史，抗体医薬のための細胞構築と培養技術，大政健史（監修），pp.19-29，シーエムシー出版 (2010)
16) X. Xu *et al., Nat. Biotechnol.*, **29**, 735-741 (2011)
17) 大政健史，バイオサイエンスとインダストリー，**69**, 499-502 (2011)
18) T. Omasa, M. Onitsuka and W. D. Kim, *Curr. Pharm. Biotechnol.*, **11**, 233-240 (2010)
19) 鬼塚正義，大政健史，バイオ医薬品開発における糖鎖技術，早川堯夫，掛樋一晃，平林淳（監修），pp.37-44，シーエムシー出版 (2011)

第2章　薬物動態および物理化学的性質の優れた抗体医薬品の開発

井川智之*1，服部有宏*2

1　はじめに

関節リウマチや癌における治療用モノクローナル抗体の成功により，抗体医薬は様々な疾患に対する有効な治療の手段となり，将来の医療にさらに大きな役割を果たすことが期待されている[1)]。一方で，激化する抗体医薬の開発競争により，新たな抗体医薬の開発には高い医療上の価値の付与，および，迅速で効率的な前臨床開発・CMC（chemistry, manufacturing and control）開発が不可欠になってきている。

プロトタイプとなるリード抗体の抗原結合特性やエフェクター機能或いは薬物動態を改善することで，薬効・安全性の向上や投与量・投与頻度の低下が可能であり，抗体医薬としての有用性・競合優位性を高めることが可能であり，さらに生産コストを低減することが可能である。さらに，安定性や抗体分子の均一性などの物理化学的性質を改善することによって，CMC開発の期間を短縮することが可能である。

抗体医薬を改良するための技術は可変領域の最適化と定常領域の最適化に分類することができる[2)]。可変領域は主に抗原に対する結合特性に関与しているが，薬物動態や物理化学的性質，免疫原性にも影響を与えることから，可変領域を最適化することで，これらの性質を向上させるこ

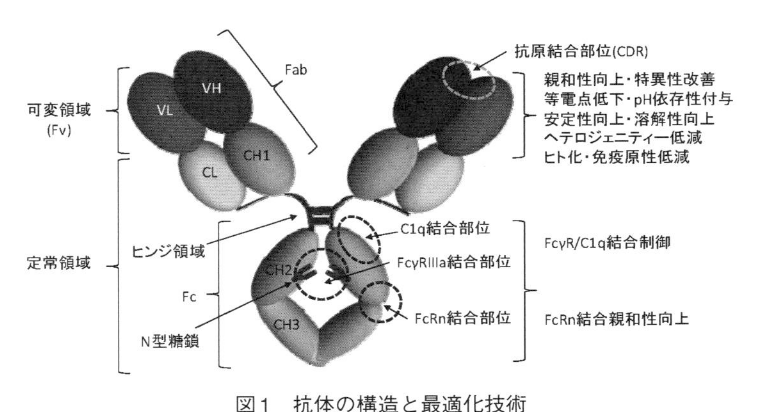

図1　抗体の構造と最適化技術

*1　Tomoyuki Igawa　中外製薬㈱　研究本部　探索研究部　チームリーダー
*2　Kunihiro Hattori　中外製薬㈱　研究本部　探索研究部　部長

とが可能であり，定常領域は主にエフェクター機能と薬物動態に関与していることから，様々なFc受容体に対する結合特性を最適化することで，これらの性質を向上させることが可能である(図1)。

本稿では，抗体の可変領域と定常領域が有する様々な抗体の機能のうち，抗体の薬物動態と物理化学的性質を改良することでより優れた抗体医薬を生産するための抗体最適化技術について紹介する。

2　薬物動態の改良

IgG型の抗体はFcRn（胎児性Fcレセプター）に結合することによりエンドソーム内からリサイクルされるため，一般的な他のタンパク質よりも血漿中滞留性が高く，半減期が長い。血漿中滞留性は抗体医薬の投与量および投与頻度に大きく影響し，また投与量は皮下投与製剤の開発可否にも影響することから，血漿中滞留性をさらに向上することは患者や医療関係者の利便性の向上につながり，同時に生産コストの低減につながると考えられる。抗体の血漿中からの消失経路には非特異的消失および抗原依存的消失の二種類が知られている。

2.1　等電点の低下による非特異的な消失の改善

抗体の非特異的な消失は，ピノサイトーシスにより細胞に非特異的に取り込まれ，エンドソームでFcRnに結合しなかった抗体がライソソームに移行して分解されることで起こる。最近，筆者らは，同一の定常領域を有する抗体において，可変領域の等電点が低い抗体ほど非特異的な消失が小さく，抗体の血漿中滞留性が優れていることを見出した（図1）[3]。これは細胞表面の負電荷と等電点の低い抗体の静電的反発により，非特異的な細胞への取り込みが減少しているためと考えられている。実際にプロタイプ抗体に対して，抗体の抗原結合活性を維持したまま等電点だけを低下させるアミノ酸置換をプロトタイプ抗体の可変領域に導入することにより抗体の血漿中滞留性を向上できることが確認された（図2）。

2.2　pH依存的な抗原結合による抗原特異的な消失の改善

細胞膜上の抗原（膜型抗原）を標的とする抗体は，抗原に結合した複合体の状態で細胞に取り込まれ（抗原依存的エンドサイトーシス），ライソソームに移行して分解される。この抗原依存的消失は，抗体が抗原に結合するという基本的な抗体の性質によるものであるため，これを回避することはできないと考えられていたが，最近，筆者らによって，この抗原依存的消失を低減させる抗体リサイクル技術，および，それを利用した次世代トシリズマブの創製が報告された[4]。

従来型の抗体分子は，膜型抗原に結合し抗原ー抗体複合体として細胞内に取り込まれ，その後ライソソームに移行しタンパク質分解を受けて消失する。そのため，膜型抗原に対する抗体は抗原依存的な血漿中からの消失を示し，抗体1分子は抗原に対して1度しか結合することができな

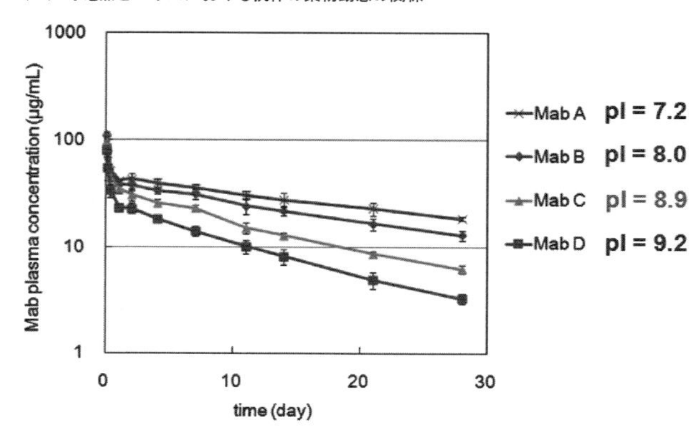

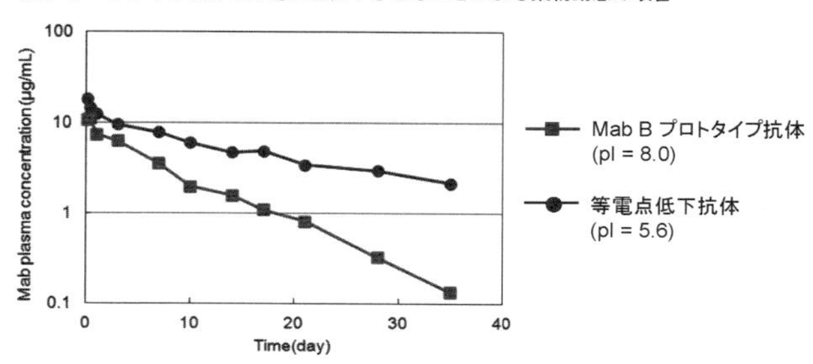

図2　等電点の低下による薬物動態の改善

い（図3(A)）。一方，血漿中の中性条件下であるpH7.4において強く抗原に結合し，エンドソーム内の酸性条件下であるpH6.0において抗原を速やかに解離するように改変したpH依存的結合抗体は，血漿中で膜型抗原に結合し，抗原ー抗体複合体として細胞内に取り込まれると，酸性エンドソーム内で抗体は膜型抗原から解離する。膜型抗原はそのままライソソームに移行し，タンパク質分解を受けて消失するのに対して，解離した抗体はFcRnにより血漿中にリサイクルされる。リサイクルされた抗体は次の膜型抗原に結合することが可能である。すなわち，膜型抗原に対するpH依存的結合抗体は，膜型抗原を介した抗原依存的な消失を低減するとともに，抗体1分子が抗原に対して繰り返し結合することを可能にする（図3(B)）。

抗IL-6受容体抗体であるトシリズマブに抗体リサイクル技術を適用するにあたり，トシリズマブに対して改変（アミノ酸置換）を加えることにより，IL-6受容体に対するpH依存的結合能を付与する方法が考えられた。血漿中の中性pHとエンドソーム内の酸性pHの違いを利用したpH依存的なタンパク質間相互作用を有する天然タンパク質が知られており，その多くがヒスチジン残基の性質を利用している。これはpKa 6.0-6.5であるヒスチジン残基が，血漿中のpH7.4では中性であるのに対して，エンドソーム内のpH5.5-6.0ではプロトンが付加され正電荷を帯びるという性質を有しているためである。そこで，トシリズマブにヒスチジン残基を導入するこ

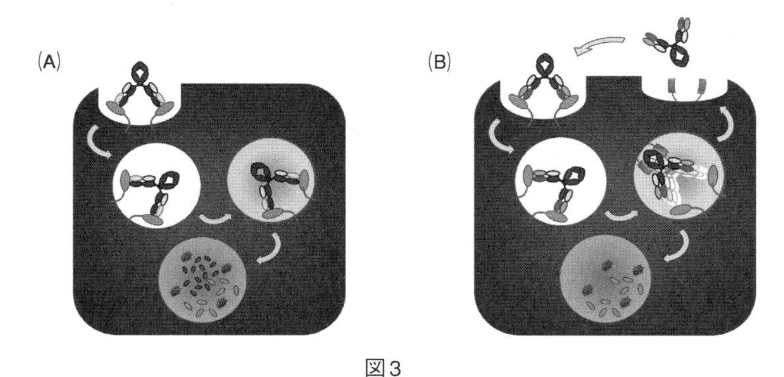

図3
(A)膜型抗原に対する通常抗体の作用
(B)膜型抗原に対するpH依存的結合抗体の作用

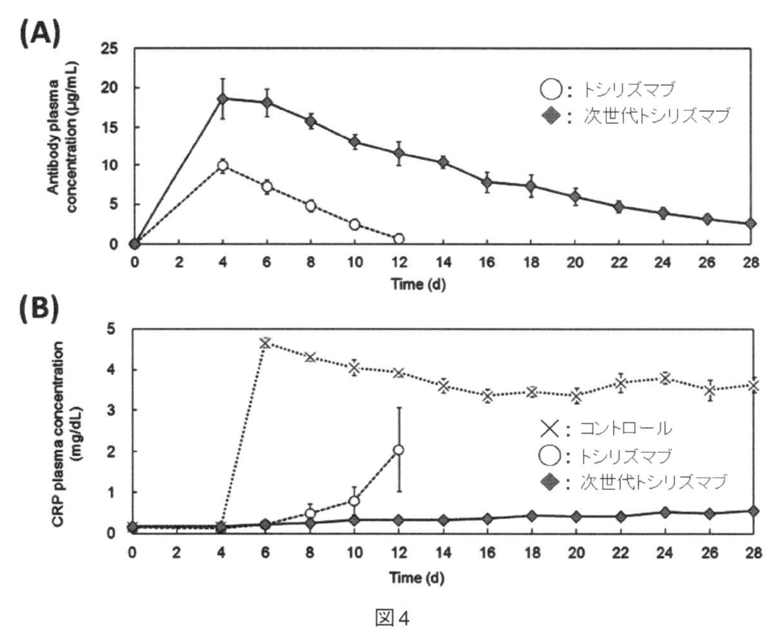

図4
トシリズマブおよび次世代トシリズマブをカニクイザルの皮下に2mg/kgで投与した際の血漿中抗体濃度推移(A)およびカニクイザルIL6投与時の血漿中C反応性タンパク質濃度推移(B)

とで，トシリズマブにIL-6受容体に対するpH依存的結合能を付与することで，IL-6受容体に対して，pH7.4におけるIL-6受容体結合活性を維持しつつ，pH依存的な結合活性を示すpH依存的結合トシリズマブが得られた。これをさらに改良することで次世代トシリズマブが得られた。

トシリズマブおよび次世代トシリズマブをカニクイザルの皮下に2mg/kgの投与量で投与し，同様のPK/PD試験を実施した。血漿中抗体濃度推移を図4(A)に，C反応性タンパク質濃度推移を図4(B)に示した。次世代トシリズマブはトシリズマブと比較して血漿中滞留性が大幅に向上した。また，トシリズマブは10日程度しかC反応性タンパク質の産生を阻害することができなかったのに対して，次世代トシリズマブは1カ月以上IL-6受容体を遮断し，C反応性タンパク質の産生を阻害することができた。

この結果からpH依存的に抗原に結合するpH依存的結合抗体を用いた抗体リサイクル技術は，次世代トシリズマブのように，抗原に繰り返し結合することで作用をその薬物動態を改善させ，長期間持続させることができることが示された。

2.3 酸性条件下におけるFcRnへの結合増強による非特異的な消失の改善

抗体（IgG）はエンドソーム（pH 6.0）でFcRnに結合し，血漿中（pH 7.4）で解離することでリサイクリングされ，長い血漿中半減期を獲得している。これまでにFcRnに対する親和性を向上させることで抗体医薬の薬物動態をさらに改善する技術がいくつか報告されている。例えばYTE変異によってFcRnに対する親和性を向上することで，カニクイザルにおいて血漿中半減期が4倍延長できることが示されている[5]。またXtend技術によって血漿中半減期の延長とそれによる抗腫瘍効果の向上が示されている[6]。

これらの可変領域の改変による非特異的消失低減技術および抗原依存的消失低減技術と，定常領域のFcRnに対する親和性向上技術を組み合わせることによって，抗体医薬の薬物動態はさらに改善できると考えられる。

3 物理化学的性質の改善技術

抗体医薬のCMC開発の難易度は開発分子の物理化学的性質に大きく依存する。すなわち，物理化学的性質に問題を有する抗体分子のCMC開発や生産は多大な労力とコストを有するため，抗体分子の物理化学的性質は優れていることが好ましいが，取得されてくる抗体は一般にその生物活性（抗原結合活性）を指標に選択されてくるため，その物理化学的性質が必ずしも優れているとは限らない。

皮下投与製剤には，100 mg/mL以上の高い抗体濃度が必要になる場合があるが，開発分子の安定性や溶解性が悪い場合は，このような高濃度の皮下投与製剤を作ることは困難である。また，溶液製剤の保存安定性に問題がある場合は凍結乾燥製剤で開発する選択肢があるが，これは高コストであると共に使用前に再溶解する必要があり利便性に劣る。また，開発分子のヘテロジェニティーは製造工程において制御される必要があることから，複雑なヘテロジェニティーの存在はその制御が困難となり，CMC開発上の重大な課題となりえる。リード抗体の最適化の過程において，安定性，溶解性およびヘテロジェニティーを分子設計により事前に改善することにより，製法・製剤等のCMC開発を含めたトータルの開発期間を短縮することが可能となる。

3.1　安定性の改善

熱安定性の低い抗体は会合化が起こりやすく発現量が低いという傾向があるため，抗体の熱安定性を測定することで抗体の物理的安定性を評価することができる。会合化した抗体は不純物であるとともに免疫原性の原因になり，低い発現量は製造コストを高めるため，開発分子は高い熱安定性を有することが望ましい。可変領域の疎水性コアやチャージクラスターを形成するアミノ酸配列，高度に保存されているアミノ酸配列，分子表面の疎水性アミノ酸，重鎖と軽鎖の界面を形成するアミノ酸などを最適化することにより，可変領域の安定性を向上出来ることが報告されている[7]。

物理的安定性のみならず，抗体の化学的安定性も重要である。CDR中での脱アミド化，異性化，サクシンイミド形成，メチオニン酸化，トリプトファン酸化などの化学変化が起きると，抗体の生物活性が低下し，CMC開発の難易度が高まってしまう。そのため開発候補分子にそのような性質が見つかった場合は，構造解析や変異導入によって化学変化が起きる部位を特定して改良することが望ましい。最も頻繁に起こる抗体の化学変化は，CDR中のアスパラギンの脱アミド化および異性化である。この反応の一般的な回避方法は，脱アミド化するアスパラギンを他のアミノ酸に置換することだが，アスパラギンが抗原結合に重要な場合，アスパラギンを他のアミノ酸に置換出来ない可能性がある。このような場合，アスパラギンのC末端側のアミノ酸を置換することで脱アミド化を抑制できることが報告されている[8]。

3.2　溶解性・粘性の改善

製剤の利便性を考慮した場合，慢性疾患においては特に皮下投与製剤が好まれる。一般的に一度に皮下投与できる溶液量は1.5 mLが限度であり，皮下投与製剤には高い抗体濃度（例えば100 mg/mL以上）が必要である。この高い抗体濃度を達成するためには，安定性，溶解性，粘性などが優れている必要がある。

抗体の溶解性は一般的に高いが，溶解性が低い抗体も知られている。抗体の溶解性を高める可変領域の最適化技術として，分子表面の疎水性アミノ酸の改変やアミノ酸置換によるN型糖鎖の付加といった方法が報告されている[9]。また，高濃度の抗体溶液は高い粘性を有し，高い粘性は高濃度製剤を必要とする皮下投与製剤の開発の大きな障害になる。可変領域のアミノ酸配列が粘性に影響を与えることが知られており，可変領域のアミノ酸配列を最適化することで抗体溶液の粘性を低下できる可能性がある[10]。

3.3　ヘテロジェニティー（不均一性）の改善

抗体医薬の製造過程において，糖鎖付加，N末端ピログルタミル化，C末端アミノ酸欠失などの抗体の翻訳後修飾を制御することが求められている。抗体の定常領域には共通のN型糖鎖付加配列があるが，加えて約20％の抗体は可変領域にもN型糖鎖付加配列が存在する。可変領域に付加する糖鎖は抗原に対する結合親和性および薬物動態に影響を与えるため[11]，可変領域に付加した糖鎖も製造において制御することが求められる。このような複雑なヘテロジェニティーの存在はCMC開発の大きな障害となる。

可変領域の糖鎖が抗原結合に重要な役割を果たしている場合，結合特性を維持したまま糖鎖を除くアミノ酸配列の改変は困難である。そのため可変領域の糖鎖はリード抗体選択の過程において排除することが望ましい。最近の合成抗体ライブラリーでは，CDRのアミノ酸分布を制御することが可能になってきており，N型糖鎖付加配列が出現しないようにデザインすることで，リード抗体可変領域に糖鎖が付加する確率を最小化することができる。また，リード抗体の最適化の過程で，糖鎖修飾のみならずその他の翻訳後修飾を受けるアミノ酸を改変し，ヘテロジェニティーを低減させることも重要である。

4 まとめ

抗体分子を医薬品として開発を行うためには，その抗原に対する結合特性だけでなく，薬物動態や物理化学的性質も重要である。抗原に対する結合活性だけが優れていたとしても，医薬品としての価値を提供出来るだけの薬物動態が無ければその価値は大幅に低下してしまう。また，同様に，十分な物理化学的性質を有していなければそもそも医薬品として生産することすら困難である。すなわち，抗原に対する結合活性のみならず，薬物動態，物理化学的性質，および，タンパク質医薬品としての免疫原性や安全性等の抗体の機能に関連する様々な性質をそれぞれ改善する抗体最適化技術を適用することで，プロトタイプ抗体をより優れた高付加価値を有する次世代抗体医薬を創製することが可能であると考えられる。

文　　献

1) A. C. Chan *et al., Nature Rev. Immunol.*, **10**, 301-316 (2010)
2) T. Igawa *et al., MAbs.*, **3**, 243-52 (2011)
3) T. Igawa *et al., Protein Eng. Des. Sel.*, **23**, 385 (2010)
4) T. Igawa *et al., Nat. Biotechnol.*, **28**, 1203 (2010)
5) W. F. Dall'Acqua *et al., J. Biol. Chem.*, **281**, 23514 (2006)
6) J. Zalevsky *et al., Nat. Biotechnol.*, **28**, 157 (2010)
7) S. Ewert *et al., Pluckthun, Methods*, **34**, 184 (2004)
8) K. Nakano *et al., Anticancer Drugs*, **21**, 907 (2010)
9) R. B. Pepinsky *et al., Protein Sci.*, **19**, 954 (2010)
10) Jay S. Yadav *et al., J. Pharm. Sci.*, **99**, 4812 (2010)
11) M. J. Coloma *et al., J Immunol.*, **162**, 2162 (1999)

第3章　ニワトリ抗体の基礎と組換え抗体

松田治男[*1]，佐藤正治[*2]

1　はじめに

近年，ニワトリ抗体の有用性が再認識され，様々な分野でその利活用が進んでいる。すなわち，母鳥に抗原刺激を行って，鶏卵の卵黄から移行抗体としての抗体を回収し，その抗体を利用するケースや，マウスやウサギに免疫しても容易に抗体価の上昇がみられないほ乳動物間高度保存分子に対する抗体をニワトリに免疫して作製するケースなどである。

一方，マウスと同様に，ニワトリにおいても細胞融合法やファージディスプレイ法によってモノクローナル抗体を作製することができる。ニワトリの細胞融合法は筆者らが最初に開発した[1)]。ニワトリハイブリドーマの抗体産生性の不安定性を克服するために，陽性ハイブリドーマから抗体遺伝子を回収して組換え抗体を作製したり，免疫脾細胞から同様に抗体遺伝子を回収して組換え抗体を作製することができる。後述するように，ニワトリ抗体のエンジニアリング技術の進歩には目覚ましいものがあり，ニワトリ抗体の有用性からも様々な領域で活用されていくものと思われる。

ここでは，ニワトリ抗体の基礎から筆者らが開発したニワトリモノクローナル抗体の作製技術の概要を紹介する。

2　進化からみた鳥類

今から2億4500万年前～6500万年前の中生代は，三畳紀・ジュラ紀・白亜紀からなり，ほ乳類は三畳紀の終りごろ，恐竜はジュラ紀に出現したとされている。中生代の主役は恐竜でその全盛期はジュラ紀と白亜紀となる。近年になって，鳥類は恐竜から進化したことが様々な化石から明らかにされてきた。羽毛をもつ恐竜の出現が鳥群（Aviale）へと進化し，その中から白亜紀後期に高等動物としての鳥類（Aves）は出現した。中生代の終り（約6500万年前）に地球的規模の大きな異変で殆どの恐竜は絶滅し，同時に鳥類の約7割も絶滅したと考えられ，生き残った鳥類から現在の1万種を超える鳥類へと進化した。羽を高度に発達させた鳥類は，おのずとその行動域は広く，遭遇する病原体の種類も増える。そうした環境下で，子孫を残こすためにも発達し

＊1　Haruo Matsuda　広島大学　大学院生物圏科学研究科　特任教授；㈱広島バイオメディカル

＊2　Masaharu Sato　㈱広島バイオメディカル　研究開発部　主席研究員

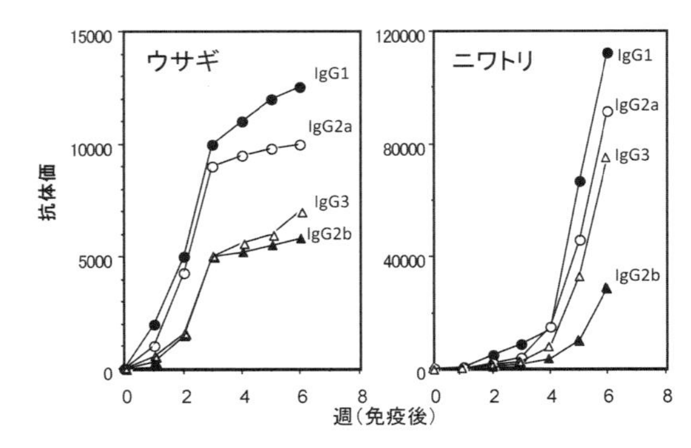

図1　ウサギとニワトリの免疫応答の比較
免疫原：マウスIgG1，検出抗原：マウスIgG1, IgG2a, IgG2b, IgG3
ウサギとニワトリにマウスIgG1を3回免疫した時の免疫応答で，抗体価の単位がウサギとニワトリで大きく異なることに注目。

た防御能力が求められよう。

ニワトリを含めた現在の家禽類は，人類の進化の過程で家禽化され，肉用，卵用等の様々な用途で特別な形質を特化させる形で育種された歴史をもつ。鳥類の抗体産生能力は，幾つかの実験からある程度の順位付けができており，ことに，ニワトリが最も高度に発達している[2)]。

3　ニワトリの免疫能力

ニワトリの免疫能力，ことに抗体産生能力を端的に表す実験データを図1に示す。免疫動物として広く活用されるウサギの抗体産生能力とニワトリのそれを比べた実験である。免疫原はマウスIgG1で，ウサギもニワトリも抗体応答は共によい。しかし，最終的な抗体力価はウサギよりもニワトリの方がはるかに高かった。これは，免疫原であるマウスIgG1がニワトリにとっては完全な異物であるのに対して，ウサギにはマウスIgG1は異物ではあるものの共通抗原性があることから抗体力価がニワトリよりも低くなったと考えられる。このように，ほ乳動物間で相同性がある分子に対する抗体産生にはニワトリは格好の免疫動物となることが容易に想像できよう。

4　ニワトリ抗体

ニワトリの免疫グロブリンはIgM，IgY，IgAの3種類で，H鎖はそれぞれμ鎖，υ（ウプシロン）鎖，α鎖と呼ばれ，L鎖はλ鎖のみでほ乳類にあるκ鎖はない。ニワトリのL鎖は，糖鎖が付加されたものとそうでないものの2種類があるのも特徴の一つである。

かつてIgGと呼ばれていたニワトリの免疫グロブリンIgYは，ほ乳動物IgGと比較して多糖体含量は高く等電点は低い。また，IgYはH鎖定常域がほ乳動物IgGよりもドメイン（CH4）がひとつ多いことから分子量が大きくおよそ180 kDである。様々な点でほ乳動物IgGと異なることから，1969年にLeslieとClem[3]はニワトリIgGをIgYと呼称することを提唱した。後に，H鎖の解析からほ乳類IgGとは異なる抗体クラスターを形成することが明らかにされ，1996年の国際鳥類免疫学シンポジウムで，以降IgYに統一するよう再提唱があり今日に至っている。

5　ニワトリB細胞株と培養の基礎

他の動物種と比較して，ニワトリ由来の細胞株の種類は限定的である。ただし，1970年代以降にリンパ球系細胞株が多数樹立された。それらの多くはマレック病由来リンパ腫，鶏白血病由来リンパ腫等から*in vitro*の培養系に順化した細胞株である。マレック病由来リンパ腫細胞株はT細胞株，鶏白血病由来リンパ腫細胞株はB細胞株である。また，鶏細網内皮症由来のリンパ球系細胞株も多数あるが，マレック病や鶏白血病由来と比較すると比較的未熟なリンパ球系の細胞である。ニワトリのリンパ球系細胞株は，このようにリンパ腫等の疾病との関係で，生体の腫瘍塊から樹立されたものが多いが，鶏細網内皮症の原因ウイルスである鶏細網内皮症ウイルス（レトロウイルス，複製欠損ウイルス）については，ウイルスを用いて*in vitro*で細胞株の樹立が可能である[4]。

マレック病由来細胞株は株名の頭にMDCC-を，鶏白血病由来細胞株は同様にLSCC-を，そして鶏細網内皮症由来の細胞株はRECC-を付けて，それぞれの細胞株の由来を区別するようになっている。なお，これらのリンパ球系細胞株は，その樹立の背景からウイルス産生性で，ことに鶏白血病由来リンパ腫細胞株はB細胞株の鶏白血病ウイルス（ALV）の産生が極めて高い。

これらのニワトリリンパ球系細胞株の培養は，基本的にほ乳類細胞株と変わらない。細胞の増殖用培地は，基礎培地として一般に使用されるのはRPMI1640，DMEMなどに牛胎児血清を10％程度加えて用いる。炭酸ガス培養装置で培養するが，培養温度はニワトリの体温が高いことから38℃～42℃の範囲に設定するのが常で，私たちは38.5℃に設定している。以上が，広くニワトリリンパ球系細胞の培養に用いる条件であるが，血清については高価な牛胎児血清に変えてニワトリ血清（1～2％）が代用できる。ただし，抗体生産を意識した培養系にニワトリ血清を数％でも加えることは血清中の抗体分子をコンタミさせることになるので注意が必要である。

6　ニワトリ融合用細胞株

筆者らは，世界で初めて細胞融合法によってニワトリモノクローナル抗体を樹立した経験を持つ。マウスを初めとするほ乳動物での細胞融合には骨髄腫由来の細胞株が用いられているが，ニワトリでは上述したB細胞株があることから，それらを融合用の細胞株として転用することが可能と考えられる。ただし，主要なニワトリB細胞株であるLSCC系の細胞株はそのほとんどは上述した通りレトロウイルスを産生しており，融合用の細胞株としての利用には課題が残る。ニワトリ細網内皮症ウイルス（REV）は複製欠損ウイルスであり，工夫することでウイルスフリーの細胞株の樹立が可能である。すなわち，軟寒天培養法を活用することで，ウイルスの複製に必須なヘルパーウイルスの関与せずにトランスフォームした細胞コロニーを分離・培養すれば，ウイルスフリーの細胞株を樹立することが可能となる。筆者らはREVを利用して多数のB細胞株を樹立し，それらの中から選抜した細胞株を元に細胞融合に活用できるように処理した。樹立した細胞株はRECC-HU3（HU3）で，チミジン・キナーゼ（TK）欠損として再樹立した[1]。TK欠損のHU3株を用いて細胞融合を行い，HAT培地でハイブリドーマを作製することは出来たが，初期の融合活性は低く，広範な活用には限界があった。次いで，作製したハイブリドーマを用いて，抗体産生が消えた株を再度TK欠損にするといった操作，さらに，HU3株が雑系ニワトリ由来であったことから，さらにウワバイン耐性能も付与させることで，現在の融合用の細胞株(MuH1株)[5]が利用できるようになっている。この細胞株は，さらに有用遺伝子を付与することで融合用細胞として強化されている。

7　ファージ発現抗体

ファージディスプレイシステムは，1985年のSmithによるf1ファージを用いた実験に端を発する[6]。Smithは，f1ファージのcp3遺伝子（gene3）において感染部位と構造部位の中間に相当する部位にペプチドをコードするオリゴヌクレオチドを組み込み，融合タンパク質としてファージ表面に表示させた。大腸菌を宿主とするバクテリオファージM13は近縁のfd，f1とともに1本鎖環状DNAを遺伝子とするファージで，特異な線状構造を呈しその一端に感染を担うタンパク質である数分子のコートタンパク質3(cp3）を有する。このcp3のN末側は大腸菌への感染に寄与し，C末側はファージ表面に組み込まれて外殻の一部を形成する構造となっている。

ニワトリファージ抗体ライブラリーは，抗体重鎖可変領域（VH），軽鎖可変領域（VL），軽鎖定常領域（Cλ）とM13ファージのcp3タンパク質を融合させた形で発現し，天然のコートタンパク質と融合コートタンパク質を組み合わせて，一遺伝子システムと二遺伝子システムが利用で

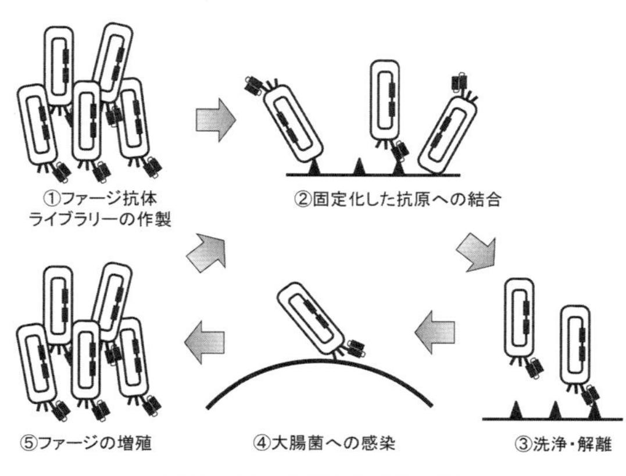

図2　バイオパニングの原理

きる。発現したファージ抗体は，バイオパニングと呼ばれる①ファージ抗体ライブラリーの作製，②固定化した抗原への結合，③洗浄・解離，④大腸菌への感染，⑤ファージの増殖を複数回行うことで目的の特異抗体を濃縮することができる（図2）。バイオパニングにより特異抗体の濃縮が確認されたライブラリーから，モノクローナル抗体を単離し各陽性クローンの特異性を検討，塩基配列を決定した後，使用目的に応じて，IgY抗体化[7]，キメラ抗体化[8]，ヒト抗体化[9] 等の組換え抗体の再構築を行う。

8　キメラ抗体とヒト化抗体

私たちは，細胞融合法，ファージディスプレイ法によるニワトリモノクローナル抗体作製技術を活用して，これまでに種々の有用抗体の取得に成功してきた。モノクローナル抗体は検出用試薬や抗体医薬としての活用が考えられ，IgY型抗体の活用にとどまらず，キメラ抗体をはじめとしてヒト化抗体の開発も積極的に進めている（図3）。また，抗体可変領域のフレームワーク領域の特定のアミノ酸残基を変えることで抗体親和性の増強技術も可能にしている。

サンドイッチELISAを行う際，一方の抗体にIgY型抗体を用いることでHAMA（Human anti-mouse antibody）を回避することができるのみならず，キメラ抗体をも活用すれば，2抗体ともニワトリ由来抗体で高感度なELISA系を構築できる。ニワトリマウスキメラ抗体化，ニワトリヒトキメラ抗体化はニワトリ抗体の可変領域とマウスもしくはヒト抗体の定常領域を融合タンパク質として発現させたものであり，発現ベクターも市販されている。私たちは独自にマウスキメラ発現ベクター（IgG1，IgG2a，IgG2b）とヒトキメラ発現ベクター（IgG1，IgG4）を作製することに成功している。また，ヒト化抗体は，定常領域だけでなく抗体可変領域のうち相補性決定領域以外のフレームワーク領域をヒト可変領域に置き換えたものであり，現在までに複数のニワトリ抗体のヒト化に成功している。いずれも重鎖発現ベクターと軽鎖発現ベクターは独立しており，生産時には細胞へ同時に遺伝子導入する必要がある。

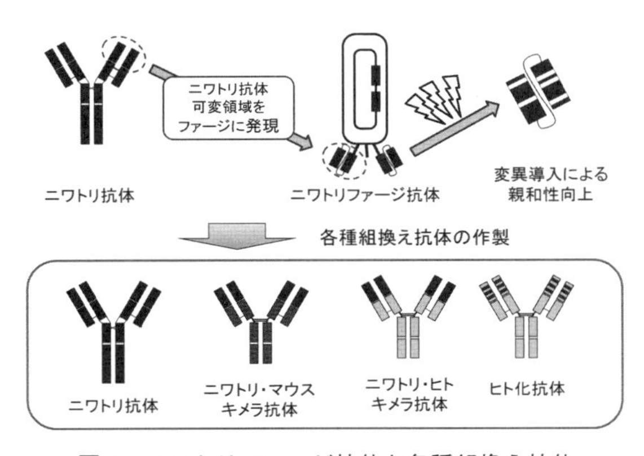

図3　ニワトリファージ抗体と各種組換え抗体

9 抗体の大量生産と精製

組換え抗体は，CHO細胞による安定発現株の取得もしくはHEK293細胞による一過性発現によって生産するのが一般的であるが，ニワトリ細胞株で生産する方法もある。CHO細胞による安定発現株の取得は，ジヒドロ葉酸レダクターゼ（Dhfr）欠損CHO細胞による遺伝子増幅技術等，高発現株の作製補が開発されている（第Ⅱ編第1章を参照）。

HEK293細胞による一過性発現はInvitrogen社のFreeStyle 293 Expression Systemがよく用いられており，経験的には～20 mg/Lの抗体量で生産が可能である。抗体の発現量は各クローン毎にCHO細胞，HEK293細胞で異なり，必要量に応じて発現する細胞を選択する必要がある。

ニワトリマウスキメラ抗体，ニワトリヒトキメラ抗体，ヒト化抗体の精製は通常のマウス抗体，ヒト抗体の精製と同じくProtein AもしくはProtein Gを用いて行い，必要に応じて脱塩カラム，イオン交換カラム，ゲルろ過カラム等を利用する。IgY化抗体に関してはProtein A，Gに結合しないため，その精製は市販されている種々のIgY精製キット等を試す必要がある。

10 おわりに

細胞融合法によってニワトリモノクローナル抗体が最初に作製されてから22年が経過するが，当時は，現在のように技術開発が進むとは想像もしていなかった。技術の革新とともに，ニワトリ抗体の有用性が確認され，ここにも述べたとおりニワトリ抗体をキメラ抗体やヒト化抗体にまで深化させるに至った。一方，ここには記載しなかったが，相同遺伝子組換え能力の優れたLSCC-DT40細胞株の遺伝子変換能を高度に高める方法によるモノクローナル抗体作製技術も開発されている現状を眺めると，今後もさらなる技術革新によってニワトリモノクローナル抗体がより広範な領域に活用されていくことと思われる。

文　献

1) S. Nishinaka *et al., Int. Arch. Allergy Appl. Immunol.*, **89**, 416, (1989)
2) D. A. Higgins, "Poultry Immunology", p.149, Carfax Publishing Company, (1996)
3) G. A. Leslie and L. W. Clem, *J. Exp. Med.*, **130**, 1337 (1969)
4) J. D. Hoelzer *et al., Virology*, **100**, 462, (1980)
5) S. Nishinaka *et al., J. Vet. Med. Sci.*, **58**, 1053, (1996)
6) G. P. Smith, *Science*, **228**, 1315, (1985)
7) T. Shimamoto *et al., Biologicals*, **33**, 169, (2005)
8) N. Nishibori *et al., Biologicals*, **32**, 213, (2004)
9) N. Nishibori *et al., Mol. Immunol.*, **43**, 634, (2006)

第4章　高密度培養法

菅原卓也*

1　動物細胞の高密度培養について

動物細胞は培養時の形態によって，接着細胞と浮遊細胞に分けることができる。接着細胞は種々の組織由来の細胞で，培養ディッシュなどの培養器表面に接着して増殖するため，培養器内の最大到達細胞数は接着表面積に比例する。一方，リンパ球などの血球系の細胞の多くは浮遊細胞であり，培養液に浮遊して増殖するので，スケールアップは培養容量の拡大により達成される。また細胞数は培養液1mLあたりの細胞数，すなわち細胞密度として示される。

浮遊細胞の培養において，単にスピンナーフラスコやローラーボトル等，培養スケールを拡大するだけでは細胞の到達密度を培養ディッシュによる静置培養の細胞密度以上に高密度化を達成することはできない。これは，栄養分の供給不足，酸素の供給不足，培地pHの低下などの複合的な要因による。逆に言えば，これらの要因を常に至適化するシステムを構築すれば，高密度で培養可能である。高密度培養とは，浮遊細胞の場合には，培養ディッシュによる培養の到達レベル（およそ1×10^6cells/mL）の10倍から100倍の細胞密度で長期間維持することであり，高密度を達成するには細胞のおかれる培養環境を常に至適化することが要求される。一方，接着細胞の高密度培養においては，培養環境の最適化のほかに，培養液あたりの接着面積を向上させる必要がある。

2　培養環境の制御

接着細胞，浮遊細胞にかかわらず，一般に培養環境の至適化のために高密度培養装置に必要とされる制御項目は，①培養温度の制御，②培地pHの制御，③溶存酸素濃度の制御，④培地供給の制御である。そこで，それぞれの制御項目に求められる事項について述べる。

2.1　培養温度の制御

動物細胞の培養に適した温度の範囲は非常に狭く，特に高温側には非常に敏感である。ヒトやマウス由来の細胞の場合，培養温度が37℃から1℃オーバーシュートしただけでも細胞は大きなダメージを受ける。培養温度が上昇すると，タンパク質生合成における翻訳段階の活性が抑制されるため，物質生産性は大きく低下する。このため，高密度培養装置には非常に細かな温度管

＊　Takuya Sugahara　愛媛大学　農学部　准教授

理が必要とされ，±0.2℃以内の精度が要求される。ヒーター等のオン，オフの制御をきめ細かく行うだけでなく，熱伝導方法に工夫が必要である。培養槽の培養液を直接ヒーターで加温する保温ではなく，培養槽をウォータージャケットで保温するなど，オーバーシュートなく培養温度をコントロールするために培養槽自体の工夫が必要である。

接着細胞の培養の場合には，細胞固定槽に流入する培養液の温度管理は培地調整槽のようなタンクで行う装置が多いが，この場合も同様にきめ細かな温度制御が必要である。

2.2　培地pHの制御

培養ディッシュを用いた静置培養では，二酸化炭素濃度を5％程度に制御したインキュベーター内で培養する。動物細胞の培地はアルカリ性に傾きやすく，培地中に添加する重炭酸ナトリウムとインキュベーター内に通気される二酸化炭素との気液平衡により培地のpHは一定に維持される。特に無血清培養では血清添加培養と比較するとpH緩衝能が小さいため，アルカリ性に傾く傾向は顕著である。一方，静置培養の後期では，細胞密度の上昇により代謝産物である乳酸の蓄積が顕著となり，培地pHの低下が起こる。このような状況になると，pHコントロールは困難となると同時に，栄養成分の枯渇，特にグルコースの消費が顕著になるため，培地交換の必要が生じる。

培養装置ではこのような培地のpH変動をpH電極によりオンラインでモニターし，常に適切なpHとなるように制御をする。高密度培養装置による培養の初期においては，培地のpHは上昇気味となる。したがって，培養初期の細胞密度が低いときには窒素や二酸化炭素などのガス供給によってpHを中性域にコントロールする。細胞が増殖し始めると乳酸の蓄積により培地のpHは徐々に低下する。pHが低下し始めた場合には，まずは培地の交換速度を上げることにより，pHコントロールと同時に栄養分を供給する。細胞密度が10^7cells/mLを超えると培地pHの低下は顕著となり，アルカリ溶液などで強力にpHを上昇させる必要が出てくる。アルカリの投入に関して，接着細胞の培養においては培地調整槽に投入すればよいので，直接細胞がアルカリに曝されることはないが，浮遊細胞の培養の場合には，培養槽に直接アルカリを投入すると局所的に高pHに曝されることにより細胞がダメージを受けるため，アルカリ投入方法には工夫が必要である。

2.3　溶存酸素濃度の制御

細胞が高密度になると大気圧の空気中から供給される酸素だけでは細胞が要求するだけの酸素を培地中に供給することは不可能である。一方，高濃度の溶存酸素は細胞に対して毒性を示す。このため，高密度培養装置には培地中の溶存酸素濃度を測定するために酸素電極が備え付けられている。培地の溶存酸素濃度が低くなった場合は，酸素ガスを培養槽内に通気し，溶存酸素濃度が高くなってしまった場合には窒素ガスを通気することによって培地中の溶存酸素濃度を一定に保つよう制御を行う。

pHコントロール用の二酸化炭素を含め，ガス成分を培地に供給するには，いくつかの方法がある。①ガスを培地中にバブリングする，②多孔質テフロンチューブ，またはシリコンチューブを培地中に通すことによりガス交換する，③培地の上面にガスを高圧（1 kg/cm^2程度）で通気する（上面加圧通気法），などの方法がある。①のガスのバブリングによる供給方法は微生物培養ではよく用いられ，酸素供給の面では最も効率のよい方法である。しかし，微生物と違い細胞壁がない動物細胞は物理的な衝撃に非常に弱く，通気によって生じる気泡により致命的なダメージを受ける。また，培地に血清を添加している場合には血清成分による発泡が起こり，さらに細胞にとってはダメージを受けやすい状況となる。そのためバブリングによる酸素供給は動物細胞の培養には適さない。しかし，接着細胞の培養において，細胞のいない培地調整槽で培地に酸素をバブリングし，酸素供給を行うことは可能である。②の方法は，気泡の発生は防げるが，供給効率の面や構造上の面から応用が難しい。③の方法は構造的に最も簡単であり，細胞に与えるダメージもなく，通気するガスの供給圧を上げれば十分な供給が可能である。しかし，培養槽内の培養液上面に通気のためのスペース，すなわちヘッドスペース容積を十分に設ける必要がある。pHや溶存酸素濃度のコントロール性を考慮すると，培養液の容積と同じくらいのヘッドスペース容積を必要とする。

2.4　培地供給の制御

栄養成分の供給，および老廃物の排除についてのシステムが高密度培養装置には必要である。高密度培養装置においてその特徴が最も現れるのがこの培地交換のシステムである。通常は培養槽内の培地を新鮮な培地と交換することにより栄養分の供給と老廃物の排除を行う。またこの行程は生産物の回収ステップでもある。定期的な培地交換操作で一定量の培地の交換を行うバッチ法と，連続的に培地交換を行うパーフュージョン法がある。浮遊細胞の培養の場合には，細胞を培養槽の系の中に封じ込めた状態で培地のみを回収し，新鮮培地を供給するシステムが最も効率的である。そのため，ある装置では細胞と培地の分離にフィルターを用いたり，またある装置では細胞を多孔質性の担体などに半固定化するといった方法を取るなど様々である。

浮遊細胞を培養装置内に封じ込めるために細胞と培養液の分離を行うためのフィルターは，目詰まりを起こしにくい工夫が必要である。この方式の培養装置では，目詰まりの少ないクロスフロー型のフィルター（セラミック製，孔径3～10 μm）を用いて行う。クロスフロー型フィルターは，細胞を含む培養液の流れの方向とろ過の方向とが直交しており，フィルターの濾過面は常に培養液の流れで表面が洗われており，目詰まりが起こりにくい構造になっている。クロスフローフィルターでろ過された細胞を含まない培養液は回収され，生産物が精製される。培養槽の培養液の容量をセンサーで測定することにより培養液の回収量をモニターし，回収量と同じ量の新鮮培地が連続的に供給される。培地交換速度は細胞密度，pHの低下，培地中グルコース量などを勘案しながら調節する。

クロスフロー型フィルターは目詰まりが起こりにくい構造ではあるものの，細胞が高密度になるとどうしても目詰まりを起こす。その場合はフィルターユニットのみをオートクレーブ滅菌し，培養途中にフィルター交換する必要がある。このフィルターが目詰まりを起こすと培養液の回収量が減少し，必要な培地交換量が達成されない恐れがあるので，ろ過速度の管理が重要である。

3　高密度培養装置の形式

高密度培養装置には様々な形式の培養装置がある。培養しようとする細胞がリンパ球系の細胞のような浮遊細胞であるのか，体細胞系の接着細胞であるのかによって，培養槽の形式は大きく異なる。浮遊細胞を培養するには，培養槽内で細胞を懸濁状態で培養し，フィルターや連続遠心機などを用いて細胞と培養液を分離する方式や，多孔質性の微小ビーズを充填したカラムに浮遊細胞を半固定的に固定化し培地を循環させるシステム，アルギン酸カルシウムゲルのビーズに細胞を包埋し，それをポリウレタンで被覆することで細胞を固定化法して培養する方式などがある。一方，接着細胞の大量培養には，細胞をマイクロキャリアーと呼ばれる微小ビーズ上に接着させ，浮遊細胞と同じように懸濁状態にして培養するシステム，多孔質の担体上に細胞を固定化し，培地を循環させるシステム，さらに多孔質のホローファイバー上に細胞を固定して培養するシステム等がある。

どのようなシステムを用いるかは，培養する細胞の種類や目的に応じて決定する。細胞の産生する生理活性物質の生産が目的であれば，ホローファイバーのような細胞を固定化する様なシステムを選択し，細胞自体も回収する必要があれば，マイクロキャリアーなどの担体に固定化して懸濁状態で細胞を培養するシステムが適している。

また，浮遊細胞やマイクロキャリアーによる接着細胞の培養においては，撹拌翼の形状のデザインが重要である。すなわち，細胞に対する致命的なストレスがかからない程度の低回転で，細胞が均一に拡散しなければならない。特に，マイクロキャリアー培養ではマイクロキャリアーの比重が大きくて沈殿しやすくなるため，特に撹拌翼の形状が培養装置の大きな特徴となる。

4　細胞の酸素消費速度

培養槽内の細胞の増殖，および物質生産の活性を測定する一つの手段として，細胞の酸素消費速度がある。細胞の生死を判定する方法としては，色素を用いたトリパンブルー色素排除法やテトラゾリウム塩の細胞内脱水素酵素による還元能を用いたMTT法，WST法などがある。しかしトリパンブルー色素排除法による判定は，細胞が色素を排除する能力をもつということを示しているに過ぎず，他の能力，例えば細胞の分裂能の有無については必ずしも十分な情報を与えるものではない。トリパンブルー染色法では生細胞として判断されているにも関わらず，全く細胞密度が上がらない，すなわち細胞が増殖能を失っているという現象はよく観察することがある。細胞内酵素活性を元にしたMTT法なども同様に，物質産生能などの細胞の生理活性とは必ずしも相関しない。一方，酸素消費量，および消費速度は細胞の活性と比較的相関性があり，酸素消費速度が低下していない細胞集団は増殖能を保持しているので，細胞の酸素消費速度は細胞の増殖能を判定するうえできわめて良い指標となる。

浮遊細胞の懸濁培養による培養では，培養槽からの細胞のサンプリングが可能であり，生死判定などが可能であるが，細胞を固定化する培養法や接着細胞の培養では直接細胞を観察することができない。従って，酸素消費量のモニタリングは，細胞数や細胞の活性を推定する上で非常に重要である。培養液の流路において，培養槽の前後に酸素電極を設置し，培養槽に入る前と培養槽から出て来た直後の培養液の酸素濃度をモニターすることにより，容易に酸素消費量，および酸素消費速度が算出でき，細胞の活性を推察することが可能である。

5　高密度大量凍結法

高密度培養開始直後から生産段階にはいるためには，培養開始時から高密度で細胞を接種することが要求される。培養装置に細胞を接種する際，培養ディッシュからスピンナーフラスコ等，段階的に培養スケールを大きくしながら前培養した細胞を回収して培養装置に接種するのが一般的である。しかし，この様な方法で細胞を準備していたのでは，時間的にも人的にも非常に手間がかかってしまう。そこで，リンパ球系細胞など，浮遊細胞の高密度培養においては，培養の途中に培養槽から細胞を無菌的に回収し，回収した細胞を大量かつ高密度に凍結保存しておく。そして，次回の高密度培養時にその細胞凍結ストックを解凍して培養装置に接種すれば，培養開始から容易に高密度を達成でき，培養開始直後から生産フェーズにはいることができる。これによって，細胞による物質生産をより効率良く行うことが可能となる。この様な凍結法を通常の細胞凍結と区別して高密度大量凍結法と称する[1)]。

5.1　凍結方法

浮遊細胞の懸濁培養において，高密度培養終了時に培養液から細胞を回収するか，あるいは培養継続中に到達密度が高くなりすぎた場合に培養槽から細胞ごと培養液を抜き取り，5×10^{9}～1×10^{10}個の細胞を回収する。遠心操作によりペレット状に細胞を集め，氷冷した細胞凍結培地30 mL程度によく懸濁する。このときの細胞凍結培地は，基本合成培地70％，ウシ胎児血清20％，ジメチルスルホキシド10％を用いる。凍結培地に懸濁後，遠心により再びペレット状に回収し，上清を廃棄する。この操作によって，細胞を凍結培地となじませるために一回凍結培地で洗浄する。この洗浄の操作の後，再び25 mL程度の氷冷凍結培地によく懸濁する。この凍結操作において，凍結時の細胞密度は2×10^{8}～4×10^{8} cells/mLとなる。通常の細胞の凍結保存の場合の細胞密度は2×10^{7} cells/mL程度であるので，およそ10倍の凍結細胞密度である。

高密度大量凍結には，血液保存用の150 mL容量の滅菌バッグを凍結保存容器として用いる。凍結培地に細胞を懸濁した後，細胞懸濁液を注射器に移し取り，先端に18ゲージ程度の大きめの注射針を用いて，バッグの注入口の一つから細胞懸濁液を注入する。注入後，保存容器から出ているチューブの先端のアダプターを注入口に奥までしっかり突き刺し，無菌的に密閉する。その後は直ちに－80℃のディープフリーザーで凍結保存を行う。凍結速度をなるべく速くするため，バッグを広げ，細胞懸濁液が集まらないように薄く延ばした状態で凍結する。

通常の凍結保存よりも凍結寿命は短いものの，凍結に用いた細胞の活性が高ければ半年程度は保存が可能である。また，用いる細胞ごとに凍結条件をより最適化することにより凍結寿命はさらに延びるものと考えられる。凍結法のポイントとしては，細胞懸濁液を広く薄く延ばし，凍結の際の熱交換効率を高めるようにすることである。このために凍結に容量に対し比較的大きめの容量のバックを選択するとよい。

5.2 解凍・接種法

解凍の際の注意事項は通常の細胞凍結ストックの解凍法と同様である。凍結バッグを60℃程度の比較的高温の湯浴を用いて急速解凍する。完全に解凍させることは避け，多少氷晶が残っている程度で加温を止め，クリーンベンチ内に持ち込む。凍結バッグをディープフリーザーから取り出す前に，あらかじめ，細胞洗浄用の新鮮培地を20 mL程度入れた50 mLの遠心管を用意しておく。解凍が完了したら，凍結の際使わなかったもう一つの口に18ゲージ程度の太めの注射針を差込み，注射器を用いて細胞懸濁液を抜き取る。用意しておいた新鮮培地に抜き取った細胞懸濁液を懸濁し，直ちに遠心を行う。遠心の後，上清を廃棄し，再度，新鮮培地に懸濁して細胞を洗浄する。遠心により細胞をペレット状に回収し，20 mL程度の新鮮培地に再懸濁する。この細胞懸濁液を注射器に移し取り，細胞を接種する段階にまでセットアップしておいた高密度培養装置にサンプリングポート等を介して接種する。接種直後は培養槽の撹拌の速度および培地交換の交換レートも多少低めに設定し，細胞に対する物理的な衝撃を少なくするようにし，回復培養を行う。細胞の増殖および活性が回復したら，通常の培養と同じように培養を行う。

高密度大量凍結技術を用いることにより培養装置に接種する細胞の準備の手間が省くことができる。また，培養装置をすぐに抗体生産可能な状態とすることができ，さらに効率の良い物質生産が可能となる。高密度凍結法は，バッグの容量を大きくすることにより比較的容易にスケールアップすることができ，工業的なレベルの培養装置への応用も可能である。

文　献

1） N. Ninomiya *et al., Biotechnol. Bioeng.*, **38**, 1110（1991）

【第Ⅲ編　微生物を用いた製造】

第1章　大腸菌等の原核生物を用いた組換え医薬品の生産と精製プロセス

岡村元義*

1　はじめに

遺伝子組換え医薬品の黎明期より今日に至るまで，微生物とりわけ大腸菌（*Escherichia. coli*）は目的タンパク質の生産基材として非常に大きな役割を演じてきた。大腸菌は，増殖の速さ，取扱いの容易さ，および目的遺伝子の高発現など生産基材としての利点に加えて，全遺伝子が解明されており，病原性がないK12株などを用いることによって安全性が証明された細胞宿主として実績を上げてきた。しかし，大腸菌はその細胞表面にエンドトキシン成分であるリポポリサッカライド（LPS）を含むグラム陰性菌であり，最終製品にはエンドトキシンが含まれないような製造法が必要となる。また生産形態の特徴として細胞内に目的タンパク質を封入体（Inclusion body）の形で蓄積させるため，細胞破砕や変性剤添加およびリフォールディングなどの特殊な工程を必要とする。

これまでに上市された微生物発現医薬品の製造には，もっぱら大腸菌および酵母が用いられてきたが，原核生物を用いた生産に限れば，その使用実績の多さから見て大腸菌に代わる他の菌種を敢えて選択する余地はないかもしれない。しかし現実には，目的タンパク質の種類によっては十分な生産性が得られないこともあり，また封入体からの活性タンパク質の抽出率が悪いことなど，製法上改善が求められる課題も多い。

本章では，大腸菌の医薬品製造の細胞基材としての利点と問題点を整理し，原核生物を用いた医薬品製造の可能性について考察する。

2　大腸菌を用いた遺伝子組換え医薬品

これまでに原核生物である大腸菌を宿主として用いた遺伝子組換え医薬品を表1に示す。日本国内でも数多く市販されてきてはいるが，この分野で一歩進んでいる米国および欧州における実績をもとにまとめた[1, 2]。

表1の医薬品のうち，カルシトニンの分泌型[3]を除けばいずれも目的生産物が封入体またはペリプラズム（グラム陰性菌に特徴的な細胞膜（内膜）と細胞壁（外膜）の間隙）に蓄積される形態をとっている。封入体形成は大腸菌を用いた生産における最大の問題とされているが，表1の

---

*　Motoyoshi Okamura　㈱ファーマトリエ　代表取締役

表1　大腸菌を用いた遺伝子組換えタンパク質性医薬品と製法の特徴

医薬品名	一般記載名	製造会社	製造の特徴
ヒトインスリン	Insulin	Eli Lilly, Aventis	封入体抽出
インターフェロンα-2	Interferon　α-2	Hoffman-LaRoche, Shering	封入体抽出，PEG化
ソマトロピン	Growth Hormone	Genentech, Eli Lilly, Pfizer, Novo Nordiskなど	封入体抽出または ペリプラズム
インターフェロンγ-1b	Interferon γ-1b	Genentec Intermune	封入体抽出
フィルグラスチム	G-CSF	Amgen	封入体抽出，N末端 PEG化
インターフェロンβ-1b	Interferon β-1b	Schering AG, Chiron	封入体抽出
オプレルベキン	IL-11	Genetic Institute	封入体抽出
タソネルミン	TNFα-1a	Boehringer Ingelheim	封入体抽出
カルシトニン（サケ）	salmon Calcitonin	Unigene	分泌，アミド化
デニロイキン	IL-2-diphteria toxin	Seragen/Ligand	フュージョンたん白質
ネシリチド	natriuretic peptide	Scios/Johnson&Johnson	封入体抽出
アナキンラ	IL-1 receptor antagonist	Amgen	封入体抽出
テリパラタイド	Parahtyroid Hormone	Eli Lilly	封入体抽出
経口コレラワクチン	Cholera toxin	SBL Vaccine	Bサブユニット
ラニビズマブ	Anti EGF Mab Fab	Genentech/Roche	封入体

注）各医薬品の対象疾患，承認年，初承認（FDAまたはEMA）については文献2）を参照のこと。

ようにバイオ医薬品の黎明期である1980年代より30年もの実績があり，封入体からの活性型目的タンパク質の収率向上についても様々な改善策が講じられている。

目的タンパク質は遺伝子組換え技術を用いて作製されるが，CHOのような動物細胞由来生産株を作製する場合でも遺伝子組換え体の構築過程では大腸菌を用いる。最初の遺伝子組換え医薬品であるヒトインスリンの生産には大腸菌が用いられたが，インスリン以降，大腸菌を医薬品原体の製造基材として使われ続けてきたのは自然な流れであった。

医薬品生産には大腸菌K12株が広く用いられている。K12株はわれわれヒトの腸内に常在する種類を起源としており，ヒトに病原性を呈さないことがわかっている。また，実験室で広く使われてきたB株を高生産に改良したBL21株（BL21(DE3)，BL21(G2)）が医薬用途の遺伝子組換えタンパク質生産に用いられるようになってきている[4)]。

3　生産，蓄積経路の選択

図1に大腸菌の構造および医薬品生産における生産経路を示す。大腸菌など原核生物で封入体を形成するのは，高濃度に産生されたタンパク質がその溶解度を超えてしまうためであり，また凝集防止作用をもつシャペロンタンパク質が原核生物には存在しないためである[5)]。核という細胞内組織をもたない原核生物では，遺伝子組換え体（ベクター）の情報をもとに翻訳された目的タンパク質はそのまま細胞質内に産生，蓄積される。封入体はもともと炭素源，エネルギー源，

あるいはリン酸源の貯蔵庫として細胞質内に存在するが，異物をため込む性質を物質生産の場として医薬品以外でも用いられている[6]。表1に示した遺伝子組み換え医薬品のほとんどはこの封入体に目的タンパク質を蓄積させる方法で生産している。一方ペリプラズム内に蓄積する生産では，翻訳されたタンパク質が非変性，非結晶状態で蓄積される。これら細胞内に蓄積させる生産法に対して細胞外に分泌させる方が宿主由来タンパク質や宿主由来DNAなどの不純物混入を減らし，後の精製工程の負荷を少なくできるので望ましいが，実際には細胞内から細胞外への分泌にはたらくシャペロンタンパク質を使用できず，細胞内蓄積法に比べて生産性が低いなどの課題が残っている。大腸菌における遺伝子組換えタンパク質の発現方式については藪田が発現法別に特徴をまとめている[7]。

表2に各発現経路の長所，短所および短所を改善するための改良技術例を示す。タンパク質の結晶化された形で封入体内に発現させる方法については，宿主由来タンパク質や宿主由来DNAという可溶性不純物が洗浄および遠心という精製工程の組み合わせによって除かれるため，純度向上という積極的な理由から選択されている一面もある[2]。封入体を形成させず可溶化した状態で生産物を得ようとすると，細胞質内に多く存在するプロテアーゼによって生産物が分解されたり，N末端のメチル化などの修飾を起こし，後の精製工程を複雑にしてしまうなどの問題点もあるが，これについても色々製造条件の改善やシャペロンタンパク質の共発現などによって翻訳された目的タンパク質の安定性を高める努力がなされてきている[8~10]。

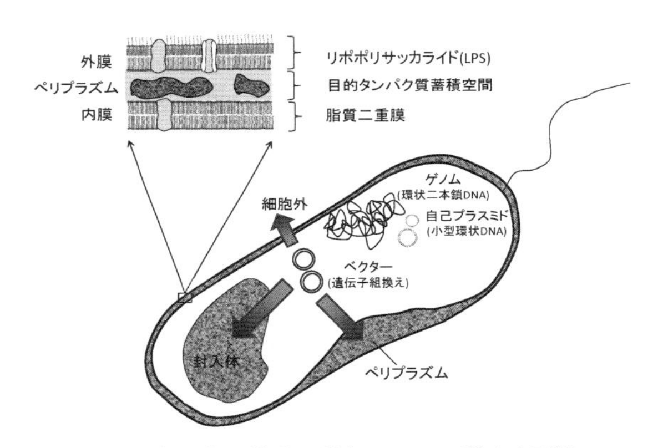

図1　大腸菌の構造と外部タンパク質生産形態

表2　大腸菌を用いた各発現経路の長所，短所および改良技術

発現経路	長所	短所	改良技術
封入体内発現	・封入体内で結晶化し，不純物の混入を抑える。	・高濃度の変性剤の追加とリフォールディング操作が必要	・フュージョンタンパク質への利用。
ペリプラズム内発現	・正常なS-S結合を保存。	・経験的。 ・不十分はタンパク質の移動が生じる。	・安定発現に寄与するシャペロンタンパク質の共発現。
分泌	・細胞破砕不要。 ・精製への負荷少ない。	・分泌経路が十分解明されていない。 ・高分子タンパク質では分泌量少ない。	・分泌に寄与するシャペロンタンパク質の共発現。

4　生産性と品質にもとづく生産経路の選択

細胞質内（封入体），ペリプラズム内および細胞外のうちどの生産経路を選ぶかは，目的タンパク質の大きさや構造特性，電荷特性などによって変わってくるが，高生産かつ高純度の目的タンパク質を得るためには，培養条件および生産経路の最適化検討を行う必要がある。大腸菌を用いた目的タンパク質生産のストラテジーを図2にまとめた。

CHO細胞や酵母などのように体系的な細胞内輸送→分泌のメカニズムが大腸菌に備わっていれば迷うことなく細胞外分泌を選択すべきであるが，大腸菌の場合ペリプラズムという緩衝ゾーンが細胞外との間にあり，細胞外への目的タンパク質の分泌が直接行えない構造となっている（図1参照）。そこで主に細胞質内生産またはペリプラズム内生産が選択されてきた。

細胞質内にはプロテアーゼが多く存在するため，せっかく翻訳された遺伝子組換えタンパク質が分解されてしまう。細胞がよく増殖しているのに目的タンパク質の収量が低いなどの問題が起きた場合は，細胞質内のプロテアーゼによる分解によってみかけの収量が減っているとみた方がよい。培養終了まで高生産されたタンパク質を安定に保存するためには封入体内蓄積は好都合である。目的タンパク質が高密度結晶化された状態では，プロテアーゼ作用をうけにくく，宿主由来タンパク質，DNAなどの不純物は排除されるため，目的タンパク質の純度を結果的に高め，後の精製工程の負担を軽くすることができる。菌体破砕後高濃度の変性剤を加えて変性させた後，変性剤を抜くことによって可溶化かつ活性化させる操作が必要となる。変性剤には尿素あるいは塩酸グアニジンが用いられるが，尿素は8M，塩酸グアニジンは6Mという高濃度がタンパク質の完全変性には必要である。可溶化後，透析法または希釈法によりリフォールディング操作を行

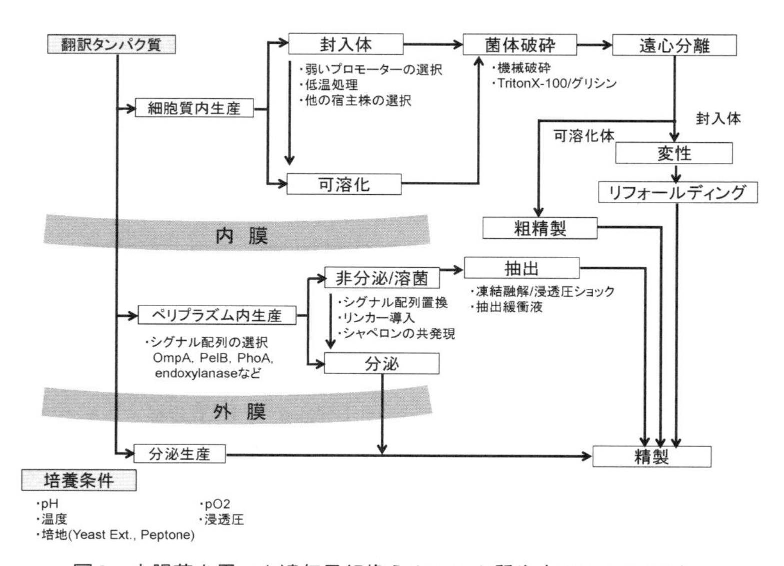

図2　大腸菌を用いた遺伝子組換えタンパク質生産のストラテジー

う。このときに分子内/分子間ジスルフィド結合を正しく形成させるため，ジチオスレイトール（DTT）などの還元剤あるいは必要に応じ酸化型グルタチオン（GSSG）なども加える。

ペリプラズム内生産では，浸透圧ショックあるいは凍結融解による抽出を行う[11]。細胞質内に比べ，ペリプラズムにはプロテアーゼが少なく，高分子タンパク質でも，可溶化されかつ未変性タンパク質の状態で生産，蓄積させることができる。このペリプラズム内発現法は封入体生産法に代わって医薬品製造に用いられてきており，分子量15万の抗体の大腸菌発現もこの発現法を用いている[12]。

細胞外分泌法も収率向上の検討がなされてきている。具体的にはペリプラズムに産生されたタンパク質を外膜経由で細胞外に効率よく放出させるために，シグナルペプチドの付加などがある。

5　生産性向上と細胞増殖性

前核生物も真核生物もシグモイド曲線で近似される増殖曲線をえがく（図3）。すなわち，倍加時間は大きく異なるがいずれも対数増殖期があり，増殖が進んで飽和状態になる時期がある。生産性を上げるための方法として，最終到達細胞密度を上げることができればそれに比例して目的タンパク質の生産量が上がるが，医薬品製造で行われている細胞培養は培地，撹拌，通気，pHなどの最適化検討の上に確立されており，図3に示した各宿主細胞の到達細胞密度をこれ以上上げることができないレベルにまで達している。

そうなれば，生産性向上の検討は細胞1個あたりの生産性を上げることに注がれる。表3に医薬品製造に用いる宿主細胞の増殖速度に基づく目的タンパク質生産能力比較を示す。

宿主の種類が異なれば，遺伝子組換えタンパク質生産のメカニズムが異なるので比較することは難しいが，3つの宿主で細胞単位容積あたりの生産能力にそれほどの大きな違いはないといえる。CHO細胞培養では，到達細胞密度に達成した後も生産用培地の添加や低温処理，化学物質

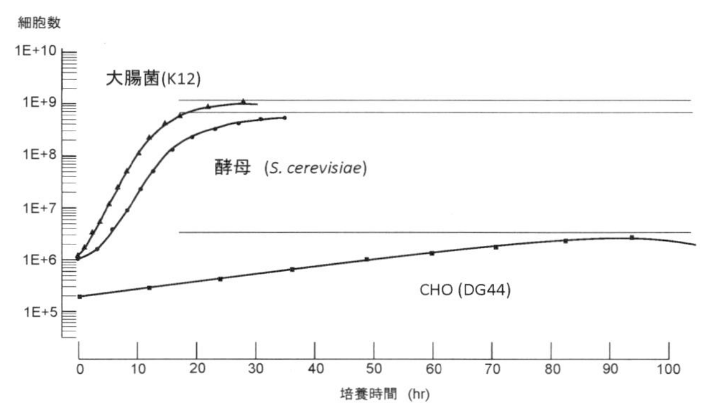

図3　生産培養における宿主細胞の増殖曲線比較（バッチ培養）

表3　宿主細胞あたりの生産能力

宿主	大腸菌	酵母	CHO
最終細胞密度*1)（cells/mL）	3×10^9	1×10^8	5×10^6
最終タンパク質生産量*2)（g/L）	5.0	5.0	5.0
細胞1個あたりの生産能力*3)（pg/cell）	5	10	1,000
細胞1個あたりの容積*4)（fL）	3	15	520
細胞容積あたりの生産能力（pg/fL）	1.6	0.7	1.9

*1）平均的なバッチ培養におけるハーベスト時の到達細胞密度。
*2）ハーベスト時の培養上清生産タンパク質濃度。タンパク質によって異なるため代表値。
*3）累積タンパク質量を生産培養終了時の生細胞数で割った値。
*4）大腸菌：$1\mu m\phi\times3\mu m$，酵母：$3\mu m\times6\mu m$，CHO：$10\mu m\phi$。

の添加などにより目的タンパク質の生産を継続させることができるが，大腸菌はそのような機構をもたないため（すなわち増殖とタンパク質生産は同じ代謝反応），宿主細胞が生存できるぎりぎりの密度まで増殖できれば，その達成点が目的タンパク質の最大生産量になる。したがって大腸菌における生産性向上のための改良は，まだ到達細胞密度を上げる可能性があるならば至適培養条件の追加検討を行うか，次に述べる遺伝子発現体をより高発現にする改良法が考えられる。

6　高生産のための発現ベクターの改良

大腸菌は巨大な環状二本鎖DNAからなるゲノムのほかに，プラスミドとよばれる小型の環状DNAをもっている。プラスミドに任意のDNA断片を組み込み菌体内で繰り返し発現させることにより翻訳産物である目的たん白質を大量に得るという仕組みが大腸菌を用いた医薬品生産の基本原理である（図4）。

初期には，アンピシリンとテトラサイクリンの2種の抗生物質によって発現菌を選択するpBR322というプラスミドが使われてきたが，テトラサイクリンは光に分解されやすいためこのpBR322を改良したプラスミドが発現ベクターとして使われている。図4(b)のpBluescriptベクターは，数百コピー以上増幅でき，1本鎖DNAを用いる場合に必要となってくるファージ由来の複製起点を持つのでファージベクターにも利用できる。このベクターには大腸菌のβ-ガラクトシダーゼ遺伝子のN末端領域*lacZ*を含んでいるため，X-galという発色基質を含む培地で培養すると青いコロニーを形成する。この*lacZ*の領域中に遺伝子組換えタンパク質の配列を挿入すると，読み枠がずれて白いコロニーとして容易に目的タンパク質発現コロニーを選別することができる。

その他，グルタチオンS-トランスフェラーゼ（GST）配列を目的タンパク質配列と一緒に発現部位に挿入したベクターが市販されている[13]。GSTはグルタチオンと結合するため，GST-目的タンパク質融合タンパク質をアフィニティーカラムで精製させることができる。このベクター

(a) 初期に使用されたベクター

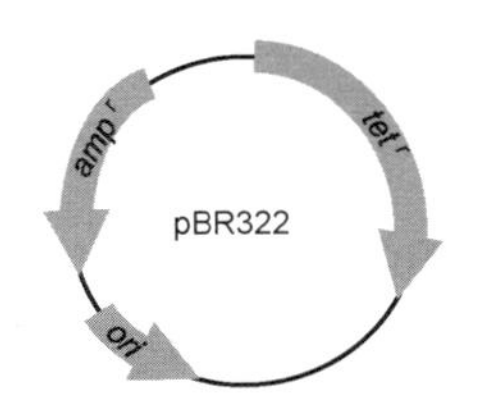

(b) 高生産用に改良されたベクター

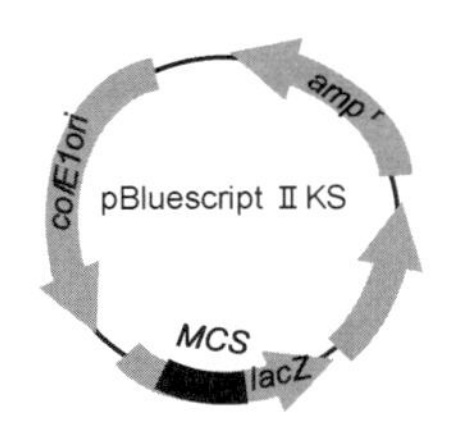

*amp*r：アンピシリン選択配列
*tet*r：テトラサイクリン選択配列
ori：複製開始点

MCS：マルチクローニング領域（目的タンパク質配列）
lacZ：ガラクトシダーゼN末端配列
colE ori：コリシンコード複製開始点

図4　高生産のための発現ベクターの改良

は開発初期のスクリーニングでは広く使われているが，医薬品大量生産での使用実績はまだない。

宿主細胞についてもベクターの導入効率を高めた菌株が市販されており，改めて導入効率の最適化検討を行わずにプラスミドDNAを高率で細胞内に導入させることができる[14)]。市販菌株の標準的な導入効率は1μgプラスミドDNAにつき1×10^8～1×10^9の導入細胞が得られている。

以上の他にも高発現に改良されたベクターが色々出てきている。ベクターの改良は遺伝子組換え技術の中心となる技術であるので，さらに高発現のベクターあるいは組込み宿主が出てくると期待される。

7　タンパク質生産の品質管理機構

実は，遺伝子組換えタンパク質を高発現に産生しているのに，細胞内に異種タンパク質を分解する機構があるため見かけ上低生産になっているのだという考え方がある。この研究で最も進んでいるのは酵母で，赤田[15)]は細胞内で高発現された遺伝子組換えタンパク質が理論通りに得られない場合が多くみられるのは，翻訳されたタンパク質が異物として認識され分解廃棄されてしまうからだという“品質管理機構”の存在を挙げている。ある目的タンパク質の発現を品質管理する遺伝子の発現を止めることにより，目的タンパク質の生産性が上げることができるメカニズムを食品発酵生産や医薬品生産に応用しようとしている。大腸菌についてはそのような複雑な品質管理機構があるかどうかは分かっていないが，大腸菌の生命活動にとって不要な外部タンパク質を封入体に閉じ込めていくというのは大腸菌固有の“品質管理機構”といえるかも知れない。あるいは細胞質内に存在する多種プロテアーゼの作用を“品質管理機構”ということもいえるであろう。翻訳された目的タンパク質が異物として認識されて分解されるのを，シャペロンタンパク質の共発現によって目的タンパク質の分解を防ぐことができれば，結果的に高生産となることが期待できる。

8　大腸菌生産における精製プロセスの特徴と課題

大腸菌生産における精製工程の特徴についても薮田が解説している[7]。細胞質内発現（封入体発現を含む）の場合は，菌体の破砕を行い，ペリプラズム発現の場合は菌体の浸透圧ショックや凍結融解などの処理を行ってから抽出を行う[11]。抽出可溶化には，実験室ではプロテアーゼが用いられるが，医薬品の大量生産では，安全性とコストの理由から，EDTAの添加，低温処理などが用いられている。この工程で使われる連続遠心機および分離ろ過フィルターについては大量生産向けの装置や膜がそろっていて品目に合ったものが選択できるようになっている。DNAなどの除去にはポリエチレンイミン（PEI）などの多荷陽イオンが用いられるが[16]，より精製効率を高めるために目的タンパク質と特異的に結合するリガンドをビーズなどの固相につけて目的物だけを沈殿させるアフィニティ沈殿法が工夫されてきている[17]。

タンパク質の精製法として欠かせないのはカラムクロマトグラフィーである。大腸菌という宿主に特化したカラムはないが，よく用いられているのがチバクロンブルーやプロシオンレッドなどの色素リガンドアフィニティカラムである。金属キレートカラムは実験室レベルでは広く用いられているが，工業生産ではあまり用いられていない。タンパク質のヒスチジン（His）と金属（Cu，Niなど）とのアフィニティの強さを精製に活用する試みがなされており，より精製効率を上げるための方法として期待されている[18]。

これまでの大腸菌生産においてほとんどが封入体の生産，蓄積経路の製法を採用しているが，大腸菌を用いて製造する場合の最大の問題であるので，活性タンパク質の高率回収のために色々な工夫がなされてきている。封入体を単離してからの溶解法としてはバッファー希釈法が簡便ではあるが，希釈後の容量が大きくなり工業スケールでは設備上の制約が出てくるので，UF膜を用いたバッファー置換法でリフォールディングを行わせる方法が主流である。封入体中に産生された目的タンパク質は間違ったジスルフィド結合を形成する分子も見られるため変性剤（6M塩酸グアニジンあるいは8M尿素）に加えて還元剤（ジチオスレイトール：DTT）を加える。またリフォールディング時に正しいジスルフィド結合を形成するように，還元剤，酸化剤などの添加の条件検討や[19〜21]，津本ら[22]によるアルギニンなどのアミノ酸を加えることなどが試みられている。いずれの試みも正しいジスルフィド結合を形成した活性型の目的タンパク質を得るためであるが，工業的にはこの工程での収率が低い（20％〜60％）ため，封入体内生産以外の生産経路の検討も再評価には含むべきと考えられる。

タンパク質のフォールディングにはシャペロンタンパク質の存在が知られており[23〜25]，これらシャペロンタンパク質をリフォールディング時に加えることによって活性型目的タンパク質の収率を上げることが期待できる。しかし工業的には異種タンパク質を別に加えることになるので後の精製工程でシャペロンタンパク質が除かれる精製条件を新たに考えなければならなくなり，またタンパク質性の添加物の使用は製造コストを上げることにもなるので工業的製造には向かない。

その他，大腸菌を用いた生産の精製工程で広く使用されているのは，陰イオン交換膜である。既に述べたアフィニティカラムも目的タンパク質精製への適性に応じて使われているが，イオン交換樹脂や膜に比べ高価であるため，第一選択とすべきではない。

今後さらなる精製工程の効率化を考えるならば，安価で取扱いの容易なイオン交換カラムや疎水カラムなどの組み合わせで精製方法を組み立てるのが望ましいが，一般的なカラムによって高純度の原薬を得るためには，どうしても精製開始段階での純度を高めておくことが必要になる。したがって大腸菌を用いた遺伝子組み換えタンパク質の生産経路としては封入体ではなく，ペリプラズム内生産あるいは直接細胞外に大量の目的タンパク質の生産ができる方法を目指すべきと思われる。

9　品質向上が期待される新しい生産細胞基材

前核生物において大腸菌に代わって医薬品生産に適していると期待される宿主も出てきている。*Corynebacterium glutamicum* は，調味料のグルタミン酸を生産させる微生物として使用されてきたが，これを遺伝子組換えタンパク質が生産できるように改良し，医薬品製造への応用を展開しようとしている[26)]。この微生物は大腸菌と同様の速度で増殖し，一般的な安価な培地を用いて短時間に大量の目的タンパク質を分泌生産させることができる。表4に大腸菌（*E. coli*）との特性比較を示す。

最大の特徴はエンドトキシンを発生させないことで，医薬品製造用宿主として用いる場合の最大の利点である。また，細胞外に目的タンパク質を分泌させるため[27)]，大腸菌のように破砕や変性およびリフォールディングという工程を省くことができ，かつ培養終了時点で既に高い純度が得られる（図5）[28)]。これだけの純度が精製開始時に得られるならばおそらくアフィニティカラム工程は不要であり，精製工程数も減らすことができるので，最終原薬は高純度かつ高回収率が期待できる。新規宿主であるため，安全性情報（ヒトに有害なDNA配列の有無，感染性のあるウイルス等の有無）を独自に取っていく必要はあるが，これから新たに宿主を考える場合に選択

表4　前核生物宿主 *E .coli* と *Corynebacterium* の特性比較

	E coli	*Corynebacterium* *
菌種	グラム陰性	グラム陽性
エンドトキシン	含む	含まない
生産経路	封入体/ペリプラズム	細胞外分泌（Sec系/Tat系）
培養液中の産生タンパク質の純度	低（1%～20%）	高（90%以上）
培養終了時の分子状態	不活性型（封入体） 活性型（ペリプラズム）	活性型
培養終了後の安定性	安定（封入体。但し変性） 不安定（ペリプラズム）	安定(プロテアーゼの影響少)

＊　資料提供，味の素株式会社　アミノサイエンス事業部

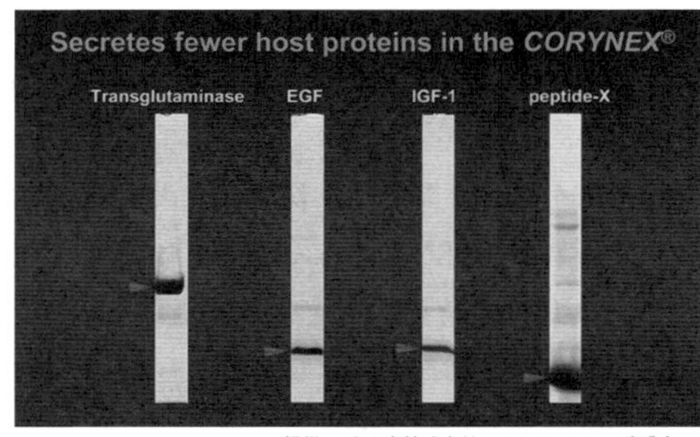

図5　宿主として*Corynebacterium*を用いた培養上清のSDS-PAGE像

のひとつに加えるべき宿主である。

10　おわりに

大腸菌以外で微生物を用いた医薬品生産としては酵母がある（後章参照）。分泌型で糖鎖付加できる点でタンパク質医薬品生産の幅を広げており，今後宿主としては酵母が大腸菌にとって代わられる勢いであるが，CHOを宿主とした生産でなければ実現できなかった抗体医薬を微生物生産で行う可能性について，大腸菌などの前核微生物で糖鎖が発現タンパク質に付加できないということは必ずしも致命的とはならず，糖に代わる修飾（例えばPEG：ポリエチレングリコール）を施す改変タンパク質によって抗体のような糖タンパク質用生産系として残すべき宿主である。既にPEG修飾インターフェロンα-2（表1）では天然型インターフェロンに比べて有効性，安全性が向上した医薬品として大きな実績を上げている。

製造コストでみれば，大腸菌培養での製造コストはCHOを用いた製造に比べ格段に低いため（1/10程度），コスト削減の対策は後回しになっているようであるが，細胞あたりの生産性の向上，あるいは細胞外への直接分泌型での大量生産が可能になれば，細胞破砕工程の省略および精製工程への負担が減りその結果製造コストは下がる。製造コストが下がって薬価が下がれば患者にとって有益であり，また生産者にとっても利益幅を広げることになるという製造コスト削減の努力は今後も継続されるべきであると考える。

文　　献

1） G. Walsh, Current status of biopharmaceuticals, Approved products and trends in approvals, in: Knablein J.（Ed.）Modern Biopharmaceuticals, Wiley-VCH Veinheim,

1-34 (2005)
2) 岡村元義，大腸菌等の原核生物を用いた医薬品製造，21-29，"先端バイオ医薬品の評価技術(監修:山口照英)"，シーエムシー出版 (2010)
3) Martha V. L Ray *et al.*, *Protein Expression and Purification*, **26**, 249-259 (2002)
4) Jong Hyun Choi *et al.*, *Chemical Engineering Science*, **61**, 876-885 (2006)
5) F. Baneyx, M. Mujacic, *Nat. Biotechnol.*, **22** (11), 1399-1408 (2004)
6) 熊谷英彦ほか　編著「遺伝子から見た応用微生物学」, 4　微生物の細胞構造，朝倉書店，55-63 (2008)
7) 薮田雅之，大腸菌を生産基材とするバイオ医薬品製造，30-42，"先端バイオ医薬品の評価技術 (監修:山口照英)"，シーエムシー出版 (2010)
8) B. Fahnert, H. Lilie, P. Neubauer, *Adv. Biochem. Eng. Biotechnol.*, **89**, 93-142 (2004)
9) F. Hoffman, C. Posten, U. Rinas, *Biotechnol. Bioeng.*, **72**, 315-322 (2001)
10) C. Schlieker, B. Bukau, A. Mogk, *J. Biotechnol.*, **96**, 13-21 (2002)
11) A. S. Rathore, R. E. Bilbrey, D. E. Steinmeyer, *Biotechnol. Prog.*, **19**, 1541-1546 (2003)
12) L. C. Simmons *et al.*, *J. Immunol. Methods*, **263**, 133-147 (2002)
13) GST融合タンパク質発現用ベクターpGEX Vectors, GEヘルスケア・ジャパン：www.gellifesciences.co.jp.
14) ArcticExpress Competent Cells, Agilent Technologies: http://www.genomics.agilent.com.
15) 赤田倫治，酵母組換え体による高品質タンパク質の大量生産，中国地域バイオシーズガイドブック，財団法人中国技術振興センター，29-30 (2006)
16) J. Persson, P. Lester, *Biotechnol. Bioeng.*, **87** (3), 424-434 (2004)
17) Frank Hilbrig, Ruth Freitag, *J. Chromatogr.*, **790**, 79-90 (2003)
18) E. K. M. Ueda, P. W. Gout, L. Morganti, *J. Chromatogr.*, **988**, 1-23 (2003)
19) De Bernandez Clark E., *Cur. Opin. Biotechnol.*, **12**, 202-207 (2001)
20) A. P. J. Middelberg, *Trends Biotechnol.*, **20** (10), 437-443 (2002)
21) K. Tsumoto *et al.*, *Protein Expr. Purif.*, **28**, 1-8 (2003)
22) K. Tsumoto *et al.*, *Biotechnol. Prog.*, **20**, 1301-1308 (2004)
23) M. M. Altamirano *et al.*, *Proc. Natl. Sci. USA*, **94** (8), 3576-3578 (1997)
24) M. M. Altamirano *et al.*, *Nat. Biotechnol*, **17**, 187-191 (1999)
25) M. M. Altamirano *et. al.*, *Proc. Natl. Acad. Sci. USA*, **98** (6), 3288-3293 (2001)
26) www.ajinomoto.co.jp/corynex/index.html
27) Y. Kikuchi *et al.*, *Appl. Microbiol. Biotechnol.*, **78**, 67-74 (2008)
28) M. Date *et al.*, *Lett. Appl. Microbiol.*, **42**, 66-70 (2006)

第2章　融合タンパク法によるペプチド・タンパクの生産

籔田雅之*

1　はじめに

目的とするタンパクあるいはペプチドを融合パートナーあるいは融合タグと連結し発現させる融合タンパク法は，高発現と効率よい精製が容易に行える方法の一つとして広く用いられている。現在，融合パートナーあるいは融合タグには，各種の特徴を有するものが多数報告されており，キット化されて試薬メーカー等より供給されているものも多いため，研究用のペプチド・タンパクの調製には，欠かせない手法の一つとなっている。

一方，バイオ医薬品生産の面においても，本方法はペプチド医薬品や臨床試験用のペプチド・タンパク生産に数多く用いられており，生産法としての利用度も高い。

2　融合タグの種類と特徴

融合パートナーあるいは融合タグの呼称については，鎖長の長さにより大まかに使い分けられているものの，明確な定義はないことから，以下タグに統一して記載する。現在用いられているタグは，機能的に大きく4つのカテゴリー①保護タグ，②アフィニティータグ，③可溶性タグ，④自己切断タグに分類され，発現量の増加や可溶性状態での発現促進，精製の効率化を付与する機能を持つタグが開発されている（表1）。

2.1　保護タグ

低分子量のタンパクおよびペプチドを細胞内で直接発現させた場合，細胞内のプロテアーゼで分解され高発現が得られにくい場合が多い。また目的産物が抗菌ペプチドのような場合は，それ自体が細胞毒性を持つため直接発現では高発現を得ることは困難である。これを防ぐために宿主内で高発現するタンパクやその一部を利用し，宿主内での分解や目的産物の毒性を抑制する目的で融合される。現在大腸菌を用いて生産されているペプチド医薬品は，主に保護タグと融合させ封入体として細胞内で蓄積させる様式が取られている。これらの保護タグは，医薬品生産を目的として各社独自で開発されているものが多く，βガラクトシダーゼ（β-gal）などの大腸菌内で高発現するタンパク断片が使用されている。

＊　Masayuki Yabuta　第一三共㈱　製薬技術本部　バイオ医薬研究所　主席

表1　融合タグの各種

名称	アミノ酸数 分子量	特徴	文献
保護タグ			
IFN-γ断片	7kDa	IGF-1（ソマゾン）製造に使用。	1
β-galactosidase断片	11kDa	ナトリウム利尿ペプチド（ハンプ）製造に使用。	2
DHFR誘導体	NA	PTH（1-34）（Forteo）製造に使用。	3
アフィニティータグ			
Histidine	6～10aa	アミノ酸配列：HHHHHH…H，変性剤の存在下でも精製が可能。	4
Strep tag Ⅱ	8aa	アミノ酸配列：WSHPQFEK。Strep-Tactinカラムよる精製	5
FLAG	8aa	アミノ酸配列：DYKDDDDK，抗体カラムによる精製。 エンテロキナーゼの切断配列と一致する。	6
Calmodulin-binding peptide	26aa	カルモジュリンカラムによる精製。溶出条件が温和。	7
可溶性タグ			
GST	211aa	サケカルシトニン（Forcaltonin）製造に使用。 グルタチオン固定化カラムによる精製。	8
MBP	396aa	可溶性発現の促進効果が大。 クロスリンク化アミロースカラムによる精製。	9
NusA	495aa	可溶性発現の促進効果が大。	10
Thioredoxin(Trx)	109aa	浸透圧ショック，菌体の凍結融解による抽出が可能。	11
SUMO	100aa	SUMOプロテアーゼはSUMOの立体構造を認識するため，切断反応の特異性が高い。	12
自己切断タグ			
Intein	15-51kDa	目的物本来のN末端アミノ酸配列の設定が可能 細胞内での分解，誤った切断が生じる場合有り。	13
StrA	17kDa	可溶性発現の促進効果あり。切断後N末端にGが残存する。	14
N^{pro}	19kDa	目的産物本来のN末端アミノ酸配列の設定が可能 目的産物はリフォールディングにより巻き戻ることが必要。	15
FrpC	26kDa	目的産物のC末端側に融合。目的産物のC末端にはDが残存する。	16
CPD	23kDa	目的産物のC末端側に融合。可溶性発現の促進効果あり。目的産物のC末端には4アミノ酸（VDAL）残存する。	17

NA：非開示

2.2　アフィニティータグ

化学的リガンドや抗体へのアフィニティーを有する短鎖のペプチド断片を付加することで，目的産物をアフィニティー精製可能な分子に変換し，精製操作を簡便化する目的で用いられる。Hisタグ（ヒスチジンタグ）が代表例であり，研究用のペプチド・タンパク調製において最も使用されているタグと考えられる。Hisタグを融合した目的産物はニッケルイオンをリガンドとするキレート樹脂に吸着させ，イミダゾールなどを用いて溶出させる。Strep tag Ⅱは，ストレプタビジン変異体（Strep-Tactin）により認識される8アミノ酸からなり，ストレプタビジン固定化カラムに吸着させ，ビオチンアナログで溶出させる手法が用いられる。アフィニティータグは短鎖ペプチド配列より成るため，目的産物の可溶性発現を促す機能は持たないが，タグの付加による目的産物の立体構造や活性への影響は低いと考えられる。

2.3 可溶性タグ

直接発現させた場合，封入体となる傾向のあるタンパクを可溶性状態で発現させる性質を有しており，GSTやMBP，NusA，SUMO，Trxなどが用いられている。この中，GSTやMBPは，アフィニティータグの性質も兼ね備えているため，研究用途のタンパク，ペプチドの調製等に広く用いられ，動物細胞や酵母，昆虫細胞用のベクターも供給されている。一方SUMOやNusA，Trxなどは，それ自体ではアフィニティー精製の機能を持たないため，Hisタグなどをさらに付加し，溶解性とアフィニティーの両機能を持たせたタグも作成されている。モデルタンパクを用いて，各タグに対する可溶性発現の促進効果を比較したところ，可溶性発現効果としてはSUMO, NusAが他の可溶性タグに比べて優れていたことが報告されている[18]。

2.4 自己切断タグ

自己切断タグはインテインやペプチド転移酵素，ウイルスポリプロテインなどのタンパクモジュールを利用したもので，チオール化合物やカルシウム等の低分子化学物質の添加や溶液pHの変化でタンパク切断活性が誘導され，タグと目的産物との連結部位が自己切断されるものである。通常，融合タンパクからタグの部分を切り離す際には，特定のアミノ酸配列を認識する特異的プロテアーゼを作用させて切断反応が行われるが，当該タグの場合，コスト高な特異的プロテアーゼを必要としないため，大量生産時における生産コストの低下が期待できる。一方で，自己切断の効率が目的産物により変化することや切断反応の制御に検討を要する報告もされている[19]。

3 融合タンパク切断方法の種類と特徴

融合タンパクの発現および精製後目的産物を切り出す操作が行われるが，これには化学的方法と酵素的方法が開発されている。化学的方法の代表例として，臭化シアンによるメチオニン残基での切断が知られているが，化学的切断法は切断部位の認識アミノ酸が1アミノ酸残基であったり，特定の2アミノ酸残基の間を切断するものであるため，目的産物のアミノ酸配列中にそれらの配列が存在する場合は適応が困難となる。そのため化学的切断法は主に短鎖のペプチド医薬品の生産に用いられている。一方，タンパクを含めた汎用的な切断反応を行うためには，特定のア

表2　融合タンパクの部位特異的切断方法

切断法	切断部位（↓）
化学的切断	
臭化シアン	-Met↓
ギ酸	-Asp↓Pro-
ヒドロキシルアミン	-Asn↓Gly-
酵素的切断	
エンテロキナーゼ	-Asp-Asp-Asp-Asp-Lys↓
ファクターXa	-Ile-Glu-Gly-Arg↓
トロンビン	-Gly-Pro-Arg↓
TEVプロテアーゼ	-Glu-Asn-Leu-Tyr-Phe-Gln↓Ser-
3Cプロテアーゼ	-Leu-Glu-Val-Leu-Phe-Gln↓Gly-Pro-
SUMOプロテアーゼ	-SUMOタンパクのC末端↓

ミノ酸配列を認識する特異的プロテアーゼを用いた酵素的切断法が用いられる。特異的プロテアーゼとしてはトロンビンやファクターXa，エンテロキナーゼ，TEVプロテアーゼ，3Cプロテアーゼなどが利用され，これらのプロテアーゼは主に切断部位の数残基を認識・切断する特徴を有する（表2）。トロンビンやファクターXa，エンテロキナーゼなどは，切断部位のC末端側に対するアミノ酸配列を要求しないため，タグのC末側に目的産物を配することで，意図するN末端アミノ酸配列を持った目的産物を切り出せる利点を有する。しかしながら，これらのプロテアーゼは動物の血漿に由来するものが多く，バイオ医薬品生産の観点からは，動物由来原料としての安全性を考慮することが必要となる。またTEVプロテアーゼ，3Cプロテアーゼなどは，切断部位のC末端側に1から2個の認識配列に由来するアミノ酸残基が残存するため，これらの残存アミノ酸が及ぼす有効性および安全性への影響を検討することが必要となる。

切断反応に関しては，特異的プロテアーゼと言えども酵素対基質比，温度，pH，塩濃度，反応時間等の変化により，非特異的な切断が生じる場合がある。また切断の効率は，認識アミノ酸近傍のアミノ配列からも影響を受けるため，効率的な切断にはタグと目的産物の連結部位近傍のアミノ酸配列を変化させることも重要となる。

SUMO融合タンパクを切断するSUMOプロテアーゼでは，SUMO自体の立体構造と連結部位のアミノ酸配列を認識して切断するため，非特異的な切断が生じにくい性質を有している。

4　融合タンパク法により生産されるバイオ医薬品

融合タンパク法を用いて生産されているバイオ医薬品を表3に示す。いずれもペプチド医薬であり，細胞内で分解を受け易いことが，当該方法を用いている理由の一つと考えられる。融合タグとしては主に保護タグが用いられているが，サケカルシトニンにおいてGSTタグを用いた生産法が欧米で認可を得た例が存在する。保護タグの多くは各企業で独自に開発されているが，その理由として，これらのペプチド医薬の開発当初は，現在のような各種機能を有するタグが開発

表3　融合タンパク法により製造されるペプチド医薬品

ペプチド	鎖長	保護タグ	融合タンパクからの切断方法	生産菌	適応症	文献
IGF-1	70	γ-IFN断片(7kDa)	臭化シアン	大腸菌	高血糖，高インスリン血症	1
PTH（1-34）	34	DHFR誘導体	トリプシン	大腸菌	骨粗鬆症	3
サケカルシトニン	32	GST（211 aa）	臭化シアン	大腸菌	骨粗鬆症	20
ANP	28	β-galactosidase断片（11kDa）	V8プロテアーゼ	大腸菌	急性心不全	2
BNP	32	NA	NA	大腸菌	急性心不全	21

NA：非開示

されていなかったことや，アフィニティー樹脂が高コストであること，タグに対する知的財産権の存在，などが関与しているものと推測される。また切り出し方法に関しても，アミノ酸配列を認識する特異的プロテアーゼは使用されておらず，臭化シアンやトリプシンなどの，安価で供給が安定している原料を用いた切断方法が採用されており，コストおよび原材料の供給を含む各種要因を考慮して生産プロセスが作製されていることが伺える。

5　効率的な生産を行うための生産技術

融合タンパク法を用いたバイオ医薬品の生産は，大腸菌を宿主として用いることが多いことから，当該宿主を用いた効率的生産のための留意点を記載する。

5.1　融合タンパクの設計

生産性向上のためには，タグの選択が重要なポイントの一つとなる。目的産物がタンパクで封入体を形成し易い場合，溶解度を向上させるSUMOやNusAのような可溶性発現を促す能力の高いタグを選択することが有効と考えられる。一方，目的とするタンパクが可溶性状態で発現できる場合や，封入体からのリフォールディングが適応出来る場合は，Hisタグのような鎖長の短いタグを用いることで，生産物として本来必要の無いタグに対する発現負荷を削減し，生産の効率化を図ることが出来る。

目的産物が，数十アミノ酸程度のペプチドの場合，細胞内プロテアーゼにより分解を受け易いことから，保護タグやアフィニティータグを融合させることが多いが，この場合についても，タグの鎖長が長いと融合タンパクの大部分を保護タンパクが占めることになり，生産効率が低下する。一方で，保護タグの分子量が小さ過ぎると細胞内での安定性が低下したり，目的ペプチドの宿主に対する毒性が十分抑えられない状況が生ずる。現在上市されている遺伝子組換えペプチド医薬品の多くは，100アミノ酸以下の鎖長の短い保護タグが配され，封入体から生産されているものが多い。可溶性発現，封入体発現のいずれにおいても，融合タンパク法による生産は，①単位菌体あたりの発現量，②培養密度　③融合タンパクからの目的産物の切り出し効率，④精製効率，それぞれの効率化を図ることが重要となる。

5.2　培養工程

工業的な培養操作では，通気撹拌型培養槽を用いブドウ糖やグリセリンなどの炭素源を流加し，高菌体密度の培養を実施することが多いが，このような培養操作により10g/L以上のタンパク発現が可能となる。一方，高密度培養では，大腸菌の代謝物の一つである酢酸が蓄積し，増殖阻害や発現量の低下が引き起こされやすい。このため酢酸生成を掌握しながら，炭素源の流加速度を決めることが重要となる。

培地組成については，無機塩培地などの栄養源に乏しい培地を用いて高発現を促した際に，通常は細胞内に多く存在しないノルロイシン，ノルバリンやβメチルノルロイシンが産生され，発現したタンパクのメチオニン，ロイシンおよびイソロイシン部位に取り込まれる現象が報告されている[22～24)]。このような一部間違ったアミノ酸が取り込まれたペプチドやタンパクは，本来のものと性質が似通っているため，精製工程での分離が非常に難しく，均一なバイオ医薬を生産する観点において問題となる。この抑制には欠乏するアミノ酸を含む栄養源を添加したり，培養温度，培養pHなどを検討することが有効である。

大腸菌の至適生育温度である37℃付近は増殖速度が速く，タンパク合成も盛んとなることから，発現タンパクのフォールディングが不十分となり封入体を形成しやすい傾向がある。そのため目的産物を封入体から得る場合は，37℃付近の培養温度が良好な場合が多いが，同時に細胞内のタンパク分解活性も高いため，分解物を多く含む封入体が形成される場合もある。目的産物の量と質の両面から検討することが必要である。

一方，可溶性画分への発現を目的とする場合は，タンパク合成速度を低下させフォールディングを促す目的で20℃から30℃の培養温度が選択される場合が多い。IPTG等のインデューサーの添加量や培養pHを調整することにより，可溶性画分への発現が増加する場合もある。

5.3　精製工程

大腸菌発現では，通常は菌体分離を行った後，菌体より目的物の抽出操作が行なわれる。研究用途のペプチド・タンパク調製では，溶菌酵素を用いた溶菌処理が多用されるが，工業的な生産規模での抽出は，溶菌酵素のコストおよび新たなタンパク成分を加えないという観点から，高圧ホモジナイザーやビーズミル等の機械的な菌体破砕を行い，菌体の内容物を得る場合が多い。

また工業的規模でアフィニティーカラムを使用する際には，樹脂のランニングコストを低減させるため，夾雑物の多い菌体抽出液に対して塩析や等電点沈殿等の前処理を行うことや，イオン交換などの安価なカラムクロマトグラフィーを前段階に用いる検討も必要となる。融合タンパクが封入体を形成している場合は，変性剤により封入体を可溶化して精製操作が行われるが，封入体として発現した融合タンパクは，変性剤による可溶化後，変性剤濃度を減少させると沈殿を形成する場合がある。このような場合，変性剤存在下で精製や切断処理を行う必要が生じるが，その濃度が高い場合，切断に用いる特異的プロテアーゼが失活するため，効率的な切出しが行えない状況も生じる。溶液pHの検討や変性剤濃度を低下させ，特異的プロテアーゼ切断と融合タンパクの溶解度を両立させる条件を見つけることが必要となる。そのため特異的プロテアーゼは，変性剤に対する耐性を持ったものであることが望ましい。

6 おわりに

現在のところ，融合タンパク法に用いられているタグの種類は，研究用途のペプチド・タンパク調製とバイオ医薬品製造で異なっており，バイオ医薬品製造にはアフィニティータグや可溶性タグなどの機能を有するタグはほとんど使われていない。この背景にはアフィニティー樹脂および特異的プロテアーゼのコストや，タグに対する知的財産権の存在が関与していると考えられるが，抗体医薬の生産プロセスにおいては，プロテインAを用いたアフィニティー精製が標準的に使用されていること，知的財産権についてもHisタグなどは特許期間が満了していることなどを考慮すると，今後は各種のタグについての産業利用がさらに進み，融合タンパク法を用いたバイオ医薬品の製造がさらに進展するものと考えられる。

文　献

1) 野口祐嗣，醗酵ハンドブック，p.3，共立出版，(2001)
2) 籔田雅之ほか，ファームテクジャパン，**27**, p.95（2011）
3) 独立行政法人医薬品医療機器総合機構ホームページ
http://www.info.pmda.go.jp/shinyaku/P201000037/530471000_22200AMX00874000_A100_1.pdf
4) E.Hochuli *et al., Bio/Technology*, **6**, 1321（1988）
5) S. H. Schmit *et al., Nat. Protoc.*, **2**, 1528（2007）
6) A. Einhauer *et al., J. Biochem. Biophys. Methods*, **49**, 455（2001）
7) R. E. Stofko-Hahn, *et al., FEBS Lett.*, **302**, 274（1992）
8) D. B.Smith *et al., Gene*, **67**, 31（1988）
9) R. B. Kapsut *et al., Protein Sci.*, **8**, 1668（1999）
10) A. DeMarco *et al. Biochem. Biophys. Res. Commin.*, **322**, 766（2004）
11) E. R. LaVallie *et al., Biotechnology（NY）*, **11**, 187（1993）
12) J. G. Marblestone *et al., Protein Sci.*, **15**, 182（2006）
13) M. Q. Xu *et al., Methods Mol. Biol.*, **205**, 43（2003）
14) H. Mao, *Protein Expr. Purif.*, **37**, 253（2004）

15） C. Achmuller *et al., Nature Methods*, **12**, 1037（1997）
16） L. Sadilkova *et al., Protein Sci.*, **17**, 1834（2008）
17） A. Shen *et al., Plos One.*, e8119（2009）
18） G. Jeffrey *et al., Protein Sci.*, **15**, 182（2006）
19） B.A. Fong *et al., Trend Biotechnol.*, **28**, 272（2010）
20） V. L.Martha *et al., Nature Biotech.*, **11**, 64（1993）
21） FDAホームページ http://www.accessdata.fda.gov/drugsatfda_docs/nda/2001/20-920_Natrecor_chemr.pdf
22） G.. Bogosian *et al., J. Biol. Chem.*, **264**, 531（1989）
23） I. Apostol *et al., J. Biol. Chem.*, **272**, 28980（1997）
24） R. Muramatsu *et al., J. Biotechnol.*, **93**, 131（2002）

第3章　酵母を用いた糖鎖合成制御とタンパク質の生産

千葉靖典*

1　はじめに

近年のゲノム解読技術の発展により，様々な生物の遺伝子解読（ゲノムプロジェクト）が進み，機能未知の遺伝子が数多く見つかるようになった。これらの機能を調べるのに有効な手段の1つとして，組換え型のタンパク質を発現し，その機能や生理活性を*in vitro*で調べる手法が挙げられる。タンパク質の発現は既に大腸菌や酵母などの微生物，昆虫細胞，植物細胞，動物細胞，さらには生物個体を利用して体液中や乳中などに発現させる方法が知られている。また近年では，大腸菌，コムギ胚芽，昆虫，ウサギ網状赤血球などの転写・翻訳に関する酵素を用いて試験管内で合成する，いわゆる無細胞翻訳系と呼ばれるシステムでタンパク質が合成される場合もある。タンパク質の機能解明という学術的な観点からすれば，タンパク質の発現量はmgレベルで十分である。一方，発現したタンパク質を産業利用する場合には，さらに大量のタンパク質発現が必要であり，大量のタンパク質を生産するためのスケールアップが必要である。

発現量の向上はすべての発現系において共通の問題ではあるが，さらに質的な問題もある。例えば，糖鎖修飾などの翻訳後修飾が正しく行なわれているかどうか，正しくタンパク質が折りたたまれて天然と同一の高次構造を形成しているか，宿主由来のプロテアーゼなどで限定分解などを受けていないか，などが挙げられる。特に糖鎖修飾は，①宿主に依存した糖鎖構造の変化，②糖鎖付加位置の差異，③付加する糖鎖構造の不均一性などが起こるため，タンパク質の機能，特に組換えタンパク質を医薬品として利用する場合には，生体内での機能や薬効に大きな影響を与える場合がある。例えば，腎性貧血の治療に用いられるエリスロポエチンの場合，糖鎖の本数，付加している糖鎖構造，特に末端のシアル酸の付加数などが体内動態に影響すると報告されている[1～3]。従ってどの宿主を用いた場合でも，タンパク質に付加する糖鎖構造の制御は重要な課題である。

我々は出芽酵母*Saccharomyces cerevisiae*株とメタノール資化性酵母*Ogataea minuta*株を用いて，バイオ医薬品の生産を行なうことを検討してきた。酵母は酵母特有のマンナン型糖鎖を生産するため，このマンナン型糖鎖が異種抗原となる場合があり，また体内動態が変化する可能性がある。従って酵母でバイオ医薬品を生産する場合には，抗原性を排除するため，その糖鎖構造をヒト適応型に変換する必要がある。ここでは我々が開発してきた糖鎖リモデリング技術について概説する。

---

* Yasunori Chiba　㈱産業技術総合研究所　糖鎖医工学研究センター　主任研究員

2　酵母によるヒト適応アスパラギン結合型（*N*-型）糖タンパク質の生産

酵母において*N*-型糖鎖をヒト型に改変しようと考えられたのは，1990年代初頭である。当時，通商産業省の「複合糖質生産利用技術」プロジェクトに参加にしていたキリンビール㈱基盤技術研究所のグループと，工業技術院・生命工学工業技術研究所のグループにより出芽酵母の糖鎖改変が始められた[4]。

出芽酵母*S. cerevisiae*の糖鎖構造は，1970年代に米国のBallouのグループにより糖鎖に欠損がある変異株の取得が行われ，推定構造が報告された[5]（図1）。その構造はヒトと共通のコア構造（$Man_8GlcNAc_2$）に対し，α1,6結合のマンノースからなる主鎖とα1,2結合のマンノースからなる側鎖，さらにマンノースリン酸やα1,3結合のマンノースによる修飾が行なわれ，巨大な糖外鎖（マンナン）からなる（ただし，糖外鎖の大きさは付加するタンパク質に依存する）。これらの構造がヒトに対して抗原性を示す場合があるため，酵母で生産した糖タンパク質をヒトへ投与するためにはこの糖外鎖を欠損させた酵母の作出が必須となる。

1990年代に入り，この糖外鎖を合成する遺伝子群のクローニングが世界中で盛んに行なわれるようになった。まず工業技術院・生命工学工業技術研究所の地神グループは，トリチウムでラベルされたマンノースを利用して，糖外鎖が短くなることで生育が可能な変異株を単離し*och1*株と命名した[6]。さらにこの変異を相補する*OCH1*遺伝子を取得した[7]。*OCH1*遺伝子にコードされるタンパク質は，ヒトと共通のコア構造にα1,6結合でマンノースを転移する酵素で，糖外鎖合成の初発反応を行なうことが示された。この遺伝子破壊株は非常に短い糖鎖構造を有していたが，依然ヒトと共通のコア構造の上にα1,3結合のマンノースやマンノースリン酸などが修飾をしていると考えられた。その後，さらに末端修飾に関わるα1,3-マンノース転移酵素をコードする*MNN1*遺伝子[8]，糖鎖のリン酸化に関与する*MNN4*遺伝子[9]がクローニングされ，これらを欠損した三重破壊株を作製することにより，コア構造である$Man_8GlcNAc_2$（M8）型糖鎖が生合成されることが確認された[10, 11]。この糖鎖は哺乳類で見られる高マンノース型と呼ばれる構

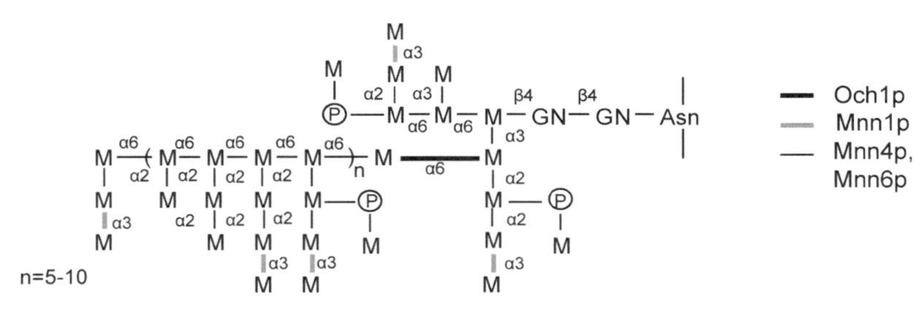

図1　出芽酵母の*N*-型糖鎖構造

M：マンノース，GN：*N*-アセチルグルコサミン，Ⓟ：リン酸。
α2：α1,2結合，α3：α1,3結合，α6：α1,6結合，Och1p：α1,6マンノース転移酵素，Mnn1p：α1,3マンノース転移酵素，Mnn4p，Mnn6p：マンノースリン酸転移に関与するタンパク質。

造であり，ヒトに対する抗原性はないと考えられた。

次に，我々はこの三重破壊株酵母を利用してタンパク質の発現を行ない，その糖鎖構造と体内動態との関係を検討した[12]。ヒト繊維芽細胞成長因子（FGF)-1は糖鎖を有しないサイトカインであるが，このN末端側に*N*-糖鎖付加部位を含むマウス由来FGF-6のN末端側ドメインを融合させたFGF-6/1キメラタンパク質（以後FGF-6/1と略）を作製し，発現・精製を行なった。このFGF-6/1はCHO細胞，酵母のどちらで発現させても1本の*N*-型糖鎖を有していた。CHO細胞で発現させた際には主に二分岐型の複合型糖鎖を保持していたが，野生型の糖鎖構造を有する酵母で発現させた場合はマンナン型糖鎖が付加し，SDS-ポリアクリルアミドゲル電気泳動（PAGE）での結果からその分子量も不均一であると考えられた。一方，三重破壊株酵母で生産されたFGF-6/1の糖鎖を解析した結果，その糖鎖は$Man_8GlcNAc_2$からなる高マンノース型であり，SDS-PAGE上でもほぼ均一の単一バンドとして検出された。

次にマンナン型糖鎖，および高マンノース型糖鎖を有するFGF-6/1を各々培養上清より精製し，その諸性質を比較検討した。酵母で生産されたFGF-6/1のN末端アミノ酸配列はCHO細胞由来のものと同一であり，シグナル配列が正しくプロセシングされていることが確認された。またヒト臍帯静脈内皮細胞（HUVEC）を利用した*in vitro*活性測定では，糖鎖を付加していない大腸菌で発現させたFGF-6/1に比べ，酵母由来のマンナン型FGF-6/1（以後Mannan-FGF)，高マンノース型FGF6/1（以後M8-FGF）はそれぞれ60％，75％まで細胞増殖活性が低下した。これは糖鎖付加によりレセプターとの結合に立体的な障害が起きたためと考えられた。さらに酵母由来のMannan-FGF，M8-FGFのマウス体内での動態について検討した。^{125}Iラベルした FGF6/1をマウス尾静脈より導入し，経時的に血中内の減少と各臓器への取り込みを測定したところ，血中からの消失はM8-FGFが最も早く，以下，酵素で処理し糖鎖を除去したNon-FGF，Mannan-FGFで，CHO細胞で生産した二分岐鎖複合型糖鎖を有するBi-FGFは5分後でも血中に18％残存していた（図2)。

各臓器への移行を比較すると，肝臓と腎臓への集積が顕著であった。肝臓にはFGFのレセプターが存在するほか，糖鎖を認識するアシアロ糖タンパク質結合タンパク質やマンノース結合タンパク質があるため，これらと結合することにより肝臓へ集積していると考えられる。ところがBi-FGFは肝臓に集積した後の分解が早いのに対し，Mannan-FGFとM8-FGFは30分後でも減少がほとんど見られなかった。さらにM8-FGFに特徴的なのは，腎臓への集積が他のFGFに比べて比較的多くみられることであり，これはMannan-FGFには見られない特徴である。糖鎖を持たないエリスロポエチンが尿中へ排出されやすくなる[3]ように，タンパク質の分子サイズは排出に大きく影響する。しかし，糖鎖を持たないNon-FGFの血中からの消失はM8-FGFに比べて遅かったことから，M8-FGFの血中からの消失が速いのは尿中への排出が早いためではないと考えられる。さらにM8-FGFのみが腎臓への集積が多いことから，腎臓内に高マンノース認識レクチンが存在する事が示唆された。メタノール資化性酵母*Ogataea minuta*株で生産し，糖鎖をマンノース-6-リン酸型に改変したα-ガラクトシダーゼにおいても腎臓への取り込みが

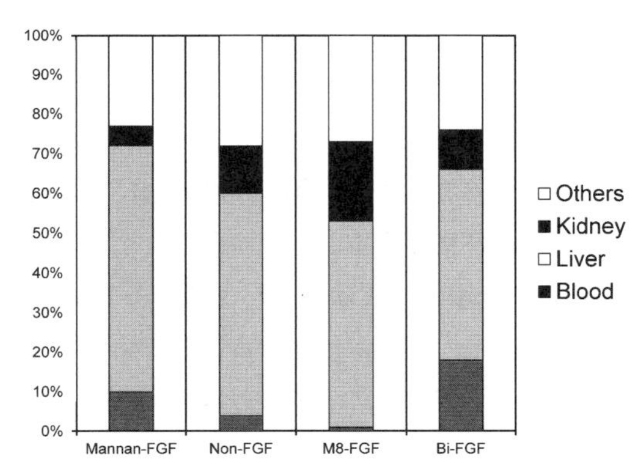

図2　FGF6/1キメラタンパク質のマウスでの体内動態
尾静脈から投与後，5分後に血中に残存するFGF6/1と各臓器へ移行したFGF6/1の割合を表示した。
Mannan-FGF：マンナン型FGF6/1，Non-FGF：酵素で処理し糖鎖を除去したFGF6/1，M8-FGF：高マンノース型FGF6/1，Bi-FGF：CHO細胞で生産した二分岐鎖複合型糖鎖を有するFGF6/1。

増加していることから[13)]，腎臓特異的なレクチンが取り込みに影響している可能性が考えられる。

このように同じタンパク質でも，付加する糖鎖構造によって臓器への移行性に影響を与えることは事実である。天然に存在する糖鎖構造をタンパク質に導入し，その構造の差異を利用して臓器指向性の高い糖タンパク質の作出を行なうことができれば，人体に安全でかつ投与量の少ない医薬品を開発できる可能性がある。

3　ヒト適応*O*-型糖鎖の改変

タンパク質には*N*-型糖鎖の他に，セリン／トレオニン残基に糖鎖が付加した*O*-型糖鎖が存在する。*N*-型糖鎖の母核構造（$Man_3GlcNAc_2$）は酵母からヒトまで共通であるが，*O*-型糖鎖については様々な種類の単糖が付加しており，その機能も異なる。このうち*O*-マンノース型については，セリン／トレオニン残基の側鎖にマンノース残基が付加し，さらに糖鎖が延長するが，この延長反応は種によって異なり，出芽酵母などではさらに数残基のマンノースが延長し，*O*-型糖鎖が形成される[14)]。一方でヒトではジストログリカンと呼ばれるタンパク質上に*O*-Man型糖鎖が見いだされているものの，その構造は酵母とは異なり，*N*-アセチルグルコサミンやガラクトース，シアル酸などが付加した構造である[15)]。またヒトではこのような糖鎖構造は脳などの臓器に特異的にみられるものであり，特殊な構造であるといえる。

ヒトなどの哺乳類などではムチン型と呼ばれる*O*-型糖鎖がムチンなどの分泌タンパク質などによく見られる。ムチンは，気管，胃腸などの消化管，生殖腺などの内腔を覆う粘液の主要な糖タンパク質である。その機能については不明な部分が多いが，癌性変化に伴うムチン型糖鎖の構造変化が古くから知られており，これらの変化が，細胞の接着性の変化，あるいは転移のような癌細胞の異常な挙動，免疫による防御からの回避に関与していると考えられている。エリスロポエチンなどいくつかのタンパク質性医薬品でもムチン型糖鎖の付加が確認されているため，出芽酵母の細胞内にムチン型糖鎖合成系を構築することを検討した[16]。

哺乳類細胞において，ムチン型糖鎖の合成はタンパク質のセリンまたはトレオニンの側鎖に*N*-アセチルガラクトサミン（GalNAc）残基が付加することで始まる（図3）。このGalNAcにさらにガラクトース（Gal）あるいはN-アセチルグルコサミン（GlcNAc）がβ1,3結合で付加した構造はそれぞれコア1構造，コア3構造と呼ばれる。コア1と3構造にGlcNAcがβ1,6で結合すると，それぞれコア2構造とコア4構造に呼ばれる糖鎖となる。また，根元のGalNAcにα1,3結合でGalNAcが結合するとコア5構造に，β1,6結合でGlcNAcが結合すると，コア6構造となる。さらにこれらにGalとGlcNAcからなるラクトサミン構造やフコース，シアル酸などの単糖が付加され，様々な形のムチン型糖鎖が合成される。それぞれの反応は図3に示したように異なる糖転移酵素によって行なわれる。そして糖転移酵素の反応には糖供与体となる糖ヌクレオチドが必要であり，例えば，UDP-Gal，UDP-GalNAc，UDP-GlcNAc，GDP-Man，GDP-Fuc，CMP-Siaなどが利用されている。これらは細胞質内で合成され，糖ヌクレオチド輸送体により糖転移反応の場であるゴルジ体へと運ばれる。

出芽酵母においては，初発反応の糖供与体となるUDP-GalNAcを合成する酵素とUDP-GalNAcの輸送体は存在しない。そこで我々は以下の戦略をとることとした。まず，UDP-GalやUDP-GalNAcなどを合成する遺伝子（*GalE*）と，細胞質からゴルジ体内腔への糖ヌクレオチドの輸送に関わる遺伝子を酵母細胞に導入し，酵母細胞内で発現させることを検討した。

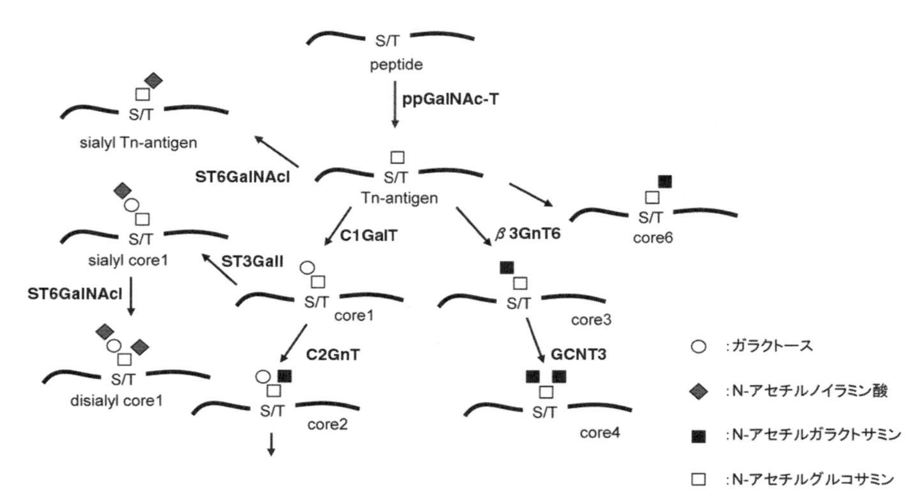

図3　ムチン型糖鎖の生合成経路
各構造の下に呼称を示した。また太字は酵素名を示す。

*GalE*タンパク質は一般的にUDP-Glcの4位をエピメリ化しUDP-Galを合成することが知られているが，枯草菌（*Bacillus subtilis*）由来の*GalE*などはUDP-GlcNAcの4位もエピメリ化し，UDP-GalNAcへと変換することができるため，枯草菌由来の遺伝子を利用することとした。この遺伝子を導入することにより，実際に酵母細胞内のUDP-Gal，UDP-GalNAcの濃度が増加することを確認した。また糖ヌクレオチド輸送体については，UDPGalとUDP-GalNAcの両方を輸送できる活性を持ち，酵母での発現実績がある*UGT2*遺伝子を導入した[16，17]。

この酵母に対し，さらに糖転移酵素（ppGalNAc-T1，コア1合成酵素など）を導入し，受容体となるペプチドやタンパク質を発現させることでムチン型糖鎖を持つ糖ペプチド，糖タンパク質の生産系を確立した[18]（図4）。なお酵母のゴルジ体内腔に糖転移酵素を発現させるべく，出芽酵母の糖転移酵素の膜貫通領域を含むN末端側の配列と糖転移酵素の触媒領域を融合させたタンパク質として発現させた。またコア1合成酵素については，複合体を形成することなく活性を発現することが知られているショウジョウバエ由来の遺伝子[19]を利用した。質量分析やレクチンアレイなどにより発現したペプチドを解析したところ，目的のムチン型糖鎖が付加していることが確認された。また酵母の*O*-Man型糖鎖修飾との競合が懸念されたが，少なくともMUC1のタンデムリピート配列をコードするペプチドを発現した場合には競合は確認できなかったことから，ヒト由来GalNAc転移酵素（ppGalNAc-T1）と酵母由来*O*-Man転移酵素は，糖受容体に対して異なる基質特異性を示すことが示唆された。

さて血小板凝集活性を有するポドプラニンという分子は，腎臓の上皮細胞であるpodocyte（足

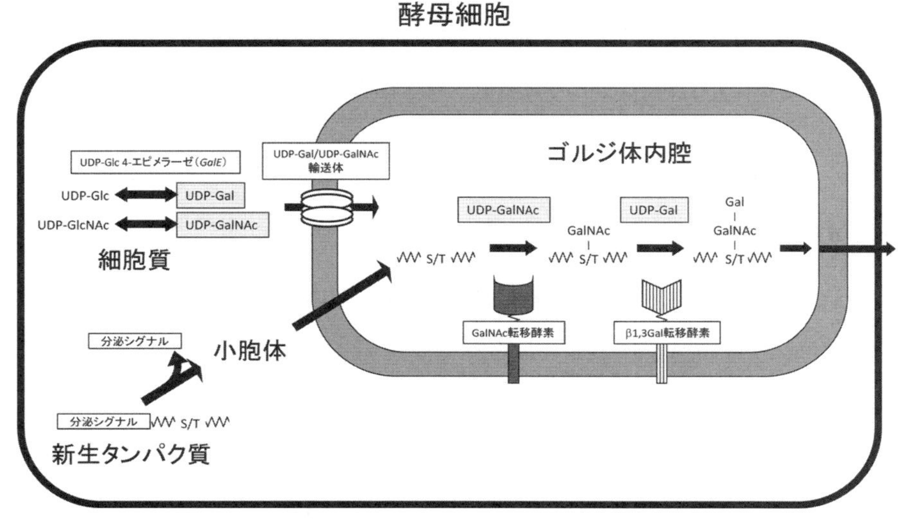

図4　ムチン型糖鎖生産酵母の概略
UDP-Glc 4-エピメラーゼ遺伝子：*Bacillus subtilis GalE*，UDP-Gal/UDP-GalNAc輸送体遺伝子：ヒト*UGT2*，GalNAc転移酵素遺伝子：ヒトppGalNAc-T1，β1,3Gal転移酵素遺伝子：ショウジョウバエcore1合成酵素遺伝子を用いた。

細胞）から発見された糖タンパク質である。共同研究者の金子らは，この糖タンパク質のPLAGドメインと呼ばれる領域の特定のアミノ酸（ヒト由来ポドプラニンではThr52に相当）に付加するムチン型糖鎖が，その血小板凝集活性に必須であることを報告した[20]。そこで我々もムチン型糖鎖生産酵母細胞を用いてヒト由来のポドプラニンを可溶型で発現し，*in vitro*で活性測定を行なったところ，PLAGドメインに存在するトレオニンにシアル酸を含むムチン型糖鎖が付加したポドプラニンのみが活性を示し，金子らの報告を再現することができた[18]。また興味深いことに，初発の糖転移酵素であるppGalNAc-T1を，同じファミリー内の酵素であるppGalNAc-T3と置き換えると，ポドプラニンに同じ構造のムチン型糖鎖が付加されているにも関わらず活性を示さなくなった。各ppGalNAc-Tはアミノ酸配列に対する基質特異性が異なるため，発現するppGalNAc-T依存的にタンパク質への糖鎖の付加位置に違いが生じる。つまり，ppGalNAc-T3導入株では前述のThr52に対応する位置に糖鎖を付加できない。従って，我々は，タンパク質のアミノ酸置換を行なうことなしに，Thr52に付加するムチン型糖鎖がポドプラニンの血小板凝集活性に必要であることを証明できたわけである。糖鎖付加位置を制御しながら糖タンパク質を生産できる我々の糖鎖改変酵母は，糖鎖機能の評価や開発などに非常に有効なツールとなりうるであろう。

O-型糖鎖の改変例が少ないのは，その機能が未知であるところが多く，産業的に利用される例が依然少ないためと思われる。*O*-型糖鎖については，ムチンタンパク質のようにセリン／トレオニンがクラスターを形成している領域に付加される場合が多く，糖鎖構造と付加位置を同時に決めることがこれまでは難しい状況であった。しかし現在，質量分析装置等による*O*-型糖鎖の構造解析手法が確立しつつある。ポドプラニンの解析例のように，今後，タンパク質上のムチン型糖鎖の構造とその機能との関係がさらに解明されれば，*O*-型糖鎖の改変酵母によるタンパク質発現などの使用用途も多くなると考えられ，我々はさらに複雑な糖鎖を合成する技術の開発を進めている。

4　まとめ

酵母を用いた糖タンパク質生産を産業利用しようとする試みは，次章以降にも概説されているほか，海外においても治療用抗体などの生産等に活用すべく検討が進められている。糖タンパク質の糖鎖部分については不均一で構造解析が難しいため，医薬品の機能に影響しなければ無視できるといわれてきたが，糖鎖構造と薬物動態は密接な関係にあることが証明されつつある現在，開発段階においても，また製造プロセスの工程においても，糖鎖構造の制御技術は重要である。

従来のタンパク質部分のみの議論ではなく，糖鎖の機能も考慮したタンパク質性医薬品を議論する必要があると我々は考えている。そして2010年に大学や公設研究所，企業などの研究者を中心に「グライコバイオロジクス研究会」を設立し，糖タンパク質製剤の合成技術の開発，糖鎖構造解析法の汎用化や規格化に基づくバイオ医薬品の価値・機能向上を目指し議論を行なっている。この新しい「グライコバイオロジクス」という概念の基，より高機能化したバイオ医薬品の開発に貢献できるよう努力していきたい。

謝辞

本研究は，独立行政法人新エネルギー・産業技術総合開発機構（NEDO）の「複合糖質生産利用技術」，「糖鎖機能活用技術開発」のサポートを受け実施されたものである。また本研究を実施するにあたり，ご協力やご助言を頂いた多くの共同研究者の皆様に深謝いたします。

文　　献

1) M. Takeuchi *et al., Proc. Natl. Acad. Sci. U. S. A.*, **86**, 7819 (1989)
2) E. Tsuda *et al., Eur J Biochem.*, **188**, 405 (1990)
3) M. Higuchi *et al., J. Biol. Chem.*, **267**, 7703 (1992)
4) M. Takeuchi, *Trends Glycosci. Glycotech.*, **13**, 371 (2001)
5) W. C. Raschke *et al., J. Biol. Chem.*, **248**, 4655 (1973)
6) T. Nagasu *et al., Yeast*, **8**, 535 (1992)
7) K. Nakayama *et al., EMBO J.*, **11**, 2511 (1992)
8) C. L. Yip *et al., Proc. Natl. Acad. Sci. U. S. A.*, **91**, 2723 (1994)
9) T. Odani *et al., Glycobiology*, **6**, 805 (1996)
10) Y. Nakanishi-Shindo *et al., J. Biol. Chem.*, **268**, 26338 (1993)
11) Y. Chiba *et al., J. Biol. Chem.*, **273**, 26298 (1998)
12) S. Takamatsu *et al., Glycoconj. J.*, **20**, 385 (2004)
13) T. Tsukimura *et al., Mol. Med.*, (2011) in press
14) R. Sentandreu *et al., Carbohydr. Res.*, **10**, 584 (1969)
15) A. Chiba *et al., J. Biol. Chem.*, **272**, 2156 (1997)
16) N. Ishida *et al., J. Biochem.*, **120**, 1074 (1996)
17) G. H. Sun-Wada *et al., J. Biochem.*, **123**, 912 (1998)
18) K. Amano *et al., Proc. Natl. Acad. Sci. U. S. A.*, **105**, 3232 (2008)
19) R. Muller *et al., FEBS J.*, **272**, 4295 (2005)
20) M. K. Kaneko *et al., FEBS Lett.*, **581**, 331 (2007)

第4章　新規生産基材を利用した組換えリソソーム病治療薬の開発

伊藤孝司*

1　はじめに

近年の遺伝子工学・細胞工学技術の発展に基づき，抗体医薬品やサイトカイン製剤などのタンパク医薬品の開発が進展し，作用特異性が高い分子標的薬としての特性をもつバイオ医薬品は新薬の20～30％を占める勢いで開発・上市されている。

リソソーム病は，生体分子の分解代謝を営む細胞内小器官のリソソームに存在する酸性加水分解酵素（リソソーム酵素）とその補助因子をコードする遺伝子の変異が原因で発症する一群の遺伝病である[1)]。約40種存在する本疾患群に対し，従来有効な根本治療法は全く無かったが，1990年以降，病因となるヒト酵素の正常遺伝子を導入した哺乳類培養細胞株が生産する組換えリソソーム酵素を製剤化し患者に投与する酵素補充療法（enzyme replacement therapy, ERT）が開発されてきた[2～8)]。リソソーム病の発生頻度は1～数万人に1人程度と低く，いわゆるオーファン疾患に属するが，これまでに6種の疾患に対するERT用酵素製剤がバイオ医薬品として実用化されている。またリソソーム酵素に付加される糖鎖機能を利用したERTの治療原理は，現在治療薬が開発されていない他の疾患にも応用できるため，その開発に対する期待が高まっている。しかし，一方で現行の組換えリソソーム酵素を用いるERTの問題点も顕在化しており，これらを改善するために製造の効率化や哺乳類細胞以外の代替宿主の開発が必要とされている。本稿では，現行のリソソーム病に対するERTの特徴と問題点について解説し，著者らの研究成果も含め，新規生産基材としての代替宿主を用いた組換えヒトリソソーム酵素の創製に関する最近の動向と応用の可能性について紹介する。

2　哺乳類細胞株由来の組換えヒトリソソーム酵素を用いる補充療法の特徴と問題点

リソソーム病では，当該酵素活性の著しい低下（健常人の10％以下）により，本来分解されるべき生体内基質（糖鎖や脂質など）が患者組織中に過剰蓄積する。またリソソーム酵素はいわゆるハウスキーピング型酵素であるため，その欠損の影響は全身に現れ，患者は極めて多様な臨床症状を示す。従ってリソソーム病の根本治療には，全身の細胞で蓄積する基質の分解に十分な

---

*　Kohji Itoh　徳島大学　大学院ヘルスバイオサイエンス研究部　創薬生命工学分野　教授

酵素を補充し，リソソーム内の酵素活性を維持できる技術が必要である。現在臨床応用されているリソソーム病のERTは，いずれも哺乳類培養細胞株で生産された組換えヒトリソソーム酵素製剤を定期的に患者の静脈内に継続投与する方法（intravenous ERT, *iv*ERT）に基づいている[2〜8]。また哺乳類培養細胞で発現したヒトリソソーム酵素には，標的細胞表面に存在する糖鎖レセプターにより特異的に認識される糖鎖構造が付加されるため，組換えリソソーム酵素は両者の結合を介して細胞内に取り込まれた後リソソームへと輸送され，蓄積基質を分解することができる。

ゴーシェ病は，β-グルコセレブロシダーゼ（別名：酸性β-グルコシダーゼ，acid β-glucosidase, GBA）の欠損症（常染色体劣性）で，その糖脂質基質であるグルコセレブロシドが主に患者の肝臓，脾臓，骨髄および骨組織内のマクロファージに過剰蓄積し，肝脾腫，造血系細胞の減少による貧血や出血傾向あるいは病的骨折などの臨床症状を示す[9]。イミグルセラーゼ（商品名：Cerezyme, 製造元：Genzyme社）は，ヒトGBA cDNAのチャイニーズハムスター卵巣（Chinese hamster ovary, CHO）細胞への導入株から製造された遺伝子組換えゴーシェ病治療薬で，リソソーム病に対して初めて上市されたバイオ医薬品である[2]。本酵素製剤は，マクロファージの細胞膜表面のマンノース受容体（mannose receptor, MR）をデリバリー標的分子としており，その製造工程で精製酵素に付加されたN-グリコシド型糖鎖（N-グリカン）の非還元末端が順次シアリダーゼなどのエキソ型グリコシダーゼでトリミングされる。この処理により露出した末端マンノース残基含有糖鎖をもつGBAは，MRとの結合を介してマクロファージ内に取り込まれ，リソソーム内に蓄積しているグルコセレブロシドを分解する。神経症状を伴わない1型ゴーシェ病患者に対する*iv*ERTでは，本製剤を一回投与量60U/kg体重，隔週で継続投与するが，肝脾腫や貧血・血小板減少などの症状に対する改善効果が認められる[2]。また2010年から，細胞内GBA遺伝子を恒常的に活性化したヒト繊維肉腫細胞（HT-1080）株が生産するベラグルセラーゼアルファ（商品名：VPRIV, 製造元：Shire社）が上市されている[10]。

哺乳類培養細胞株由来の組換えヒトリソソーム酵素のERTで利用されるもう一つの補充ルートは，酵素に付加される末端マンノース6-リン酸（mannose 6-phosphate, M6P）含有N-グリカンとその標的細胞表面のカチオン非依存性M6Pレセプター（cation-independent M6P receptor, CI-M6PR）（本レセプターは，Ⅱ型インスリン様増殖因子レセプターでもある）との結合を介したリソソームへのデリバリー経路である[11]。生理的なリソソームマトリクス酵素の生合成過程でリソソーム酵素に付加される糖鎖の修飾に関しては，ゴルジ装置でまずN-acetylglucosamine 1-phosphate transferaseの作用により，高マンノース型糖鎖の非還元末端のマンノース残基の6位の水酸基にN-アセチルグルコサミン1-リン酸（GlcNAc1P）が付加される。次にN-acetylglucosamine 1-phosphodiester α-N-acetylglucosaminidaseの作用により，末端GlcNAc残基のみが切断される。この2段階反応により末端M6P含有N-グリカンをもつ酵素が生成され，リソソームへの輸送シグナルとして機能する[12, 13]。また哺乳類細胞株でヒトリソソーム酵素遺伝子を過剰発現させると末端M6P含有酵素が細胞外へと分泌されるが，その精製酵素製剤を用いる*iv* ERTが，現在ファブリー病，ポンペ病，ムコ多糖症I型，II型および VI型の各疾患に対して臨床応用されている。

ファブリー病は，α-ガラクトシダーゼ（α-galactosidase, GLA）欠損症（X染色体劣性遺伝）で，GLAの活性低下により，その糖脂質基質グロボトリアオシルセラミド（globotriaosylceramide, Gb3）が腎臓，心臓，血管系や末梢神経系などの組織内に蓄積して多様な臨床症状を示す[14]。少年期に四肢末端の疼痛などで発症する古典型男性患者に加え，高年齢で主に心症状が現れる亜型（または心型）患者が数千人に一人の頻度で発生する。これまでに，CHO細胞株で生産するアガルシダーゼベータ（商品名：Fabrazyme, 製造元：Genzyme）[3]と遺伝子活性化を施したヒト線維肉腫細胞株で生産するアガルシダーゼアルファ（商品名：Replagal, 製造元：Shire）[4]の2種類が上市されている。それぞれ一回投与量1.0 mgおよび0.2 mg/kg体重，隔週で*iv*ERTが行われており[3, 4]，標的組織の血管内皮細胞内の蓄積Gb3や血漿中Gb3含量の減少および四肢疼痛の軽減などを指標に有効性が示されている。

ポンペ病は，酸性α-グルコシダーゼ（acid α-glucosidase, GAA）の欠損症（常染色体劣性遺伝）で，グリコーゲンが肝臓，心臓や骨格筋などに過剰蓄積し，肝腫，心肥大，筋緊張低下などの症状や心不全・呼吸不全を起こして死に至る[15]。ヒトGAA cDNA導入CHO細胞株から得られるアルグルコシダーゼアルファ（商品名：Myozyme, 製造元：Genzyme）を一回投与量20 mg/kg体重，隔週で投与する*iv*ERTが行われ，乳児型ポンペ病患者に対する運動機能の改善，肥大心室容積の低下などの有効性が示されている[5]。しかし骨格筋では，細胞表面のCI-M6PRの発現量が低いため取り込み効率が低く，GAA製剤の一回投与量は，上記のゴーシェ病やファブリー病治療薬に比べ，数倍から十倍程度多い。

ムコ多糖症は，プロテオグリカンのコアタンパクに付加される，2糖の繰り返し構造をもつグリコサミノグリカン（glycosaminoglycan, GAG）を分解するリソソーム酵素の欠損に基づき，患者組織内へのGAGの過剰蓄積と尿中への排泄を伴って発症する一群のリソソーム病である[16]。ムコ多糖症I型とII型は，各々α-L-イズロニダーゼ（α-L-iduronidase, IDUA）とイズロン酸-2-スルファターゼ（iduronate-2-sulfatase, I2S）の常染色体劣性の欠損症で，非還元末端にα-L-イズロン酸を含むGAGであるデルマタン硫酸（dermatan sulfate, DS）とヘパラン硫酸（heparan sulfate, HS）が蓄積する[16]。またVI型は，N-アセチルガラクトサミン-4-スルファターゼ（N-acetylgalactosamine-4-sulfatase, 4S, 別名：アリルスルファターゼB, arylsulfatase B）の欠損症（X染色体劣性遺伝）で[16]，末端N-アセチルガラクトサミン-4-硫酸を含むDSが患者組織内に蓄積する[16]。

これらの疾患の*iv*ERT用治療薬としては，それぞれ，ヒトIDUA cDNA導入CHO細胞株を用いて生産されるラロニダーゼ（商品名：Aldurazyme, 製造元：BioMarin Pharmaceutical Inc./Genzyme，一回投与量：0.58 mg/kg体重で，週一回投与）[6]，ヒトI2S cDNAを導入したヒト線維肉腫細胞で生産するイデュルスルファーゼ（商品名：Elaprae, 製造元：Shire, 一回投与量0.5mg/kg体重で週一回投与）[7]およびヒト4S cDNA導入CHO細胞が産生するガルスルファーゼ（商品名：Naglazyme, 製造元：BioMarin Pharmaceutical Inc., 一回投与量1mg/kg体重，週一回投与）[8] が臨床応用されている。肝・脾臓の容積減少，尿中GAG排泄量の減少，努力肺活量の予測正常値に対する割合（%努力肺活量）や6分間の歩行距離等を指標により有効性が評価されている。

しかし，現在臨床応用されている組換えヒトリソソーム酵素製剤を用いた*iv*ERTには，①哺乳類細胞株の大量培養の困難性と高コスト（患者1人の年間治療に必要な酵素量は約1gで2千万～3千万円の医療費/年が発生），②ヒト感染性病原体混入の危険性と安定供給の困難性，③患者への組換え酵素の継続投与に基づく抗酵素抗体産生やアレルギーなどの副作用[17]，④血液脳関門の存在に基づく，末梢投与された組換え酵素の脳実質内への非移行性と中枢神経症状に対する無効性などの問題点がある。

筆者らは，これらの問題点を克服するために，哺乳類細胞以外のヒトリソソーム酵素遺伝子発現用の新規宿主と，リソソーム病の半数を占める中枢神経症状を伴う疾患に対する脳内ERTの開発に取り組んでいる。

3　酵母を代替宿主とした組換えヒトリソソーム酵素の補充療法への応用

上述のように，哺乳類細胞由来組換えリソソーム酵素のN-グリカンには末端M6Pが付加されるため，CI-M6PRをデリバリー標的としたERTが可能である。しかし哺乳類以外の代替宿主を用いた一般的な遺伝子発現系では翻訳後修飾が異なるため，末端M6P含有糖鎖が付加された組換えヒトリソソーム酵素を生産することは困難であった。

㈱産業技術総合研究所・糖鎖医工学研究センターの故・地神芳文博士と千葉靖典博士らは，酵母を宿主とした遺伝子発現系を利用してM6P含有糖鎖付加型の組換えヒトリソソーム酵素の作製に成功している。出芽酵母*Saccharomyces cerevisiae*が産生するN型糖タンパクには特有の高マンナン型糖外鎖（図1A）が付加されることが知られているが，千葉らはその生合成に関わる遺伝子*OCH1*（α-1,6-マンノシルトランスフェラーゼをコード）と*MNN1*（α-1,3-マンノシルトランスフェラーゼをコード）の欠失変異株（HPY2）を樹立した[18]。またこの変異株では，糖鎖に含まれるホスホマンノシル基の生合成に関わる*MNN6*（ホスホマンノシルトランスフェラーゼをコード）の正の制御因子*MNN4*のプロモーター領域に変異があり，その遺伝子産物MNN4が恒常発現している。上述のファブリー病の病因酵素であるヒトGLA遺伝子導入HPY2株から得られた組換えヒトGLA(rh-GLA）には，図1Bに示すような，非還元末端にマンノースリン酸基を含むヒト型様糖鎖構造をもつN-グリカンが付加されることが明らかにされた。しかしこの糖鎖構造の非還元末端はマンノース残基でカバーされており，それ自体はCI-M6PRと結合することができない。そこで精製酵素をさらに土壌細菌*Cellenomonas*由来α-マンノシダーゼでトリミングしリン酸残基を露出させることにより，CI-M6PRとの結合能をもつ組換え酵素に改変する糖鎖工学的技術を確立している（図1C）。実際，α-マンノシダーゼ処理後の

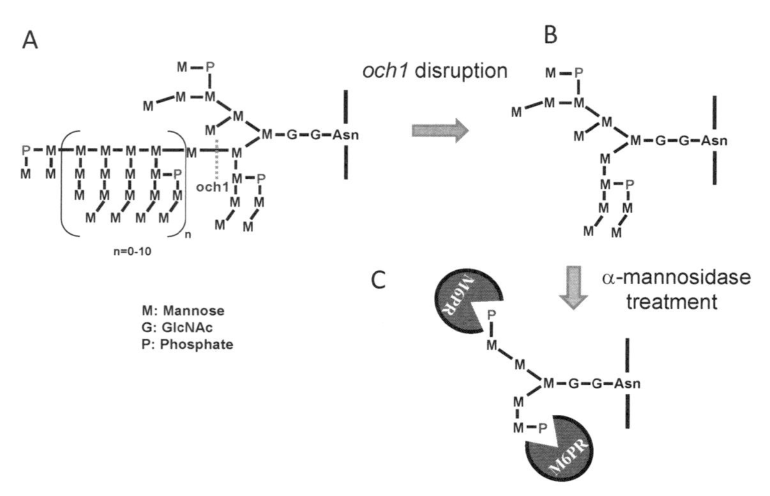

図1　メタノール資化酵母 *Ogataea minuta TK5-3*株で生合成されるN型糖鎖の構造とヒト型糖鎖へのリモデリング

rh-GLAはファブリー病患者由来培養皮膚線維芽細胞にCI-M6PRを介して取り込まれ，リソソームに蓄積するGb3を分解・減少させることが示された[18]。また一定量のrh-GLAをファブリー病モデルマウスに週一回4週間尾静脈内投与を施すと，肝，腎，心および脾臓のGLA活性の回復と，腎糸球体以外の組織で蓄積するGb3の有意な減少（有効性）が示された。しかしGLA発現株からの酵素分泌量は1 mg/L程度と必ずしも多くなかった[18]。その後，メタノール資化酵母の*Pichia pastoris*株を用いたrh-GLA生産の報告例があるが，分泌量は4.5 mg/L程度で哺乳類細胞の産生能を凌ぐものではなかった[19]。

2006年に同グループは，別のメタノール資化酵母*Ogataea minuta*（*Om*）の糖鎖生合成に関する変異株（TK5-3株）を樹立した[20]。この*Om* TK5-3株も，①安価な培地を用いた高密度培養が可能である。②メタノール誘導により強力なプロモーター下流に連結したヒトリソソーム酵素遺伝子を高発現させることができる。③*och1*遺伝子が破壊されており，高マンナン型糖外鎖は合成されない。④末端M6P含有糖鎖がリソソーム酵素に付加されており，精製酵素を土壌細菌由来α-マンノシダーゼで処理するとCI-M6PRとの結合能が現れるなどのERT用組換えヒトリソソーム酵素の生産に適した長所をもつ。

筆者らは，地神，千葉および明星博士らとの共同で，この*Om* TK5-3株を用い，中枢神経障害を伴うリソソーム病に対するERT用の組換えヒトリソソーム酵素の開発を行った。これまでに中枢神経障害を伴うリソソーム病に対するERT法は実用化されていない。しかし上述のムコ多糖症I型とII型のERTに臨床応用されているラロニダーゼとイデュルスルファーゼを用いて，疾患モデル動物に対する髄腔内投与による前臨床試験が行われ，その有効性と安全性が報告されている[21, 22]。また2009年からこれらの患者の脳室内（脳脊髄液内）に投与する臨床試験（第I相からII相）が欧米で進行中である。

テイーサックス病とザンドホッフ病は，各々β-ヘキソサミニダーゼ（β-hexosaminidase, Hex）を構成するαとβ鎖をコードする*HEXA*および*HEXB*の遺伝子変異が原因で，酵素欠損とその糖脂質基質のGM2ガングリオシド（GM2 ganglioside, GM2）の脳内過剰蓄積により中枢神経症状を伴って発症する常染色体劣性遺伝病である[23]。特にテイーサックス病は，ユダヤ系人種では3千人に一人という高頻度で起こる神経難病の代表例として有名である。αまたはβ鎖の二量体から構成される3種のマトリクス型Hexアイソザイム，HexS（$\alpha\alpha$），HexA（$\alpha\beta$）およびHexB（$\beta\beta$）のうちHexAのみがGM2分解能をもつ。従って両疾患ではHexAが欠損するためGM2蓄積症となる。一方これらの根本治療法としては，M6P含有組換えヒトHexAを患者の脳脊髄液内に投与するERTが考えられる。

筆者らは，まず*Om* TK5-3株に*HEXA*および*HEXB*のcDNAを同時に導入し，ヒトHexAを高発現する*Om*株を樹立し，培養液中に分泌された組換えヒトHexA（*Om*-rhHexA）を精製（13mg/L培養液）した（図2）[20]。また上述の*Om*株由来*MNN4*遺伝子を追加導入した*Om4*株を樹立し，*Om*-rhHexAよりもM6P含有量が3倍程度増大した*Om4*-rhHexAの発現・精製に成功した[24]。土壌細菌由来α-マンノシダーゼで処理した両酵素は，HexA欠損患者由来の培養皮膚線維芽細胞にCI-M6PRを介して細胞内に取り込まれ，酵素活性を回復させ，蓄積GM2も分解した。しかも*Om4*-rhHexAは，同活性の*Om*-rhHexAを投与した場合に比べ7～10倍細胞内活性を増大させることが明らかになった[24]。ところで，ザンドホッフ病モデルマウスは，生後9週頃から振戦や驚愕反応などの中枢神経症状を示し始め，その後歩行障害や摂食障害などが進行するため16～17週で死亡するというヒトと類似した臨床経過をたどる。筆者らは，まず12～13週齢の本モデルマウスに*Om*-または*Om4*-rhHexAを1.0mg/kg体重で脳室内（脳脊髄液内）に単回投与実験を行った。その結果，投与24時間後には脳領域全体で脳実質内のHex活性が十分な治療域まで回復し，また7日後には神経系細胞内の蓄積GM2およびGA2などのHexA基質の減少が観察された。さらにその補充効果は*Om4*-rhHexAの方が*Om*-rhHexAよりも高い

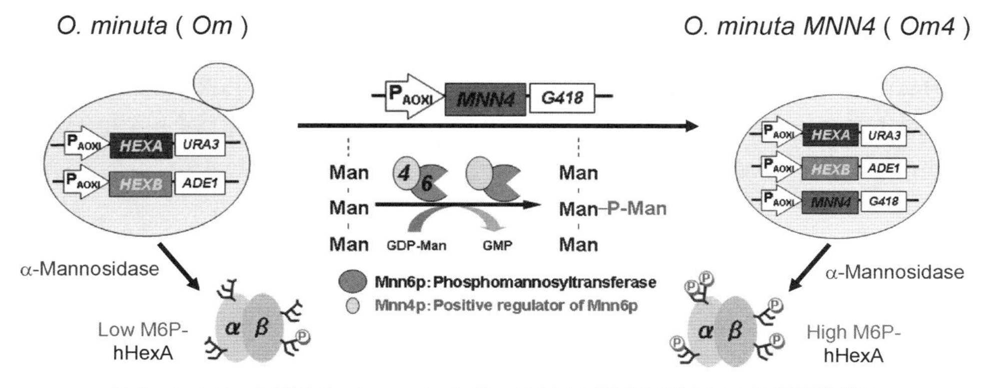

図2　ヒトHexA発現*Ogataea minuta*株への*MNN4*遺伝子導入による付加糖鎖のM6P含有量の増大

ことが明らかになった。次に各々の酵素を10週齢から0.8mg/kg体重で単回投与した後，ロタロッド試験による協調的運動機能の回復と寿命の延長に基づく治療効果の評価を行った。寿命については両酵素とも延長効果を示したが，*Om4*-rhHexAが*Om*-rhHexAよりも高い有効性を示した。一方，運動機能の回復（機能低下の遅延）に関しては，*Om4*-rhHexAのみが14週齢以降に有意な治療効果を示した[25]。これらの結果から，メタノール資化酵母*Ogataea minuta* TK5-3株で発現した高M6P含有の組換えHexAをザンドホッフ病モデルマウスの脳室内に投与すると，酵素は脳実質内に移行した後CI-M6PRとの結合を介して神経系細胞内に取り込まれ，蓄積基質を分解することにより治療効果を発揮し得ることが示された。また中枢神経症状を伴うリソソーム病の脳内酵素補充療法においても，脳を構成する細胞表面に分布するCI-M6PRが重要なデリバリー標的であることが示唆された。酵素産生量については改良の余地はあるものの，*Ogataea minuta* TK5-3株は，リソソーム病の治療に適した末端高M6P含有糖鎖が付加される組換えヒトリソソーム酵素を産生する最も優れた代替宿主であると考えられる。

4　おわりに

近年，哺乳類培養細胞株で生産されるERT用の組換えヒトリソソーム酵素製剤の問題点を解決する一つの方策として，代替宿主を利用した安全・安価な酵素生産法が試みられている。上述のゴーシェ病治療薬として，トランスジェニック植物（ニンジン細胞）由来の末端マンノース残基含有の高マンノース型糖鎖をもつ組換えヒトグルコセレブロシダーゼ（一般名　タリグルセラーゼアルファ，製造元Protalix Biotherapeutics社）が開発され[26]，既に第Ⅲ相臨床試験が終わり[27]，米国FDAによる新薬承認（2012年5月予定）を待つ段階に至っている。植物特異的な糖鎖構造の有無と抗原性については不明であるが，MRをデリバリー標的としたマクロファージへの取り込みと治療効果が期待される。しかしリソソーム病全般に応用するためには，M6P含量率の高い組換えヒトリソソーム酵素を安価に大量生産できる代替え宿主が必要である。筆者らは，メタノール資化酵母*Ogataea minuta*の糖鎖生合成変異株が産生する，末端M6P含量率の高い組換えヒトリソソーム酵素を用いて，中枢神経症状を伴う酵素欠損症モデルマウスに対する脳室内（脳脊髄内）投与の有効性を示すことに成功した。これらの知見は，組換え酵素に付加される糖鎖修飾技術が確立すれば，哺乳類以外の宿主（新規基材）で生産する組換えヒトリソソーム酵素も次世代型リソソーム病治療薬として臨床応用できることを示唆している。

謝辞

本稿の投稿前に，元㈱産業技術総合研究所・糖鎖医工学研究センター所長の地神芳文先生がご逝去されました。ここに謹んでご冥福をお祈り申し上げます。

文　　献

1）厚生労働省難治性疾患克服事業 ライソゾーム病（ファブリー病を含む）に関する調査研究班サイト http://www.japan-lsd-mhlw.jp/
2）N. W. Barton *et al., Proc. Natl. Acad. Sci. USA*, **87**, 1913-1916（1990）
3）C. M. Eng *et al., N. Engl. J. Med.*, **345**, 9-16（2001）
4）R. Schiffmann *et al., Proc. Natl. Acad. Sci. USA*, **97**, 365-370（2000）
5）L. Klinge *et al., Neuromuscul. Disord.*, **15**, 24-31（2005）
6）J. E. Wraith *et al., J. Pediatr.*, **114**, 581-588（2004）
7）J. Muenzer *et al., Mol. Genet. Metab.*, **90**, 329-337（2006）
8）P. Harmatz *et al., J Pediatr.*, **144**, 574-580（2004）
9）G .A. Grabowski *et al., Ann. Intern. Med.*, **22**, 33-39（1995）
10）A. Zimran *et al., Blood*, **115**, 4651-4656（2010）
11）R. Kornfeld *et al., J. Biol. Chem.*, **273**, 23203-23210（1998）
12）M. Kudo and W. M. Canfield, *J. Biol. Chem.*, **281**, 11761-11768（2006）
13）P. Ghosh, S. Dahms and S. Kornfeld, *Nat. Rev.*, **4**, 202-212（2003）
14）R. J.Desnick, Y.A. Ioannou and C.M. Eng, The Metabolic and Molecular Bases of Inherited Disease, 8th ed., pp.3733-3774, McGraw-Hill, New York（2001）
15）R. Hirschhorn and A.J.J. Reuser, The Metabolic and Molecular Bases of Inherited Disease, 8th ed., pp3389-3420, McGraw-Hill, New York（2001）
16）E.F. Neufeld and J. Muenzer, The Metabolic and Molecular Bases of Inherited Disease, 8th ed., pp.3421-3452, McGraw-Hill, New York（2001）
17）J. Wang *et al., Nat. Biotechnol.*, **26**, 901-908（2008）
18）Y. Chiba *et al., Glycobiol.*, **12**, 186-190（2002）
19）Y. Chen *et al., Protein Expr. Purif.*, **20**, 472-484（2000）
20）H. Akeboshi *et al., Appl. Environ. Microbiol.*, **73**, 4805-4812（2007）
21）P. Dickson *et al., Mol. Genet. Metab.*, **91**, 61-68（2007）
22）D. Auclair *et al., Mol. Genet. Metab.*, **99**, 132-141（2010）
23）A. Gravel *et al.*, The Metabolic and Molecular Bases of Inherited Disease, 8th ed., pp.3827-3877, McGraw-Hill, New York（2001）
24）H. Akeboshi *et al., Glycobiol.*, **19**, 1002-1009（2009）
25）D. Tsuji *et al., Ann. Neurol.*, **69**, 691-701（2011）
26）D. Aviezer *et al., PLoS ONE*, **4**, e4792（2009）
27）A. Zimran *et al., Blood*, **118**, 5767-5773（2011）

第5章　低分子治療抗体の開発

浅野竜太郎[*1]，熊谷　泉[*2]

1　はじめに

低分子抗体は微生物，特に大腸菌を用いた安価な製造を期待して比較的古くから研究が進められてきたが，単なる低分子化では大きな治療効果を得ることは難しく，また体内半減期の短さもしばしば問題となった。このためこれらの改善に向けた変異導入や化学修飾，さらには人工設計に基づく新たな分子形態の開発が行われてきたが，一方で培養技術の進展に伴い，動物細胞を用いた大量発現や，微生物を用いた比較的高分子量の組換えタンパク質の調製も報告されるようになり，宿主の選択よりも，いかに高機能な付加価値の高い組換え抗体分子を創出できるかに開発の重点がおかれるようになってきた。しかしながら，より高機能な高次構造の組換え抗体の創製に向けたビルディングブロックとしての低分子抗体や，発現ベクターの作製から比較的短期間で機能評価が可能な微生物発現系は，これらの点においては新規抗体医薬品の開発にまだ十分に寄与できるといえる。本章では，これらを踏まえた低分子治療抗体の開発の現状を概説したい。

2　低分子抗体

図1左に最も汎用的に用いられている免疫グロブリンG(IgG) の模式図を示す。抗体の基本構造はY字型構造の先端のVHおよびVLドメインから成る可変領域断片（Fv）が抗原結合に直接関与，即ち個々の抗体を特徴付けていて，一方で抗体医薬の主な作用機序の一つである抗体依存

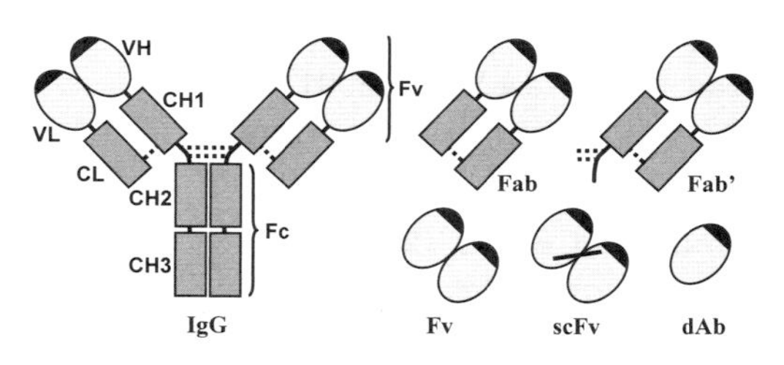

図1　IgGと低分子抗体の模式図
ドメイン間のジスルフィド結合を点線で示す。

＊1　Ryutaro Asano　東北大学　大学院工学研究科　バイオ工学専攻　准教授
＊2　Izumi Kumagai　東北大学　大学院工学研究科　バイオ工学専攻　教授

性細胞傷害（ADCC）活性や補体依存性細胞傷害（CDC）作用などのエフェクター機能は，CH2およびCH3ドメインから成るFc領域が担っている。図1右に代表的な低分子抗体の模式図を示す。FabはCL-CH1間のドメイン間ジスルフィド結合により安定なヘテロ二量体を形成するが，FvのVH-VL間の相互作用は比較的弱く，解離が懸念されるため人工のポリペプチドリンカーで連結した一本鎖抗体（scFv）が考案された。FabやFvは酵素処理によっても調製されてきたが，scFvも含めていずれも1988年に大腸菌を用いた組換え体の調製が報告された。さらに低分子の抗体としては，単ドメイン抗体（dAb）が挙げられる。ある種の動物は単ドメインで十分な親和性と特異性を示す抗体クラスを持っているが，近年ではヒト由来のVHを基盤としたdAbの調製も報告されている[1)]。低分子治療抗体は高浸透性が重要な役割を担ったり，IgGではアクセスできないエピトープへの結合を可能とした例もあるが[2)]，前述のとおり抗体医薬の主な作用機序はFc領域を介したADCC活性，CDC作用であり，また阻害や中和活性を特徴とする場合も基本的には二価で結合可能なIgGを一価の低分子抗体が凌駕することは困難である。また体内半減期が短いため薬効の持続時間が短いという大きな問題もあり，このため様々な観点から高機能化や体内動態の改善に向けた試みがなされてきた。

3　低分子治療抗体の高機能化

3.1　分子設計

抗体の高機能化に向けた分子設計としては，何らかの機能性タンパク質との融合や，二重特異性抗体を主とする多特異性抗体の作製が挙げられ，いずれも古くからIgGで検討が行われてきたが，均一な調製が困難であることが大きな問題となっていた。低分子抗体の開発は低免疫原性，微生物を用いた製造，固形腫瘍への高浸透性に加えて，当初は単一の分子種の調製も期待されて進められてきた。特異的な抗腫瘍効果を狙った，抗がん関連抗原抗体と毒素との融合(immunotoxin)[3)]，がん細胞内RNAの特異的な消化を狙った，細胞内の還元条件下でも安定に存在する細胞内抗体（intrabody）とRNaseとの融合（immunoRNase)[4)]，さらには腫瘍組織近傍でのリンパ球の活性化を狙った，抗腫瘍性のサイトカインとの融合（immunocytokine）など[5)]，枚挙にいとまがないが，これらは図2上に示すようにscFvを用いることで均一な調製が可能となる。異なる2種の抗原に結合するように人工設計された二重特異性抗体は，例えば免疫細胞とがん細胞を標的とすることで，両者を架橋，特異的な抗腫瘍効果を誘導する治療抗体となる。低分子二重特異性抗体も実に様々な分子設計が成されてきたが，代表的な例としては，いずれも可変領域のみから構成されるdiabody型，一本鎖化させたscDb型，さらには2種のscFvを縦列に連結したtaFv型などが挙げられる（図2下)[6)]。近年では異なるdAbを連結させた，最小構成の二重特異性抗体も開発されているが，より均一な調製が期待される一方で，体内半減期の短さがいっそう大きな問題となる。

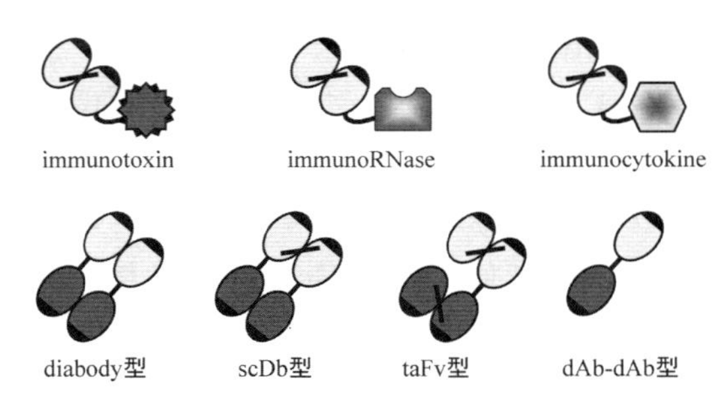

図2　低分子治療抗体の高機能化に向けた分子設計
～型は二重特異性抗体を表す。

3.2　変異導入

抗体の安定性や親和性の向上を目指した変異導入も古くから行われており，例えばVH-VL界面の残基をシステインに置換することで，ジスルフィド結合安定化Fv(dsFv）が作製される。scFvのリンカーが抗原結合の妨げとなるような場合はその代替として，影響がない場合もさらなる安定化を目指して，scFvとの組み合わせでdsFvが用いられることもある[7]。抗体はイムノグロブリンフォールドと呼ばれる，一対の分子内ジスルフィド結合で安定化された強固なβバレル構造のドメインで構成され，通常関与する保存されたシステイン以外は存在しないが，稀に，特に多様性に富む相補性決定領域（CDR）には含まれる時があり，分子内ジスルフィド結合とのかけ違いによる収量の低下が問題となる。このような場合，セリンあるいは生殖配列やデータベースを基に，他の残基に置換するというのが定石であるが，一方で汎用的なintrabodyの調製法の確立を目指して，ドメイン内の2箇所のシステインさえも，進化工学的手法により安定性を保持したまま他の残基に置換した例もある[8]。ジスルフィド結合以外に着目した例としては，同様に生殖配列等に基づき，保存されている残基や，安定性の向上が見込まれるアミノ酸への置換が挙げられるが[9]，ドメイン全体にerror-prone PCRにより無作為変異導入後，親和性や安定性の向上のみならずプロテアーゼ耐性の獲得など，目的に応じたスクリーニングもしばしば行われている[10]。親和性の向上に特化した場合は，CDR領域に焦点を絞ることが多いが，それでも完全に無作為な変異導入では，ファージ提示法等で扱えるライブラリ規模を大幅に越えてしまう。このような場合は，構造情報に基づく変異導入箇所の選定が有効で，直接抗原と相互作用している残基，あるいは抗原との複合体の構造情報がない場合は，相互作用に関与し得る溶媒表面に露出している残基等に限局することで，規模を下げることができる。実際に我々の研究グループもヒト型化により低下した親和性を，最終的にはCDR中の一箇所の変異で，優位に回復させることに成功している。

4　低分子治療抗体の体内動態の改善

4.1　分子設計

抗体の多量体化は，分子量の増加に伴う体内半減期の延長と併せて，多価化による親和性の向上も期待されるため，それぞれ作動薬，拮抗薬として働くアゴニスト抗体，アンタゴニスト抗体はもとより，単に中和抗体であっても高機能化が期待できる。図3上に一例を示すが，末端にロイシンジッパーやがん抑制遺伝子であるp53由来の四量体化αヘリックスモチーフを付加させることで，それぞれ二量体と四量体分子が作製される[11]。scFvの配向性やリンカー長を改変することでも均一な二量体（diabody）や三量体（triabody）を調製することが可能で，古くから研究が進められてきたが，近年これらの多量体化低分子抗体が，同じ二価であっても標的とする分子間の架橋距離等の違いからIgGを凌駕する治療効果を発揮する例も報告されている[12]。単純に縦列に連結することでも多量体化は可能であり，scFvの連結や，特にdAbを用いることで，ドメイン単位で価数の増加や多特異性化と併せて，体内半減期を制御することができる。ホモ四量体を形成するストレプトアビジンなど，天然の多量体化タンパク質，あるいはドメインを利用することでも多量体化が達成でき，例えばヒト由来の腫瘍壊死因子（TNFα）の様な多量体で機能する抗腫瘍性のサイトカインを用いれば，高い治療効果，抗体の多価化による高親和性，低免疫原性を兼ね備えた魅力的なimmunocytokineが調製される[11]。

ヒトFc領域の融合は，高分子量化により腎臓からの排出を抑制させる以外にも様々な利点を有する。胎児性Fc受容体（FcRn）と結合することでも，エンドサイトーシス後の血中へのリサイクルが期待される他，プロテインAを用いたアフィニティー精製も可能となるため，免疫原性

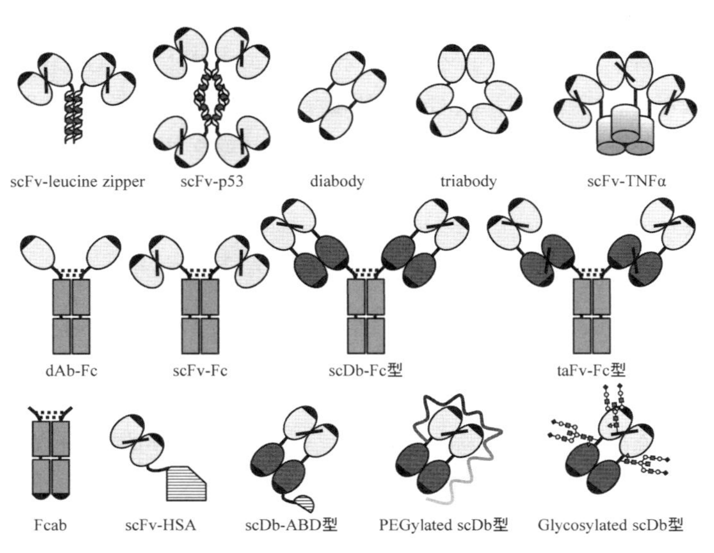

図3　低分子治療抗体の体内動態の改善に向けた分子設計と化学修飾

が懸念されるものの，通常低分子抗体の精製には不可欠である人工のペプチドタグを付加させる必要がない。さらにADCC活性やCDC作用などのエフェクター機能の付加やFc領域がホモ二量体であることから，融合分子も通常2分子となるため多価化も達成される。図3中に一例を示すが，dAb-Fc，scFv-Fcは，機能的にはIgGと一見同等であるが，IgGよりも低分子量であるために固形腫瘍等への高い浸透性が期待される他，一つの発現ベクターで調製可能であるため遺伝子工学的改変が容易である[1)]。低分子二重特異性抗体へのFc領域の融合は，高浸透性や大腸菌を用いた調製は期待できないものの，極めて強力な抗腫瘍効果を発揮することを，我々の研究グループも実証している[13)]。近年では，Fc領域自身を抗体様スキャフォールドとして用いた例もいくつか報告されており，Fc領域中のループをCDRに見立てたFcabや，結合性ペプチドを挿入することで，Fc領域の利点をすべて保持した低分子抗体様分子が創製されている[14)]。

一方，エフェクター機能の付加や価数の増加を必ずしも必要としない場合は，血清中に多量に存在するヒト血清アルブミン（HSA）の利用が進められている。Fc領域とは結合部位が異なるが，アルブミンもFcRnに親和性を有するため同様に半減期が長い。直接融合することで実際に体内動態が改善することが報告されているが，約67 kDaとやや大きなタンパク質であるため，分子量の増加を最小限にする目的で，プロテインG由来のアルブミン結合性ドメイン（ABD, ～6kDa）やアルブミン結合性ペプチド，さらには抗アルブミンdAb（～15kDa）などを用いた例が報告されている[15)]。

4.2 化学修飾

体内半減期を増加させるための化学修飾としては，ポリエチレングリコール修飾（PEG化）の歴史が古い。自身低免疫原性のポリマーであるが，PEG化は免疫原性や毒性の低減，溶解度の向上，プロテアーゼ耐性の獲得などももたらす他，重合度や修飾数を変えることで，体内動態をある程度自由に制御することができる。バイオ医薬品の中には，PEG化インターフェロンなど既にいくつか認可されているが，PEG化は煩雑なため製造が高価であり，機能，特に抗体においては親和性の低下や，さらには生分解性ではないため繰り返し投与の結果，蓄積や抗PEG抗体の産生が問題となる可能性がある。このため代替ポリマーとして，PEGの利点を担保しつつ，生分解性のポリマーであるポリシアル酸やヒドロキシエチルスターチを用いた修飾も検討されている。またタンパク質の修飾には，システインのチオール基やリジンのアミノ基が利用されるが，前者は上述の通り，新たなシステインの導入による分子内ジスルフィド結合とのかけ違いが，後者はN末端の修飾や通常タンパク質表面には複数のリジンが存在しているため，修飾の不均一性がしばしば問題となる。リジンを活性に影響を及ぼさない他のアミノ酸に置換した例もあるが汎用的ではないため，近年ではアミノ酸ポリマーの遺伝子工学的な融合も試みられている。抗体断片にグリシンとセリンから成る200残基のアミノ酸ポリマーや，プロリンとアラニン，セリンから成る安定なランダムコイル構造のポリマーなどを融合させることでPEG様の効果を得られるようである。宿主として酵母などの真核細胞を視野に入れれば，糖修飾も選択肢の一つであり，N型の糖鎖付加配列（Asn-X-T/S）をタグとして融合させたり，変異導入することで糖修飾による体内半減期の延長が期待できる[15)]。しかしながらリンカー配列等を利用して糖修飾させたscDb型二重特異性抗体の例では，体内動態の改善はみられるものの，PEG化やABDとの融合に比べては効果が弱いようである（図3下）[16)]。

5　市販低分子抗体医薬

これまでにFDAで認可された低分子抗体医薬は3例のみで，いずれもFab型であるが，AbciximabはIgGからパパイン消化により調製されており，微生物を用いて製造される抗体医薬としては，2006年に認可されたラニビズマブが初めての例である。血管内皮増殖因子（VEGF）に特異性を有するヒト型化抗体であり，視力低下等の症状をもたらす加齢黄斑変性症を適応疾患とし，硝子体内に投与される。Fab，即ち低分子化により網膜透過性が向上し，半減期が短いために有害事象を起こす可能性が低いという利点がある一方で，結合価数が一価となったことで親和性の低下がみられた。2004年に認可された結腸がん等を適応とするベバシズマブと親マウス抗体は同じであるが，最終的には計6箇所の変異を導入することで，100倍以上の親和性の向上を達成，比活性はベバシズマブを凌ぐともいわれている[17)]。ラニビズマブは大腸菌で調製され，浸透性の高さを利点とし，親和性の低下は変異によって補うという，低分子抗体医薬の理想的な開発モデルのひとつであるといえる。Certolizumab pegolは，2008年に認可されたTNFαに特異性を有するPEG化ヒト型化抗体であり，同様に大腸菌を用いて製造される。TNFα阻害剤は当時既に，抗体医薬に限っても2品目上市されていたが，Certolizumab pegolは副作用とコストの低減化を特徴としている。ADCC活性やCDC作用は悪性腫瘍に対する治療においては，強力な治療効果を発揮するが，時に全身性の炎症も引き起こすため，阻害や中和効果を作用機序とする抗体医薬においては必ずしも必要ではない。Certolizumab pegolは，正確にはFab’型であり，ヒンジ部分のシステインを介して，計40kDaの分岐状のPEGが付加されている。2002年に認可された先行品のヒト抗体アダリムマブが2週間ごとの投与に対し，Fab’型ではあるものの4週間ごとの投与を達成している[18)]。

6　おわりに

動物細胞発現系を用いてもIgGであれば，10g/Lオーダーでの生産も達成されている現在では，微生物を用いた製造が可能であることは大きな利点とはいえない。実際，上述のように低分子治療抗体の高機能化や体内動態の改善を目指した結果は，必ずしも低分子という枠には収まっていないが，一方で大腸菌を用いたIgGの大量調製の報告例もあり，また翻訳後修飾が必要な場合は酵母なども利用できる可能性があるため，発現系に分子サイズや形態が制限されることは少なくなりつつある。中にはラニビズマブのように浸透性が重要な役割を担うなど，低分子ならではの特徴が活かされる例もあるが，現状では選択等を容易にするため，抗体を取得する際はdAbなど極力低分子型で行い，その後ビルドアップ的に高機能化を図るというのが一つの方向性となっている。しかしながら体内半減期の問題に関しても，Micromet社のtaFv型二重特異性抗体Blinatumomabの例では，ポンプを用いて送液し続けることで短い半減期を補い，結果臨床で良好な成績を示している[19)]。結局は，いかに高機能な低分子治療抗体を設計，創製するかが課題となる。我々の研究グループも低分子二重特異性抗体の開発において経験しているが，使用する抗体の選択や組み合わせ，さらには微小な形態の改変や配向性によっても安定性や活性の増減がみられ，またその学術的な理解には至っていない。現状では，試行錯誤せざるを得ないが，開発初期，あるいは遺伝子工学的改変の円滑な推進においては，発現ベクターの作製から比較的短期間で機能評価が可能な微生物発現系は有用であるといえる。

文　　献

1） C. Enever *et al., Curr. Opin. Biotechnol.*, **20**, 405（2009）
2） B. Stijlemans *et al., J. Biol. Chem.*, **279**, 1256（2004）
3） Y. Reiter *et al., Trends Biotechnol.*, **16**, 513（1998）
4） C. De Lorenzo *et al., Cancer Res.*, **64**, 4870（2004）
5） R. Ronca *et al., Immunobiology*, **214**, 800（2009）
6） N. Fischer *et al., Pathobiology*, **74**, 3（2007）
7） N. M. Young *et al., FEBS Lett.*, **377**, 135（1995）
8） K. Proba *et al., J. Mol. Biol.*, **275**, 245（1998）
9） A. Honegger, *Handb. Exp. Pharmacol.*, 47（2008）
10） S. S. Sidhu *et al., Nat. Chem. Biol.*, **2**, 682（2006）
11） A. M. Cuesta *et al., Trends Biotechnol.*, **28**, 355（2010）
12） T. Orita *et al., Blood*, **105**, 562（2005）
13） R. Asano *et al., J. Biol. Chem.*, **286**, 1812（2011）
14） G. Wozniak-Knopp *et al., Protein Eng. Des. Sel.*, **23**, 289（2010）
15） R. E. Kontermann, *BioDrugs*, **23**, 93（2009）
16） R. Stork *et al., J. Biol. Chem.*, **284**, 25612（2009）
17） N. Ferrara *et al., Retina*, **26**, 859（2006）
18） L. Dinesen *et al., Int. J. Nanomedicine*, **2**, 39（2007）
19） R. Bargou *et al., Science*, **321**, 974（2008）

【第Ⅳ編　トランスジェニック植物による製造】

第1章　植物による抗体生産について（海外動向など）

松村　健*

1　はじめに

1989年に植物の遺伝子組換え技術により，マウスのモノクローナル抗体遺伝子をタバコに導入した報告が植物を用いた抗体発現の最初である[1)]。IgG抗体は，H鎖とL鎖の二本から成る基本構造を持つが，この研究では，各々の遺伝子を発現するタバコを作出し，交配により得られた後代タバコにおいて，IgGが葉の総可溶性タンパク質（Total Soluble Protein:TSP）の約1.3％程度発現し，抗原結合活性を有することも報告された。さらに，各抗体遺伝子を導入した遺伝子組換え植物の交配を繰り返すことで，分泌型IgAを植物で発現させることも可能であることが示された[2)]。この手法は，上記と同様にH鎖とL鎖を発現する植物を最初に交配し，単量体のIgAを発現するタバコを作製，これにJ鎖を発現する植物，さらには分泌シグナルを発現する植物を順次交配していくことで分泌型のIgA発現に成功している。これらの報告は，種々の抗体が植物で生産可能であることを示唆するもので，それ以来，多数の単一鎖抗体やIgG，IgM，IgAの植物での発現例が報告され，その報告数は年々増加の一途をたどっている[3)]。

この章では，植物の遺伝子組換え技術による抗体生産研究開発の現在までの動向の概略を述べる。

2　植物で抗体を生産する系の優位性

当初，植物で抗体を生産させる目的のひとつとして，抗体免疫系を有しない植物に植物病原体に対する抗体を生産させることで，耐病性を付与しようとする試みもあったが，直ぐに治療用の抗体生産目的が主流となった。植物による治療用抗体生産系は，従来の生産系と比較して，優位性がいくつも挙げられている。例えば，生産拡大の容易性や保存性などもそうであるが，主として挙げられているのが，

・植物生産系においては哺乳類の病原体混入リスクが低いこと

・他の生産系に比較して，生産コストが低いこと

の二つである[4)]。

---

*　Takeshi Matsumura　㈱産業技術総合研究所　生物プロセス研究部門　植物分子工学研究グループ　研究グループ長

表1

mammalian (CHO) cells	transgenic mammalian milk	transgenic chicken eggs	transgenic plants	plant virus vector (TMV or PVX vector)	発表年
£300	£60	£1	£0.3	£0.06	1999[5]
$1,000	-	-	$50	-	2001[6]
$150	$1-$2	$1-$2	$0.05	-	2002[7]
$50	-	-	$12	-	2003[8]

表1にこれまでいくつかの報告で纏められた抗体生産コストの比較表を記す。この表が示すように，いずれの報告においても植物での抗体生産コストの優位性が示されている。しかし，これらの試算は，抗体発現遺伝子組換え植物を圃場で栽培することを前提としたものであり，抗体遺伝子導入・発現系の技術的な発展の側面に加えて，規制等，用いる遺伝子組換え植物種および，生産系（栽培系）の変化により大きく変動する。

植物での抗体生産系は，当初，植物の核遺伝子に抗体遺伝子を導入して安定的に抗体を発現する組換え植物体を作出し，これを大量に圃場で栽培・収穫，精製する方法が想定されていた。また抗体発現に用いる植物種も，バイオマスが大きい，遺伝子導入が容易，種子保存性が良いなどの観点から選定されていた。事実，TBAレポート No.4（2005年）の報告によると，1991年から2003年までの米国，カナダ，欧州における医薬品原材料（抗体，ワクチン等）を生産する遺伝子組換え植物の野外栽培試験の申請件数は186件もあり，国別では，米国で109件（59％），カナダで52件（28％），欧州で25件（13％）となる。さらに，その植物種内訳は，トウモロコシ72件（42％），タバコ33件（19％），ナタネ 16件（10％），ダイズ12件（7％），コメ8件（5％），その他29件（17％）となる。また，2006年までのUnited states Department of Agriculture（USDA）への栽培試験申請数をみると273件に上り，その植物種の内訳は，トウモロコシ156件，ダイズ29件，コメ24件，タバコ31件，その他，と大きく変動していない[9]。一方，1990年代においては，非食糧・非飼料用途の遺伝子組換え植物に特化した圃場栽培の特段の規制は，見受けられなかったが，2002年にEuropean Medicines Agency（EMEA）とFood and Drug administration（FDA）がそれぞれ人や動物の医薬品原材料，および工業用原材料を生産する遺伝子組換え植物の圃場栽培におけるガイドラインを公布した。これと時を同じくして，米国で試薬生産用に栽培されていた遺伝子組換えトウモロコシの栽培圃場で非組換えダイズを後作していたところ，一部で前作のトウモロコシが生育していたという報告を受け，USDAが実施企業に対して約13,500トンのダイズの回収と追徴金を命じるという事態が発生した。必ずしもこの一件が原因と言うことではないが，年々，上記ガイドラインの改定が検討され，2007年にはAnimal and Plant Health Inspection Service（USDA-APHIS）が，2008年にはEMEAがそれぞれ改訂版を公布した。これらのガイドラインは，いずれも非食糧・非飼料用途（工業原材料生産も含む）の圃場での栽培を禁止するものではないが，作業従事者の教育訓練を含め，導入遺伝子の拡散防止の観点でより厳格なものとなっている。一方，上記のガイドラインが遺伝子の拡散防止に重点を置いているのに対し，フードチェーン・フィードチェーンの安全性の観点からは，GMパネリストの検討を経て，European Food Safety Association（EFSA）が2009年に非食糧・非飼料用途の遺伝子組換え植物を栽培した場合の安全性担保に関して提言を行っている。これらの圃場栽培に関する一連の規制の変化と，さらに後述する植物で目的物質を高率に生産させる遺伝子組換え技術の研究の方向性と相まって，2005年および2007年に開催された国際会議Plant-Based Vaccines and Antibodies（PBVA）においては，トウモロコシを利用した研究報告がほとんどであったのに対し，2009年および2011年の会議においては，食料・飼料用途の植物種を用いた研究報告は激減し，ほとんどがタバコを用いた報告となっていた。抗体発現に限って言えば，近年までの研究報告を纏めると，タバコが8割強（内ベンタミアーナタバコは25％弱）用いられており，次いでわずかにモデル植物であるアラビドプシスが挙げられる[10]。

3　植物培養細胞による抗体生産

遺伝子の拡散防止の観点および無菌的に生産が可能という点から，抗体遺伝子を導入した植物細胞での生産系の開発も試みられてきた。遺伝子組換え植物細胞を用いた医薬品原料生産に関しては，2006年にDow AgroSciences社が鶏のウイルス病ワクチン（Concert™）を遺伝子組換えタバコの培養細胞で生産し，USDAで承認された。これは，遺伝子組換え植物（培養細胞）系を用いた医薬品の第一号である。また，イスラエルのProtalix社は，遺伝子組換えニンジンの培養細胞を用いて人のゴーシェ病治療薬の生産を試みており，フェーズⅡを終了，現在FDAとの応答を行っているところである。

植物培養細胞での抗体生産量に関しては，単鎖抗体遺伝子を導入した形質転換タバコから作成した培養細胞においてTSPあたり約0.5％の発現が，同様に形質転換イネの培養細胞（カルス）では3.8μg/g.f.w.，小胞体保持シグナルを付加した単鎖抗体遺伝子を導入したタバコBY-2細胞での発現ではTSPあたり0.064％，　やはりBY-2細胞でB型肝炎ウイルス表層抗原に対する単鎖抗体遺伝子を発現させた場合0.5mg/リットルと，導入する抗体遺伝子および宿主細胞で大きく異なることが報告されている[11]。また，培養細胞系での発現を増加させるべく，培地に分泌経路の阻害剤であるbrefeldin Aを添加したところ，抗体生産量が約2から7倍まで増加，培地中のマンガン量を減少させることで約7倍増加したという報告もある[12, 13]。また，植物培養細胞ではないが，緑藻（コナミドリムシ：*Chlamydomonas reinhardtii*）を用いてherpes simplex virusのglycoprotein Dに対する単鎖抗体を生産させた報告もある。この研究は，緑藻の葉緑体に葉緑体由来のプロモーターを利用，さらに，抗体遺伝子を葉緑体遺伝子に高頻度で出現するコドンに改変した遺伝子を葉緑体に導入したもので，TSPあたり0.5％程度発現させている[14]。

4 遺伝子組換え植物体での抗体生産技術開発の動向

抗体を遺伝子組換え植物で高生産させる技術開発の動向に関しての詳細は，本編第3章で記載するため，技術的内容は第3章を参照いただきたい。ここでは近年多用されている*magnICON*技術を用いた開発，応用例にとどめる。

2004年から2009年までの計画で，EUでは，「Pharma-Planta」プロジェクトが行われてきた（2011年10月まで延長）[15]。このプロジェクトは，EU12カ国および南アフリカを含む40の研究グループで構成され，臨床治療レベルの医薬品原材料を植物で生産させる技術および，それに関連する全ての規制の整備，フェーズⅠまでの試験を実施することを目標に掲げ，そのモデルタンパク質として抗HIV抗体を用いている。このプロジェクトでは当初，抗体発現組換え植物を，バイオマスの大きいトウモロコシなどを用いて作出する方向性で研究が進められていたが，上述の規制的な側面からの問題に加え，Icon Genetics社がアグロインフィルトレーション法とタバコモザイクウイルス（TMV）ベクターを融合させた一過性高発現システム「マグニフェクション」を開発したことで大きく方向性が変化している。現在，Icon Genetics社はBayer社に買収され，その傘下に入っている。この手法は，主としてベンタミアーナタバコを宿主植物として用いるため，非食糧・非飼料作物種の利用であり，加えて，施設内での遺伝子導入（感染）操作と感染後の栽培に要する期間は，数日から十数日程度のため，遺伝子導入植物の圃場での栽培が不要となった。

マグニフェクション技術をさらに展開した*magnICON*システムでは，モノクローナル抗体の発現量がタバコ葉1gあたり1mg程度と報告されている[16]。また，米国ケンタッキー州にあるKentucky BioProcessing社（KBP）では，*magnICON*システムを含む大規模な，かつロボット化されたアグロインフィルトレーションによる生産施設を建設した。この施設は，cGMPに準拠しているというふれこみで，植物を用いた生産を受託している。実際に，*magnICON*システムを使ったBayer社，Icon Genetics社，およびKBP社の共同生産系開発では，1時間で1kgのベンタミアーナタバコの葉をインフィルトレーションする系を構築，KBP社のグリーンハウス1棟（2000ft^2）から25～75gの抗体が生産可能であるとしている。この施設では，タバコの幼植物体育成から感染，収穫までの全ての工程を機械化し，450～750kgのバイオマスを8時間で処理するように設計され，フィルトレーション後，7～14日後に収穫可能なシステムを構築している[17]。また，米国のMapp Biopharmaceutical社は，KBP社の施設を用い，αCCR5抗体の大量生産・精製を行っている。彼らは，40～60kgの葉を磨砕後，粗汁液をフィルター濾過，プロテインAカラム，マルチイオン交換カラムを通した後，MWCO膜で透析，0.2μmのフィルターで無菌化する工程を用い，得られた抗体の精製度等の評価を行っている[17]。

植物発現単鎖抗体の精製に関しては，植物体の磨砕，遠心分離後，上清をフィルター濾過，イオン交換カラム，硫安，フェニルセファロースカラムHP，ヒドロキシアパタイトカラム精製等の工程が報告されている[18]。

5　植物体内での安定性と植物発現抗体の活性

植物で発現させた抗体の糖鎖構造が異なることが報告されて以来[19]，植物の糖鎖改変技術の開発が行われているが，これに関しては，本編第2章で詳細に記載する。特筆するとすれば，米国のBiolex社のグループが，グリコエンジニアリングしたウキクサで発現させた抗体は，CHO細胞で発現させた抗体と比較して生物活性が20～35倍高いことを報告している[20]。

植物では，抗体発現させた際に，その分解産物と思われるバンドが複数確認される。この分解傾向は，植物種によって，また導入した抗体の構造によって異なる。例えば，同じ抗体遺伝子でもアラビドプシスで発現させた場合より，タバコで発現させた方が分解産物と思われるバンドが多くなるとの報告がある[21]。分解の原因は植物由来プロテアーゼによると考えられる。分解産物のMS解析を行った報告は複数あるが，解析結果として，CH1～CH3の領域に集中している報告あるいは，H鎖のヒンジ領域に集中している報告などがあり，現在のところ，抗体分解パターンの規則性は見出されていない[22, 23]。

また，タバコで発現したマウスのモノクローナル抗体の抗原結合活性のK_{m}, K_{i}, $V_{\max}$, k_{cat}を測定した結果，マウス由来の抗体とほぼ同一であったとの報告もある[24]。実際にタバコで発現させた虫歯菌に対するsIgA/Gハイブリッド抗体を用いて，人への投与試験を行った結果，ヒト口腔内虫歯菌の増殖抑制効果が認められている[25]。

6　海外における植物生産抗体の市場化への動向

ベンタミアーナタバコで生産した*Streptococcus mutans*に対する抗体（CaroRx）は，ヨーロッパでライセンスを得ている。さらに，ウキクサで生産したnon-Hodgkin's B-cell lymphomaに対する抗体（BLX-301：Biolex社），*magnICON*システムで生産した抗HSV/HIV抗体MAPP66，Pharma-Plantaプロジェクトで実施しているHIVの中和抗体2G12，の3種類の抗体がフェーズⅠ試験に入るところである。この他にも複数の企業において，その他の抗体の前臨床試験が試みられている。

文　　献

1）A. Hiatt *et al., Nature*, **342**（6245）, 76-8,（1989）
2）J. K. Ma, *et al., Science*, **268**（5211）, 716-9,（1995）
3）L. Faye *et al., Plant Biotechnology Journal*, **8**, 525-528（2010）
4）S. Schillberg *et al., Naturwissenschaften*, **90**, 145-155（2003）
5）B. Harris *et al., Trends in Biotechnology*, **17**（7）, 290-296（1999）

6) H. Daniell *et al., Trends Plant Sci.* **6** (5), 219-26, (2001)
7) A. Dove *et al., Nature Biotechnology*, **20**, 777-779 (2002)
8) L. Crosby, *BioPharm International*, **16** (4), 60-67 (2003)
9) J. L. Fox, *Nature Biotechnology*, **24**, 1191-1193 (2006)
10) B. D. Muynck *et al., Plant Biotechnology Journal*, **8**, 529-563 (2010)
11) S. Hellwig *et al., Fischer RNat Biotechnol.*, **22** (11), 1415-2220 (2004)
12) J. M. Sharp and P. M. Doran, *Biotechnol. Prog.*, **17**, 979-992 (2001)
13) B. M. Soi and P. M. Doran, *Biotechnol. Appl. Biochem.*, **35**, 171-180 (2002)
14) S. P. Mayfield, *et al., Lerner RAProc Natl. Acad. Sci U S A.*, **21**; 100 (2), 438-42. (2003)
15) http://www.pharma-planta.net/
16) Y. Gleba *et al., Curr. Opin. Biotechnol.*, **18**, 134-141 (2007)
17) G. P. Pogue *et al., Plant Biotechnology Journal*, **8**, 638-654 (2010)
18) A. A. McCormick *et al., Proc. Natl. Acad. Sci. USA*, **105**, 10131-10136. (2008)
19) M. Cabanes-Macheteau *et al., Glycobiology*, **19** (4), 365-72 (1999)
20) K. M. Cox *et al., Nat. Biotechnol.*, **24**, 1591-1597 (2006)
21) M. De Neve *et al., Transgenic Res.*, **2**, 227-237 (1993)
22) K. Ramessar *et al., Proc.Natl. Acad. Sci. USA*, **105**, 3727-3732 (2008)
23) M. E. Villani *et al., Plant Biotechnol.J.*, **7**, 59-72 (2009)
24) M. B. Hein *et al., Biotechnology Progress*, **7**, 455-461 (1991)
25) J. K. Ma *et al., Nat. Med.*, **4**, 601 (1998)

第2章　植物における糖鎖の制御

梶浦裕之*1，三﨑　亮*2，藤山和仁*3

1　はじめに

バイオテクノロジーの発展と共に多くの組換え医療タンパク質が，様々な宿主を利用して生産されてきた。中でも，植物はバイオリアクターとしての長所（光エネルギーが利用できる，動物病原汚染の危険がない，スケールアップが容易であるなど）を持ち合わせており，脚光を浴びる宿主であった。しかしながら，これまでに植物で生産された組換え医療タンパク質は，生体内において期待されたような効果を発揮するには至らなかった。この原因が動物と植物の翻訳後修飾機構の違い，とりわけタンパク質に付加される糖鎖構造の違いにあるとされる（図1）。ヒト型糖鎖では，還元末端へのβ1,4-ガラクトース（Gal）結合やシアル酸（以降，ここではN-アセチ

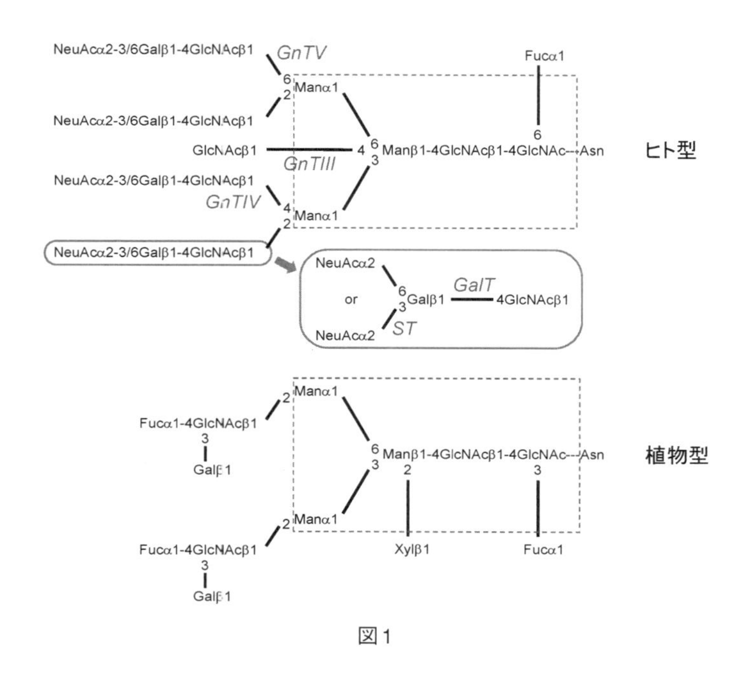

図1

＊1　Hiroyuki Kajiura　大阪大学　生物工学国際交流センター　特任研究員

＊2　Ryo Misaki　大阪大学　生物工学国際交流センター　助教

＊3　Kazuhito Fujiyama　大阪大学　生物工学国際交流センター　教授

ルノイラミン酸，Neu5Ac）の付加が認められる。ところが，植物糖鎖合成経路（図2）にはこれらの糖鎖を付加するための酵素が存在しないが，ヒトにはないβ1,2-キシロース転移酵素（XYLT）やα1,3-フコース転移酵素（FUCT）が糖鎖修飾に関与する。このため，*in vivo*において，タバコ培養細胞で生産したヒトエリスロポエチン（EPO）は生物学的活性が見られず[1]，コメ培養細胞で生産したヒトアンチトリプシンはごく短時間で分解されてしまった[2]。

現在では，生物学的活性という観点からも組換えタンパク質糖鎖構造の重要性については既に広く認識されており，それを踏まえた物質生産が行われている。その試みの1つとして，リソソーム病の1種であるゴーシェ病の治療薬，グルコセレブロシダーゼ（GC）の生産がある。Genzyme社からチャイニーズハムスター卵巣（CHO）細胞で生産した組換えGC（Cerezyme®）が治療薬として商品化されているが，大変高価である。これに対し，Protalix社（イスラエル）は組換えGC（UPLYSO）をニンジン培養細胞で生産した。GCは標的の免疫細胞表面にあるマンノース受容体を介して細胞内に取り込まれるが，Cerezyme®は糖鎖非還元末端にCHO細胞由来の*N*-アセチルグルコサミン残基（GN），Gal，Neu5Acが存在する。それゆえ，取り込む効率を上げるために，糖鎖加水分解酵素を用いて非還元末端にマンノース残基（Man）を露出させる過程が必要となる。ところが，植物にはβ1,4-ガラクトース転移酵素（GALT），シアル酸転移酵素（ST）は存在しないため，糖鎖のトリミングは不要である。しかも，液胞に局在させたUPLYSOでは，糖鎖非還元末端へのGNの付加もなかった。UPLYSOは，生物学的活性はもちろんのこと，X線結晶構造解析の結果，三次元構造はCerezyme®と極めて類似することが明らか

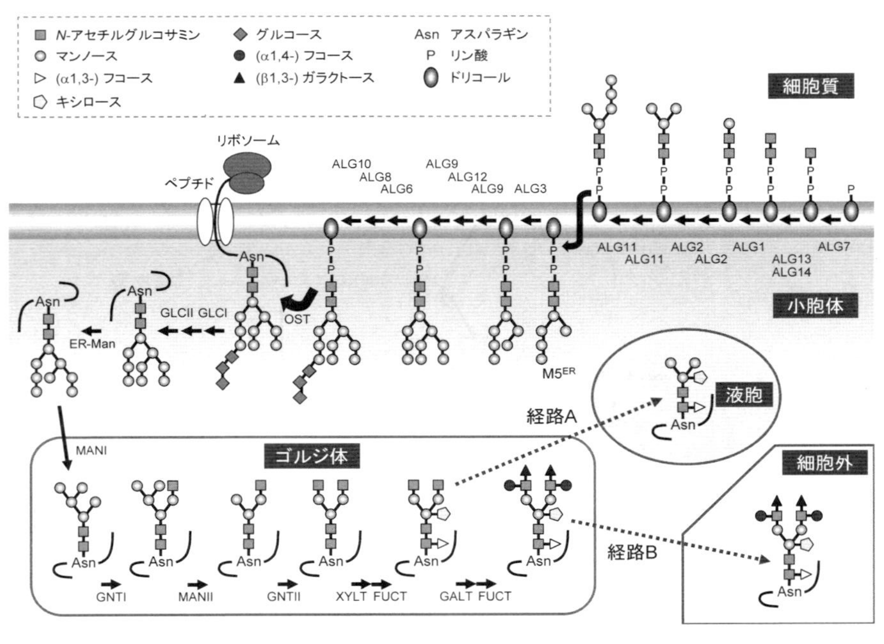

図2

となり，動物を用いた毒性試験においても何ら問題は認められなかった[3, 4]。結果として，フェイズIIIまでの臨床検査が行われたものの，残念ながら植物初のバイオ医薬品としての認可は下りなかった（FDAに対し再承認申請，2011年8月に受理）が，高付加価値のバイオ医薬品を植物で大量に生産できることを示した大きな成果である。

UPLYSOでは，植物糖鎖合成経路が効果的に利用されたが，その糖鎖構造にはヒトにはないβ1,2-キシロース残基（Xyl）やα1,3-フコース残基（Fuc）が存在したままである。臨床検査では問題はなかったが，これら植物特有の糖鎖構造が生体内においては抗原性を示す報告もある[5, 6]。「ヒト型の糖鎖構造を合成できる植物」，これは，機能性の高いバイオ医薬品を大量に生産するために，極めて有用な宿主となり得る。現在，国内外で植物糖鎖合成経路を改変する研究が行われており，とりわけヨーロッパの研究グループが精力的に関わっていることに注目されたい。本章ではその研究を紹介する。

2　β1,2-Xyl残基とα1,3-Fuc残基の付加抑制

植物型糖鎖改変の“ターゲット”の1つとして，Xyl/Fuc付加能を欠損させた経路の創設がある。前述したように，ヒトの細胞内にはXyl/Fucは存在しないため，体内では植物糖鎖抗原決定基（cross-reactive carbohydrate determinants）となり，ヒトでは免疫応答が誘導され抗原性を示す可能性がある。

Xyl/Fucはそれぞれゴルジ体に存在するXYLTと2種類のFUCTにより糖鎖へ転移される。シロイヌナズナ（*Arabidopsis thaliana*）のGNTI変異体（*cgl1*）では細胞内の糖鎖に対しXYLTとFUCTが機能せず，XylとFuc（Xyl/Fuc）が存在しなかった[7]。つまり植物細胞内でのXYLTとFUCTの機能を欠損，あるいは抑制させることでXyl/Fucを保持しない糖タンパク質生産が可能となるのである。これまでに両酵素の欠損，または抑制には，遺伝子欠損変異体やRNA干渉（RNA interference；RNAi）を用いる試みがなされている。

モデル植物であるシロイヌナズナではゲノム配列が明らかとなり，*Agrobacterium tumefaciens*由来のT-DNA（transfer DNA）が挿入された変異体ライブラリーが構築されたことで，植物においても各機能欠損変異体を用いた糖鎖改変を行うことが可能となった。また，この各種遺伝子変異体は容易に入手可能であるため，糖鎖修飾経路の改変や，糖鎖修飾変異による植物の生育異常等の植物生理学と糖鎖修飾に関する研究領域拡大に繋がった。Strasserら（オーストリア）はこの変異体ライブラリーからXYLTとFUCTの遺伝子欠損変異体*xylt*と*fuct*を用い，これらを交配することで多重変異体を作製した。野生型のシロイヌナズナでは主な糖鎖構造としてXyl/Fucを保持するXylMan3（Fuc）GlcNAc2（M3FX），GlcNAc2XylMan3（Fuc）GlcNAc2（GN2M3FX）等が全体の74％であったが，この変異体では42％もの糖鎖がGN2M3構造となり，Xyl/Fucを含む糖鎖は確認できなかった（表1）[8]。これが植物におけるXyl/Fuc付加を抑制した最初の例である。また，この変異体では通常の生育環境下では生育阻害をはじめ

表1

	シロイヌナズナ				コメ培養細胞（細胞外糖タンパク質糖鎖）		*N. bentamiana*	
	野生型	*xylt*	*fuct*	*xylt fuct*	野生型	*xylt fuct*（RNAi）	野生型	* *GDP-Man 4,6-dehydratase*（RNAi）
Xyl付加型糖鎖	72.5	-	78.4	-	76.7	40.3	67.8	70.8
Fuc付加型糖鎖	68.0	54.5	-	-	70.0	9.6	57.7	2.0
Xyl/Fuc付加型糖鎖	68.0	-	-	-	55.9	9.6	51.1	2.0
-Xyl/Fuc GN付加型糖鎖	1.4	4.2	1.2	56.0	-	19.6	-	-
β1,3-Gal，α1,4-Fuc保持型	-	-	-	-	23.3	39.5	-	-
高マンノース型糖鎖	26.1	39.6	20.4	30.7	-	-	15.2	12.1

*2クローンの平均値を記載

とする目立った表現型が確認できなかった。つまり植物細胞内におけるXYLT，FUCTの抑制，欠損は*cgl1*と同様，植物の生育には何ら影響を与えないことが示された。しかも，この変異体で発現させた抗ヒトHIV抗体の主な糖鎖構造はGN2M3であり，植物でより動物型に近い糖鎖構造を保持する糖タンパク質を生産できた[9]。またコケの1種であるニセツリガネゴケ（*Physcomitrella patens*）は唯一実用的相同組換えが可能な植物であり，Koprivovaら（ドイツ）はこの技術を使用し*XYLT*と*FUCT*の欠損株を作製した[10]。シロイヌナズナの場合と同様，野生型株ではXyl/Fucを保持する糖鎖が確認できたが，両遺伝子変異体ではGN2M3が主な構造となった。

しかし，シロイヌナズナやニセツリガネゴケでの物質生産はその生産量が低いことが問題であり，より生産能の高い植物を使用した物質生産が望まれる。また，通常植物では遺伝子欠損変異体や相同組換えは困難である。そこで現実的な手法として，より高生産能を有する植物，例えば*Nicotiana benthamiana*やコメ培養細胞の*XYLT*と*FUCT*をRNAiで発現抑制する方法がある（RNAiの機構については文献を参照されたい）。*N. benthamiana*ではウィルスベクターを使用することで通常全可溶性タンパク質の20％，最大60％まで目的タンパク質を発現することができ，コメ培養細胞でも50-200 mg/Lの物質生産が可能である。つまり糖鎖修飾を最適化すれば，植物は“物質生産工場”として十分使用できるのである。*N. benthamiana*において，RNAiで*XYLT*と*FUCT*の発現抑制を行うと，野生型で抗体の糖鎖上に約80％存在していたXyl/Fucが検出限界以下（2.5％）にまで減少することをStrasserらは明らかにした[11]。一方でコメの培養細胞を用いた場合では，Xyl/Fuc付加細胞外糖タンパク質糖鎖の割合は，野生型のものに比べ顕著な減少は確認できなかった（表1）[12]。

RNAiによる発現抑制はムラサキウマゴヤシ（*Medicago sativa*）やコウキクサ（*Lemna minor*）でも試みられている[13, 14]。*M. sativa*では*XYLT*と*FUCT*の発現抑制により遺伝子発現量は野生型のそれぞれ20-40％，14％であり，その結果，糖鎖上のXyl/Fuc付加糖鎖が野生型に比べそれぞれ約40％，50％減少していた。しかし両Xyl/Fucの付加を抑制するには至っていない。ただし，*FUCT*発現抑制によりXyl付加型糖タンパク質量に変化がないことから，植物細胞内ではFUCTが機能する以前にXYLTがXylを糖タンパク質糖鎖に付加していることが示唆された。

植物型糖鎖修飾経路，特にXyl/Fuc付加抑制の新たな知見を示したものに，小胞体（ER）での糖鎖修飾抑制も挙げられる。その1つにKajiuraら（日本）やHanquetら（オランダ）が報告した*ALG3*の抑制がある[15, 16]。ALG3はER内腔での糖鎖修飾の第一段階の反応に寄与し，細胞質側で合成された$M5^{ER}$型の糖鎖に対しManを1残基転移する反応に関与する（図2）。この*alg3*（ALG3変異体）ではXyl/Fuc付加型糖鎖が全体の約30％，野生型に比べ約50％にまで抑制された。つまりERでの糖鎖修飾経路改変もXyl/Fucの付加抑制を誘導できる。さらにHanquetらはこの*alg3*と*cgl1*（GNTI変異体）を交配させ，Manを糖鎖末端に持つ植物変異体を構築した[16]。

またXyl/Fucの付加はゴルジ体で行われるため，ゴルジ体での糖鎖修飾を回避することでXyl/Fucの糖鎖付加を抑制した例もある。これは抗体のH鎖のC末端側にER滞留シグナル，KDELを付加したものである[17]。この場合，その糖鎖構造の多くは高Man型であり，Xylを保持する糖鎖GN2M3Xは全体の5.7％，Fucに至っては検出限界以下となっている。

このように，Xyl/Fucの糖鎖への付加抑制は*XYLT*，*FUCT*発現抑制にとどまらない。Matsuoら（日本）のように，FUCTの基質となるGDP-Fucを合成する酵素，GDP-Man 4,6-dehydrataseに着目し，この遺伝子の発現抑制を行うことで糖鎖上へのFucの付加を制御した例もある（表1）[18]。このような糖転移酵素のみならず，糖転移の際の基質となる合成酵素をRNAiによる発現抑制するという研究報告も今後増えることが予想される。

3　糖鎖構造のヒト適応型化

ヒトに“優しい”医療用糖タンパク質生産を目指した場合，植物型糖鎖の改変はXyl/Fucの付加抑制のみにとどまらず，植物に存在せずヒトをはじめとする哺乳類が持つ糖鎖遺伝子を導入し，糖鎖構造のヒト適応型化する試みが行われている。現在，植物でシアル酸含有糖鎖を持つ組換えタンパク質生産が可能となっている。以下に，その技術の概要を示す。遺伝子発現において，安定的な形質転換（TG）植物体を作成した場合と，一過的発現を用いた場合とがある。混乱を避けていただきたい。

3.1　β1,4-Gal残基の導入

大阪大学の著者らのグループはヒトGALT（hGALT）を植物細胞において機能的に発現させ，初めて植物細胞の糖鎖修飾機能をヒト型に改変できることを証明した[19]。その後，Bakkerら（オランダ）は，GALT導入TGタバコ植物体で抗体を生産させ，糖鎖構造を解析した[20]。Gal残基付加糖鎖含量は約30％だったが，Xyl/Fucを併せて保持していた。つまり，Gal2GN2M3FXに代表される糖鎖が見られた。続いて，GALTの細胞内局在，特にゴルジ体内での局在を変え，

糖鎖修飾機能を改変することを試みた。一般的に，ゴルジ体局在糖転移酵素は，Cytoplasmic tail，Transmembrane domain，Stem regionの3つから成るゴルジ膜局在化シグナル（“CTS”と呼ぶ）を持つ。2006年Bakkerらはシロイヌナズナ細胞内のトランスゴルジ体に局在すると考えられていたXYLTのCTS領域を用い，hGALTのCTSと変換した$AtXYLT_{CTS}$-hGALTを構築し，TGタバコ植物体を作成した[21]。このTG植物体で生産した組換え抗体の糖鎖は，Gal付加糖鎖含量は約34％だったが，Xyl/Fuc付加糖鎖含量が著しく減少していた。この結果から，糖転移酵素のCTSを制御し，本来の局在位置を変えることにより糖鎖プロファイルを改変できることを示した。続いて，2009年Strasserらは，hSTのCTSをGALTに融合し，*N. benthamiana*に導入した（hSTの細胞内局在については後述する）[22]。hST_{CTS}-GALT導入TG *N. benthamiana*で一過性発現させた2種の抗体の糖鎖構造を解析した。一つの抗体では，Gal付加型糖鎖が主で，Xyl/Fuc付加糖鎖の低含量であった。しかし，もう一方の抗体では，Gal2GN2M3FX構造が無視できない程度に存在した（定量的解析データが無いため存在比は不明である）。そこで，XYLT/FUCT RNAi抑制*N. benthamiana*と交配し，hST_{CTS}-GALTを導入した*XYLT/FUCT* RNAi抑制*N. benthamiana*を構築し，一過性発現により抗体を生産すると，約80％の糖鎖がGal付加型であった。

3.2 シアル酸残基の導入

シアル酸の生合性は多段階からなるが，ヒトに見られる経路と微生物で見られる経路がある(図3)。

まず，植物におけるシアル酸に関連する研究成果について述べて，植物のシアル酸不可能に関するポテンシャルについて示し，続いて外来遺伝子導入による糖鎖ヒト型化へのプロセスを紹介する。

イネやシロイヌナズナにはSTホモログが見出されている。Takashimaら（日本）はイネSTホモログの場合，シアル酸転移能を有することを示した[23]。一方で，シロイヌナズナのホモログ三種についてはシアル酸転移能を確認できなかったが[24]，そのうちの一つのホモログ変異体では，花粉管の発芽及び伸長に不全が生じた[25]。また，イネやシロイヌナズナにはCMP-Neu5Aトランスポーターホモログ遺伝子も見られ，それらホモログがCMP-Neu5Aトランスポーター（CST）活性を有することを確認できた[26]。特に，シロイヌナズナではCSTホモログ遺伝子変異体は致死性だったが，植物体内での本質的な機能は不明である。

Paccaletら（フランス）は，大腸菌由来Neu5Acリアーゼと*Campylobacter jejuni*由来Neu5Ac合成酵素（NeuB2）をタバコBY2細胞と*M. sativa*に導入し，各酵素が活性型で生産されることを示した[27]。しかし，基質である*N*-アセチルマンノサミン（ManAc）の細胞内への取込が問題で，*in vivo*ではシアル酸合成を確認できなかった。尚，Neu5Acリアーゼは，Neu5AcをManAcとホスホエノールピルビン酸へと分解する活性を持つが，逆反応も有する。

ヒト型シアル酸合成経路の植物細胞への“移植”による，シアル酸付加能の確立が考えられる。

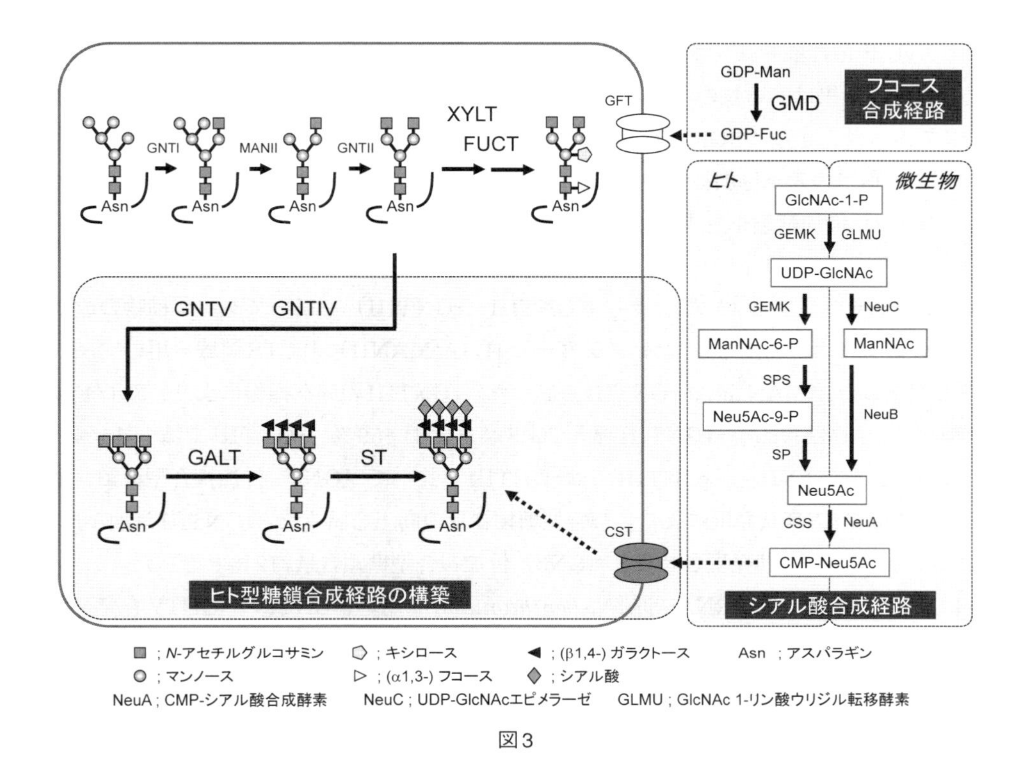

図3

“移植”対象となる酵素遺伝子は，ヒト由来UDP-GlcNAc 2-エピメラーゼ/ManNAcキナーゼ（hGEMK），Neu5Ac 9-リン酸合成酵素（SPS），Neu5Ac 9-リン酸ホスファターゼ，CMP-Neu5Ac合成酵素（hCSS），hCST，hSTである（図3）。Weeら（イギリス）は，シロイヌナズナに導入したhSTがトランスゴルジ体に存在し活性を有することを示した[28]。著者らのグループはタバコBY2細胞で，hCSSとhCSTを個別に導入し，植物細胞でも活性型として発現できることを確認した[29]。その後，hCSSとhSTの2つの遺伝子を同時にタバコ細胞に導入し，細胞抽出液にNeu5Acと基質なる末端にGalβ1-4GlcNAcを持つ糖鎖を加えると，Neu5AcはCMP-Neu5Acとなり，末端GalにNeu5Acを転移できることを示した。

Castilhoら（オーストリア）は，hGEMK，hSPS，hCSSの3遺伝子を導入したシロイヌナズナを作製し，TG植物体の葉1gあたりに1,275 nmolのNeu5Ac，2.4 nmol/g-fresh weightのCMP-Neu5Acが生産されていることを確認した[30]。

3.4で，Gal残基へのシアル酸付加について述べる。

3.3　GN残基の導入による糖鎖の多分岐化

GN残基が4分岐となる糖鎖を得るために，GN転移酵素（GNT）が必要である。GNTIII，GNTIV，GNTVにより導入されたGN残基をそれぞれ，（GN3），（GN4），（GN5）と表す。

2007年Rouwendalら（オランダ）はヒトGNTIII（hGNTIII）をタバコ植物で発現させるこ

とによりXyl/Fuc含量を減少させることを期待した[31]。hGNTIII発現TG植物内生タンパク質糖鎖構造解析の結果は，含量の多い糖鎖から（GN3）GN2M3FX，（GN3）GNM3FX，（GN3）GNM3Xであった。さらにhGNTIII発現TG植物で生産した抗体の糖鎖は，（GN3）GN2M3FXが約70％で，微量のFuc付加糖鎖が存在した。この結果はGNTIII導入により，植物の生育異常はなく，（GN3）付加糖鎖を生成し，さらにFuc含量を減少させることが可能であることを示した。

2009年，Freyら（スイス）は，ラットGNTIII（rGNTIII）を用いてタバコ植物の改変を試みた[32]。シロイヌナズナ由来α-マンノシダーゼII（AtMANII）のCTS領域を用い，rGNTIIIのCTSと変換した$AtMANII_{CTS}$-rGNTIIIも試した。rGNTIIIの局在操作により，Xyl/Fucを含まない糖鎖は，$AtMANII_{CTS}$-rGNTIII導入TGタバコで31-59％，rGNTIIIでは7-15％と変化した。しかし，$AtMANII_{CTS}$-rGNTIIIではrGNTIIIと比べて（GN3）付加複合型糖鎖含量が低かった。そこでMANII共発現により，複合型糖鎖含量の向上を試みた。rGNTIII単独と比べて，AtMANIIとrGNTIIIの共発現させると（GN3）付加複合型糖鎖含量約2倍となった。

さらに，*XYLT/FUCT*のRNAi抑制*N. benthamiana*を用い，GNTIVやGNTVを発現させ糖鎖の多分岐化（図3）を行った二つの成果がほぼ同時に発表された。Nagelら（ベルギー）は，ヒト由来の多分岐糖鎖関連酵素hGNTIVa，hGNTIVb，hGNTVを用いて，それぞれのCTSを$AtXYLT_{CTS}$，$AtFUCT_{CTS}$に変え，局在性改変型糖転移酵素遺伝子を構築した[33]。それぞれについて，TG *N. benthamiana*での発現と，*XYLT/FUCT* RNAi抑制*N. benthamiana*における一過的発現を行い，系統的かつ定量的に解析した。hGNTIVaとhGNTIVbの場合，TG *N. benthamiana*での発現で，効率的にGlcNAc（GN4）転移が見られた。しかし，GNTVについては，*XYLT/FUCT* RNAi抑制*N. benthamiana*における一過的発現の方がよりGNTVの生産物（GN5）GN2M3が得られた。さらに，hGNTIVa，hGNTIVb，hGNTVを発現しているTG *N. benthamiana*を交配し，hGNTIVとhGNTVの両遺伝子発現TG *N. benthamiana*を作製し，構造を解析した。いずれの場合も，4本分岐型糖鎖（GN4）(GN5)GN2M3を5-10％得ることに成功した。

Castilhoら（オーストリア）は，種々の糖鎖酵素遺伝子を一過性発現させ，さらに検証タンパク質としてヒト由来のEPO，トランスフェリン（TF）を一過性発現させ，糖鎖改変効果を確認した[34]。Freyらの構築とは異なり，$AtXYLT_{CTS}$を融合した$AtXYLT_{CTS}$-hGNTIIIを用い，EPOでは糖鎖(GN3)GN2M3と(GN3)GN2M3Fを，TFでは(GN3)GN2M3を付加できた。同様に，検証タンパク質を$AtFUCT_{CTS}$-hGNTIV或いは$AtFUCT_{CTS}$-hGNTVと共発現させると，EPO，TFには期待される3本鎖糖鎖が修飾されていたが，Fucが付加した糖鎖が見られた。続いて，$AtFUCT_{CTS}$-hGNTIV及び$AtFUCT_{CTS}$-hGNTVの2遺伝子と共発現させた場合，4本鎖分岐型糖鎖(GN4)(GN5)GN2M3をEPOとTFに付与できた。さらに，3遺伝子$AtXYLT_{CTS}$-hGNTIII，$AtFUCT_{CTS}$-hGNTIV及び$AtFUCT_{CTS}$-hGNTVと共発現させ，5本鎖分岐型糖鎖(GN3)(GN4)(GN5)GN2M3を生成させることに成功した。しかし，4本鎖分岐型，3本鎖分岐型糖鎖もあり，5本鎖分岐型糖鎖をより効率よく生成する方法が必要である。

3.4　植物型糖鎖構造のヒト型化

これまでの基礎的な成果を積み上げて，2010年Castilhoらは総括的な論文を発表した[30]。GALT，シアル酸関連遺伝子5種と抗体遺伝子の合計7種の遺伝子を同時に，*XYLT/FUCT* RNAi抑制*N. benthamiana*にて一過的に発現させ，抗体の糖鎖を調査した。その結果，*XYLT/FUCT* RNAi抑制*N. benthamiana*において，主たるNeu5Ac付加型糖鎖としてNeu5Ac2Gal2GN2M3，Neu5AcGal2GN2M3，Neu5AcGalGNM3構造を生成できた（定量データは不明）。

このように*XYLT/FUCT* RNAi抑制*N. benthamiana*をベースにして，GALT，シアル酸関連遺伝子5種を一過的に発現させることによりシアル酸が付加した2本鎖分岐型糖鎖を持つ抗体の植物による生産が可能となった。動物細胞で生産されるEPOは，末端にシアル酸残基を持つ4本鎖分岐型糖鎖修飾を受けている。今後，Castilhoら[34]の5つの糖鎖修飾関連酵素遺伝子に加えてGNTIVやGNTVを発現させることで，植物によるヒト型化糖鎖を持つEPO生産も間近であろう。

4　おわりに

現在，高品質かつ高付加価値の組換え医療タンパク質生産が求められている。これまで，植物の持つ魅力とバイオテクノロジーの融合により，組換え医療タンパク質の大量生産が目指されてきたが，実用化に向けては植物ーヒト間の糖鎖修飾機構の違いが大きな障壁となっていた。この障壁を取り除くアプローチとして，本章では，宿主植物自身の糖鎖修飾機構をヒト型へと改変する国内外の研究を紹介してきた。今，数々の基礎的研究から得られた膨大な知見が集積し，実を結びつつある。完全なヒト型糖鎖構造を持つ高品質の医療タンパク質が，安価かつ大量に生産される日もそう遠くないと期待している。

文　　献

1） S. Matsumoto *et al., Plant Mol. Biol.*, **27**, 1163-1172（1995）
2） J. Huang *et al., Biotechnol. Prog.*, **17**, 126-133（2001）
3） Y. Shaaltiel *et al., Plant Biotechnol. J.*, **5**, 579-590（2007）
4） D. Aviezer *et al., PLoS One.*, **4**, e4792（2009）
5） R. van Ree *et al., J. Biol. Chem.*, **275**, 11451-11458（2000）
6） M. Bencurova *et al., Glycobiology*, **14**, 457-466（2004）
7） A. von Schaewen *et al. Plant Physiol.*, **102**（1993）

8) R. Strasser *et al., FEBS Lett.*, **561**, 132-136 (2004)
9) M. Schähs *et al., Plant Biotechnol J.*, **5**, 657-663 (2007)
10) A. Koprivova *et al., Plant Biotechnol J.*, **2**, 517-523 (2004)
11) R. Strasser *et al., Plant Biotechnol J.*, **6**, 392-402 (2008)
12) Y. J. Shin *et al., Plant Biotechnol J.*, **9**, 1109-1119 (2008)
13) C. Sourrouille *et al., Plant Biotechnol J.*, **6**, 702-721 (2008)
14) K. M. Cox *et al., Nat Biotechnol.*, **24**, 1591-1597 (2006)
15) H. Kajiura *et al., Glycobiology*, **20**, 736-751 (2010)
16) M. Henquet *et al., Plant Cell*, **20**, 1652-1664 (2008)
17) K. Ko *et al., Proc Natl Acad Sci U S A.*, **102**, 7026-7030 (2005)
18) K. Matsuo and T. Matsumura, *Plant Biotechnol J.*, **9**, 264-281 (2011)
19) N. Q. Palacpac *et al., Proc Natl Acad Sci U S A.*, **96**, 4692-4697 (1999)
20) H. Bakker *et al., Proc Natl Acad Sci U S A.*, **98**, 2899-2904 (2001)
21) H. Bakker *et al., Proc Natl Acad Sci U S A.*, **103**, 7577-7582 (2006)
22) R. Strasser *et al., J Biol Chem.*, **284**, 20479-20485 (2009)
23) S. Takashima *et al., J Biochem.*, **139**, 279-287 (2006)
24) S. M. Daskalova *et al., Plant Biol (Stuttg).* **11**, 284-299 (2009)
25) Y. Deng *et al., J. Integr. Plant Biol.*, **52**, 829-843 (2010)
26) S. Takashima *et al., Phytochemistry*, **70**, 1973-1981 (2009)
27) T. Paccalet *et al., Plant Biotechnol J.*, **5**, 16-25 (2007)
28) E. G. Wee *et al., Plant Cell.*, **10**, 1759-1768 (1988)
29) H. Kajiura *et al., J Biosci Bioeng.*, **111**, 471-477 (2011)
30) A. Castilho *et al., J Biol Chem.*, **285**, 15923-15930 (2010)
31) G. J. Rouwendal *et al., Glycobiology*, **17**, 334-344 (2007)
32) A. D. Frey *et al., Plant Biotechnol J.*, **7**, 33-48 (2009)
33) B. Nagel *et al., Plant Physiol.*, **155**, 1103-1112 (2011)
34) A. Castilho *et al., Glycobiology*, **21**, 813-823 (2011)

第3章　植物での抗体遺伝子の高発現（遺伝子導入）技術

福澤徳穂*

1　はじめに

植物の遺伝子組換え技術を用いて，IgG抗体，分泌型IgA抗体，Fabフラグメント，単一鎖抗体（scFv）など，多種類の組換え抗体を発現することが可能である。現在，検出用抗体のほか，特に関節炎，癌，免疫・炎症性疾患などに対する予防・治療用抗体などをターゲットとして植物での生産系の確立が進められている。植物体内で発現した抗体鎖は自己会合して抗体としての特異的活性を示すことが知られているが，植物での抗体生産系を実用レベルへ展開するには，植物特異的な翻訳後修飾やプロテオリシスを回避しながら，植物体内での抗体発現量をどれだけ増大できるかという技術開発が必要である。

2　植物の遺伝子組換え技術

植物の遺伝子組換え技術には，植物の核やオルガネラの染色体に目的遺伝子を導入し，導入遺伝子が安定的に後代に遺伝する形質転換植物体を作出する方法と，数日間で目的タンパク質を一過的に大量に発現させる植物ウイルスベクター法やアグロインフィルトレーション法などの発現系があげられる。形質転換植物体を作出するには，数週間から数ヶ月間の期間を要するが，一旦作出した形質転換体は，種子などで飛躍的に拡大生産が可能となる。一方，目的タンパク質を短期間で多量に得たい場合には，一過性発現系を使用する。

2.1　核ゲノムへの遺伝子導入方法

植物への遺伝子導入方法としては，エレクトロポレーション法，パーティクルガン法，ウィスカー法のように物理的に目的遺伝子を細胞に導入し，植物体を再分化させて組換え植物を作出する方法と，アグロバクテリウム法や植物ウイルスベクター法のように生物機能を活用した方法があるが，形質転換植物体の作出では，現在，アグロバクテリウム法が多用されている。

植物で抗体を高発現させるには，高発現プロモーターの活用が考慮される。これまでカリフラワーモザイクウイルス35S（CaMV35S）プロモーターやユビキチン-1プロモーター（ubi-1）

---

*　Noriho Fukuzawa　㈱産業技術総合研究所　生物プロセス研究部門　植物分子工学研究グループ　研究員

から器官・組織特異的なプロモーター，誘導発現プロモーターまで多数のプロモーターが植物遺伝子組換えで利用されている。

抗体を発現させる際には，L鎖とH鎖の遺伝子をそれぞれ発現させるために，二つのプロモーターが必要となる。この場合，L鎖とH鎖それぞれに異なるプロモーターを用いた場合に，両鎖のm-RNA量には大きな差がないが，同じプロモーターを用いた場合，各m-RNAの発現量が大きく異なることは古くから報告されている[1,2]。しかし，これまでの100近い抗体発現遺伝子の構造を見る限り，その8割以上がCaMV35Sプロモーターを利用しているとの報告もある[3]。

IgG抗体を植物に発現させる場合，H鎖とL鎖の両方の遺伝子を同時に同一細胞内で発現させる必要がある。現在主流になっているのは，H鎖あるいはL鎖を発現する形質転換植物体を各々作出し，それらを交配させて得られた次世代で会合したIgGを発現させる手法である。この手法では，IgG発現量は生葉g重量あたり，1～40μgと報告されている[4~6]。一方，同一のT-DNA上にH鎖およびL鎖の発現遺伝子を配置して，一度に遺伝子を導入発現させる手法がある。交配による方法と同一ベクター上で両鎖の遺伝子を同時に導入する両手法の発現量をantirhesusDモノクローナル抗体（GAN4B.5）の発現を指標に用いて比較解析した結果，前者の方が約2倍の発現量であったことが報告された[7]。

先に述べたように，m-RNAの蓄積量においても独立に制御されるという点でも前者の方が優れていると指摘されているが，この手法は，交配を用いるため抗体生産植物体を得るのにさらに時間がかかるのと，培養細胞やジャガイモのような栄養繁殖する植物種では使うことができない。

アラビドプシスでIgGを発現させた際に，組換え操作の最初に得られたカルスおよび初代の形質転換体では抗体の発現量がTSPあたり1～3％であったのに対し，後代のホモ個体においては発現量が激減する現象が報告された[8]。著者らは，この現象が遺伝子サイレンシングに起因すると考え，発現量が減少している植物体を解析したところ，抗体発現遺伝子がメチル化されていることを確認した[9]。

上述のように，抗体発現には35Sプロモーターが多用されているため，より塩基配列相同性依存遺伝子サイレンシングを引き起こす場合が多い。一方，植物ウイルスゲノムは，植物のサイレンシングを抑制するタンパク質，すなわちサイレンシングサプレッサー（RNA silencing suppressor：RSS）をコードしている。ポティウイルスグループが有するRSSの一つ，HC-Proをβグルクロニダーゼ遺伝子と同時に導入するとGUS活性が増加したという報告がなされて以来，抗体発現の増加においてもRSSの活用が一つの重要な鍵となりつつある[10]。

2.2 葉緑体ゲノムへの遺伝子導入方法

環状DNAである葉緑体ゲノムへ目的遺伝子を導入する方法であり，葉緑体自体が一つの植物細胞内に多数存在し，核ゲノムへ遺伝子を導入した場合に比べて飛躍的に発現量が高まることが知られている[11]。また，葉緑体はマターナルな組織を介して遺伝するため，花粉には葉緑体は含まれず組換え遺伝子の拡散は抑制される。さらに，この方法で導入された遺伝子は，ジーンサイレンシングやグリコシレーションの標的にはならない。これらの利点を活用し，これまでワクチン開発を目的とした抗原遺伝子の導入，発現例は多数あるが，植物において抗体をこの手法で発現させたという報告はほとんど無い[12]。

3　一過性発現系

形質転換植物体の作出には，長時間必要であり，物質生産という目的においては機動性に劣る。一方，物質生産は農業形質を付与した品種開発とは異なり，一時的にでも必要な量だけ目的物質の生産が可能であれば良い点から，一過性発現系も重要な手法である。

3.1　アグロインフィルトレーション法

アグロインフィルトレーション法は，形質転換植物体の作出に用いるのと同様に目的遺伝子を挿入したバイナリーベクターを作成し，これを保有したアグロバクテリウム菌の懸濁液をタバコの一種であるベンサミアーナ（*Nicotiana benthamiana*）の葉の組織内に強制注入することで，細胞に高効率に目的遺伝子を導入し，わずか数日で，一過的に目的タンパク質を高発現することができる方法である[13]。近年，ベンサミアーナ全体を菌体懸濁液に浸潤して減圧する方法を用いて，植物体全身へのベクターの強制注入を行うバキュームインフィルトレーション法が利用されている（図1）。この方法を自動化してベンタミアーナで治療用IgG抗体の一過性発現を行う大量生産方法も欧米企業（Kentucky Bioprocessing社）において開発されている。

3.2　植物ウイルスベクター感染法

植物ウイルスベクターは，目的遺伝子を挿入した植物ウイルスゲノムの感染性cDNAをRNA発現ベクターに挿入し，T7 RNAプロモーターなど用いてウイルスRNAを*in vitro*で合成後，これを宿主植物体の葉に擦りつけて接種することで，目的タンパク質の生産を行う方法である。この方法は，目的遺伝子を運ぶためのベクターとしてだけではなく，植物ウイルスの自律的な増殖性を利用して目的タンパク質を一過的に高発現させることが可能である。すなわち，感染植物細

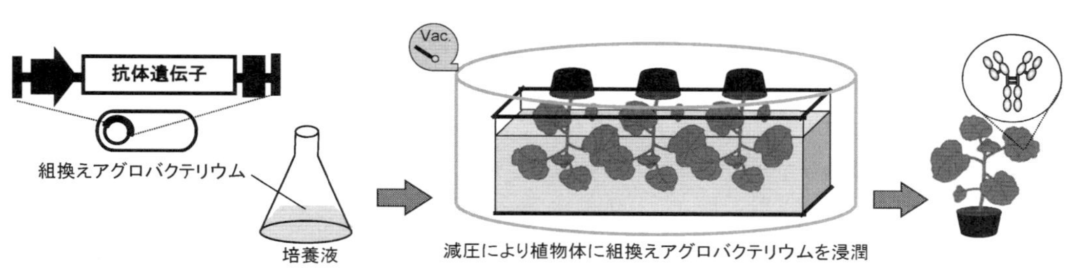

図1　バキュームインフィルトレーション法の概要

胞内でウイルスの自己増殖機能によりウイルスゲノムの複製および翻訳が行われるのと同時に目的遺伝子も大量に複製，翻訳される。さらに，ウイルスの全身感染能力を利用するため，植物体の一部にウイルスベクターを接種することでウイルスベクターが全身に移行し，効率的に生産が可能である。加えて，ウイルスベクターが感染した植物体の一部の粗汁液を新たな接種源として利用可能であるため，生産拡大も容易である。従って，植物体で物質生産の高発現を誘導するには，宿主植物体内での増殖量が多い植物ウイルスを基に植物ウイルスベクターを開発するのが一般的である。これまでタバコモザイクウイルス（TMV），ジャガイモXウイルス（PVX），アルファルファモザイクウイルス（AlMV），キュウリモザイクウイルス（CMV），カウピモザイクウイルス（CPMV）などは，既にベクターとして開発され[14〜18]，医療用タンパク質の生産に用いられている。いずれの植物ウイルスベクターも接種後，感染が成立すると一過性に植物組織に目的タンパク質を発現する。結腸直腸ガンに対するモノクローナル抗体CO17-1AのL鎖とH鎖の遺伝子をそれぞれ組み込んだ二つのタバコモザイクウイルス（TMV）ベクターをベンタミアーナタバコに同時に接種して発現させたのが植物ウイルスを用いた抗体発現の最初の報告である[19]。

植物ウイルスベクターを使用する場合の重要な問題点として，一つはベクターとして用いる植物ウイルスにより，利用できる植物種が限られる，すなわち，用いたウイルスの宿主植物種に限られるという点，もう一つは，環境への組換えウイルスの拡散リスクが懸念される点である。例えば，CMVは，植物ウイルスの中でも増殖量が高く，最も宿主範囲が広いウイルスであり，ベクターとしての利用価値は高いが，宿主範囲が広いという利点は一方で感染拡大のリスクも大きいということになる。米国では，圃場でTMVベクターを用いて物質生産を行っていた例があるが，近年，植物ウイルスベクターの野外利用の報告はない。植物ウイルスベクターを利用する場合，施設内で物理的に感染拡大を封じ込めることは十分可能であるが，近年，無秩序に感染が拡大しない植物ウイルスベクターシステムが遺伝子組換え植物との併用で確立された[20]。この系では，ウイルスの細胞間移行の機能を欠失させたベクターを開発し，一方でその機能を補完する遺伝子を発現する形質転換体を作出，両者の組み合わせにおいて初めて植物ウイルスベクターが機能するという仕組みであり，この系においては通常の植物体ではベクターの細胞間移行機能が欠失しているため，感染が拡大しない。しかも，物質生産機能は，接種後7日目で生葉g重量あたり21μgの単一鎖抗体（scFv）を生産する。

植物ウイルスベクターの系においても，一過的に感染細胞内で多量のウイルスゲノムが複製されるため，通常，植物細胞内でサイレンシングの影響を受けることがある。植物ウイルスベクター自体が元のウイルスゲノム由来のRSSを有しているが，異なるウイルス由来のRSSを利用することで，さらに植物ウイルスベクターの発現量を増加させることも可能である[21]。

3.3 マグニフェクション技術

植物ウイルスベクターを基にアグロインフィルトレーション法と組合わせることで，植物体において目的タンパク質を高発現する方法が開発された。現在，植物で最も高発現が可能な手法として注目されている技術の一つで，MagnICONシステムと呼ばれている（IconGenetics社による開発）[22]。

先に述べた植物ウイルスベクターは，宿主植物体内を自律増殖するため，ウイルスゲノムにコードされているほぼ全ての翻訳産物が必要となる。一方，MagnICONシステムは，基本的にはTMVベクターをベースに開発されているが，TMVの外被タンパク質遺伝子と細胞間移行タンパク質遺伝子に変異を導入し，植物細胞内で翻訳されないよう改変しており，本システムでウイルスが必要とする最小限のウイルスゲノム利用に制限している。上記の二つの遺伝子産物は，ウイルスの細胞間移行および長距離移行に必須であるが，MagnICONは，改変したTMVベクター自体をアグロバクテリウムのT-DNA上に一本鎖ゲノムに挿入し，この菌体懸濁液をバキュームインフィルトレーション法によりTMVの宿主植物であるベンサミアーナに減圧注入する。一瞬で植物体全身に強制注入するため，移行に関与する機能を制限することが可能となる。

しかしながら，この方法は，単一遺伝子由来のタンパク質の発現に最も適しており，抗体のような会合が必要なタンパク質の発現には，異なる2種類の抗体遺伝子をもつTMVベクターを同時に同一植物体に感染させる必要があり，その場合，同一のウイルスは，同一の植物体内で感染が競合するという欠点がある。この問題を解決するために，当該ベクターには抗体のH鎖のみを挿入したベクターを作出し，これとは別にL鎖の発現には，TMVと同様に高発現が可能なPVXベクターを用い，これらを植物体に混合感染する手法が採られた。この場合，単一のタンパク質を発現させる場合との発現量を比較すると，会合が必要なIgGの発現量は低くなるが，それでもIgG発現の最高値は0.5mg/kgFWと報告されている[23]。

このマグニフェクション技術においても，別のウイルス由来のRSSを共発現させて，IgGの発現量を高発現化する融合技術が開発されている。

4　おわりに

本稿では，抗体に焦点を当てて遺伝子組換え植物での高発現技術の開発動向に関して記載した。高発現系の開発は，当初の形質転換体での発現からその比重が大きく一過性発現系へとシフトしてきている。一方，本稿では，抗体および物質生産に利用される植物種側からの開発動向に関しては記載していないが，抗体発現系の実用化においては，双方の視点でどのような植物種，発現系を利用していくかの検討はまだまだ必要な段階ではないかと考える。

文　　献

1) A. Voss *et al., Mol. Breed.*, **1**, 39 (1995)
2) R. D. Law *et al., Biochem. Biophys. Acta.*, **1760**, 1434 (2006)
3) B. De Muynck *et al., Plant Biotechnol. J.*, **8**, 529 (2010)
4) S. Schillberg *et al., Cell Mol Life Sci.*, **60**, 433 (2003)
5) E. Stoger *et al., Curr. Pharm. Des.*, **11**, 2439 (2005)
6) J. K. Ma *et al., Vaccine*, **23**, 1814 (2005)
7) T. Bouquin *et al., Transgenic Res.*, **11**, 115 (2002)
8) M. De Neve *et al., Transgenic Res.*, **2**, 227 (1993)
9) M. De Neve *et al., Mol. Gen. Genet.*, **260**, 582 (1999)
10) A. C. Mallory *et al., Nat.Biotechnol.*, **20**, 622 (2002)
11) H. Daniell *et al., Trends Plant Sci.*, **14**, 669 (2009)
12) H. Daniell *et al.,* "Molecular Farming", p.113, Verlang Publishers (2004)
13) J. Kapila *et al., Plant Sci.*, **122**, 101 (1997)
14) J. Donson *et al., Proc. Natl. Acad. Sci. U.S.A.*, **88**, 7204 (1991)
15) S. Chapman *et al., Plant J.*, **2**, 549 (1992)
16) J. Sanchez-Navarro *et al., Arch. Virol.*, **146**, 923 (2001)
17) K. Matsuo *et al., Planta.*, **225**, 277 (2007)
18) G. P. Lomonossoff *et al., Curr. Top. Microbiol. Immunol.*, **240**, 177 (1999)
19) T. Verch *et al., J. Immunol. Methods*, **220**, 69 (1998)
20) N. Fukuzawa *et al., Plant Biotechnol. J.*, **9**, 38 (2011)
21) N. Fukuzawa *et al., Virus Genes.*, **40**, 440 (2010)
22) Y. Gleba *et al., Vaccine*, **23**, 2042 (2005)
23) A. Giritch *et al., Proc. Natl. Acad. Sci. U.S.A.*, **103**, 14701 (2006)

第4章　植物におけるタンパク質翻訳の効率化

上田清貴[*1]，加藤　晃[*2]

1　はじめに

植物細胞を活用した医療用タンパク質の生産は，その低い生産コスト，スケールアップの容易さ，糖鎖修飾，ウイルス・病原菌等の低い混入リスク等の理由から，動物細胞や微生物による生産システムの代替として大いに期待されている。しかし，残念ながら目的タンパク質の発現量の低さが商業化への大きな障害となっている。一方で，過去20年間の植物分子生物学の目覚しい発展により，遺伝子発現制御機構が明らかにされるとともに，その知見を活用して導入遺伝子の発現を高める試みが行なわれている[1, 2]。特に遺伝情報の変換プロセスである転写と翻訳過程に関する改善の中で，本項では，タンパク質翻訳の効率化の試みについて紹介する。

2　mRNAあたりの翻訳効率を高める翻訳エンハンサー

植物へ導入した有用遺伝子を構成的に，もしくは器官特異的に高いレベルで発現させるためには，強力な転写活性を持つプロモーターまたは特異的なシスエレメントの制御下に目的遺伝子を置くことが適当と考えられ，盛んに研究開発が行なわれてきた。しかし，これらプロモーターの転写活性をさらに高めることには限界があり，高転写活性であることに加えて，mRNAあたりの翻訳を効率化することも重要なアプローチの一つである。植物の翻訳開始機構は，同じ真核生物である動物や酵母と同様にCAP構造を介したスキャンニングモデルであり[3)]，タンパク質合成の速さ（翻訳効率）は，5'非翻訳領域（5'UTR）が仲介する「開始反応」で決まると考えられている。このため，高い翻訳効率に寄与する5'UTRの利用が行なわれている。

2.1　植物ウイルス由来の5'UTR（5'リーダー配列）

1本鎖の植物RNAウイルスは，植物細胞へ感染した後，速やかに自身のゲノムであるRNAを用いて構成タンパク質を翻訳することから，ウイルス由来の5'UTR（5'リーダー配列）には翻訳を高めるエレメント（翻訳エンハンサー）が存在する可能性が考えられていた。実際，

＊1　Kiyotaka Ueda　奈良先端科学技術大学院大学　バイオサイエンス研究科　植物代謝制御研究室　博士後期課程

＊2　Ko Kato　奈良先端科学技術大学院大学　バイオサイエンス研究科　植物代謝制御研究室　助教

tobacco mosaic virus（TMV），tobacco etch virus，alfalfa mosaic virus，cow pea mosaic virusなどの植物ウイルス由来の5' UTRが下流に連結した医療用タンパク質をコードする遺伝子の翻訳を高めることが報告されている[4~7]。この中でTMVの5' UTR内にあるΩ配列については，翻訳エンハンサーとして機能するためには，配列内にあるCAAモチーフがシス配列として重要であり，宿主植物側の因子である熱ショックタンパク質（HSP101）がこのモチーフへ結合し，他の翻訳開始因子であるeIF3やeIF4Gとともに翻訳を高めていることが報告されている[8]。しかし，これまでに多くの研究者がΩ配列を用いて高発現を試みてきたが，効果は植物種によって大きく異なっていた。例えば，コムギを用いた場合，翻訳エンハンサーとしての効果は非常に弱い。これは，コムギHSP101のΩ配列への結合能力が低いことが原因と考えられている[8]。このように，宿主植物間でトランス因子として働くHSP101の保存性が異なることから，Ω配列の効果は一定ではなく，必ずしも汎用性が高いとは言えない。

2.2 植物本来の遺伝子由来の5' UTR

植物本来の遺伝子由来の5' UTRに関しても，翻訳エンハンサーの存在が報告されている。我々は，タバコから単離したアルコールデヒドロゲナーゼ遺伝子の5' UTR（*NtADH*-5' UTR）が翻訳エンハンサーとして機能することを明らかとした[9]。プロトプラストを用いた一過性発現実験による解析から，*NtADH*-5' UTRはレポーター遺伝子の発現を翻訳レベルで100倍程度高め，上述のウイルス由来のΩ配列と同等もしくはそれ以上の効果であることを明らかとした（図1）。また，安定形質転換体（シロイヌナズナ，タバコ，レタス，キク，トレニア等）においても発現上昇効果が認められている[9~11]。一方，*NtADH*-5' UTRは，Ω配列と同様に単子葉植物であるイネでは効果が認められなかった（図1）。この*NtADH*-5' UTR内にもCAAモチーフが存在しているが，その領域を欠失させても翻訳エンハンサー活性が認められ，また，Ω配列が機能しないキクにおいても効果を発揮することから[10]，HSP101とは異なるトランス因子が関与するものと思われる。では，単子葉で機能する翻訳エンハンサーは存在するのであろうか。我々は，タバコADH遺伝子が効率的に翻訳されることに生物学的な意義があるのならば，別の植物のホモログ遺伝子もそうであると考え，シロイヌナズナおよびイネADH遺伝子の5' UTR（*AtADH*-5' UTRおよび*OsADH*-5' UTR）について翻訳エンハンサー活性を評価した（図1）。その結果，*AtADH*-5' UTRは*NtADH*-5' UTRと同等の効果を持ち，また，*OsADH*-5' UTRはイネでも発現上昇効果が認められた[12]。我々は，*NtADH*-5' UTRと同程度の翻訳エンハンサー効果を持つ植物由来の5' UTRを複数取得しているが，これらに加えて多くの5' UTRを詳細に解析することで，翻訳効率とmRNAの一次配列・二次構造との関係など，その共通性および特殊性が明らかになると思われる。それらの知見の利用によって，実際の対象となる植物種から効率的に翻訳エンハンサーを検索することが可能となり，その宿主植物体に特化した高効率導入遺伝子発現系の開発が容易になることが期待できる。

A.

pBI221 — 35S-P — GUS — NOS-T

ADH NF — 35S-P — UTR — GUS — NOS-T

B.

	BY2	T87	Os
pBI221	230 ± 34 (1)	810 ± 200 (1)	4000 ± 320 (1)
NtADH NF	24000 ± 3800 (110)	72000 ± 9900 (88)	3600 ± 780 (1)
AtADH NF	34000 ± 15000 (150)	71000 ± 12000 (87)	8400 ± 610 (2)
OsADH NF	10000 ± 3900 (45)	39000 ± 5700 (48)	35000 ± 3700 (9)

C.

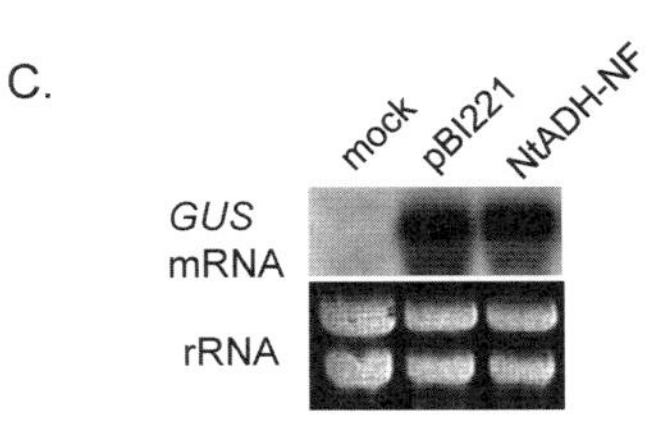

図1　*ADH*-5' UTRが持つ翻訳エンハンサーの効果

A.　一過性発現実験に用いた構築図：pBI221は一過性発現実験に用いられる市販のプラスミド。ADH NFは，pBI221の5' UTR内にある*Xba*Iサイトから*GUS*開始コドンまでを*NtADH*-5' UTR, *AtADH*-5' UTR, *OsADH*-5' UTRと置換した。図中の35S-PはCaMV35Sプロモーター，GUSはβ-グルクロニダーゼ遺伝子，NOS-TはNOS遺伝子ターミネーターを表す。

B.　培養細胞を対象とした一過性発現実験：タバコ（BY2），シロイヌナズナ（T87），イネ（Os）の培養細胞をプロトプラスト化し，各プラスミドと導入効率補正用の標準プラスミド（pBI221-LUC；*GUS*遺伝子をホタル由来のルシフェラーゼ遺伝子と置換）を一過的に共導入した。回収した細胞のGUSおよびLUC活性を測定し，GUS/LUC値（pmol 4MU/min/pmol luciferase）を表している。図中の数値は，対照とするpBI221のGUS/LUC値を1とした時の相対活性を示しており，3回行った実験の平均値である。

C.　一過性発現実験での*GUS* mRNAの蓄積：各プラスミドを導入したシロイヌナズナ培養細胞T87から総RNAを抽出し，DNaseIにより導入プラスミドDNAを消化した後，*GUS*遺伝子の全長領域をプローブとしたノザン解析を行なった。mockはプラスミドDNAを導入しなかったT87プロトプラスト対照区である。

2.3　開始コドン近傍配列の最適化

翻訳の「開始反応」では，CAP構造を介してリクルートされた40Sリボソームが5' UTR上を滑りながら開始AUGコドンをスキャニングし，そこで60Sリボソームと会合することで活性型の80Sリボソームとなる。この開始AUGコドンの認識には，その周辺塩基配列も関わることから，開始コドン近傍配列も翻訳効率に影響することとなる[3)]。我々は，その中で開始コドン上流3塩基について，シロイヌナズナとイネで全ての組合せで（64通り）翻訳効率への影響を調べた[13)]。その結果，シロイヌナズナではAAGが最も効率が良く，最も悪いUGCと比較して4倍高い翻訳効率を示した。また，イネではAGCがUAUやUGCと比較して6倍高いものであった。

これは，発現ベクターを構築する際に，開始コドン近傍の配列を少し意識するだけで目的タンパク質の発現を数倍高めることができることを意味している。また，*NtADH*-5' UTRの開始コドン側の3塩基を最適な配列に置換すると翻訳効率は更に上昇する[13]。

3 環境ストレス時の翻訳抑制の回避

植物の生育環境には，塩・乾燥・高温・浸透圧といった様々な環境ストレスが存在しており，こうした環境ストレスに曝された細胞では，大部分のmRNAからの翻訳が抑制される[14]。細胞内の翻訳状態は，リボソームの結合数に応じてmRNAをショ糖密度勾配遠心により分画する（ポリソーム解析）ことで解析可能であり，図2は，熱ストレス条件（37℃，10min）および通常条件（22℃）でのシロイヌナズナ培養細胞（T87）の翻訳状態を比較したものである。通常条件では，mRNAに多くのリボソームが結合したポリソーム画分にピークがあり，活発に翻訳が行われている。一方，熱ストレス処理を行うことで，ポリソーム画分が減少し，mRNAにリボソームがほとんど結合していない非ポリソーム画分が増加し，細胞全体としての翻訳抑制が起きる。この翻訳状態変化は，塩や浸透圧ストレスでも同様に観察される。このことは，植物に導入した有用遺伝子もこれら環境ストレスに曝された場合に，翻訳が抑制されることを意味している。しかし，大部分のmRNAが翻訳抑制を受ける一方で，一部のmRNAからの翻訳は維持されており，環境ストレス下でも効率的に翻訳が行なわれる[14]。つまり，この様なmRNAの特徴を導入遺伝子に応用することで効率的に発現できることが期待できる。

我々は，図2で示した，熱および塩ストレス処理した細胞抽出液から調製したポリソーム画分および非ポリソーム画分を，DNAマイクロアレイ解析に供することにより，各mRNAの翻訳状態の変化をゲノムスケールで網羅的に解析し，両ストレス下において翻訳が維持される遺伝子を多数特定した[15]。環境ストレス下におけるmRNAの翻訳状態を規定する重要な要因は，5' UTRである[16]。翻訳制御に関わる5' UTRの特徴は不明であったが，シロイヌナズナで翻訳が維持される遺伝子について，その5' UTRを連結したレポーター解析と*in silico*解析から，ストレス下における翻訳制御を規定する5' UTRの配列的特徴も明らかとしている[17]。次に実際に翻訳が維持されるAt1g77120遺伝子の5' UTRを連結した外来遺伝子の発現が翻訳レベルで維持されるかを，シロイヌナズナ安定形質転換体を作出し検証した（図2）。ストレス下での翻訳維持能力には5' UTRの特に5' 末側の配列が重要なため，ここで示した発現ベクターでは，CaMV35Sプロモーターの転写開始点と*GUS*遺伝子の翻訳開始点の間にAt1g77120遺伝子の5' UTRを挿入している。安定形質転換培養細胞を通常条件（22℃），熱ストレス条件（37℃，10min）下で培養し，ポリソーム解析を行い，さらに，ショ糖密度勾配液を8画分に分画し，それぞれからmRNAを精製し，各画分に存在するmRNA量を定量RT-PCR解析により定量した。翻訳が維持される5' UTRを連結した*GUS* mRNAは，内在のAt1g77120 mRNAと同様に熱ストレス下においてもポリソーム画分に存在し，これら5' UTRを活用することで，熱ストレス下においても導入遺伝

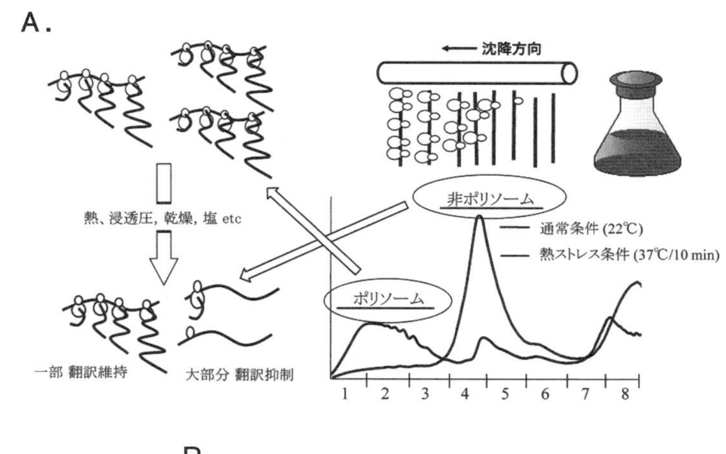

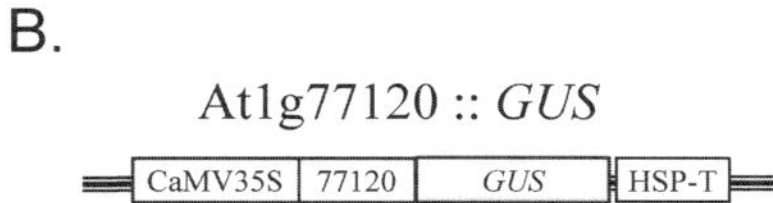

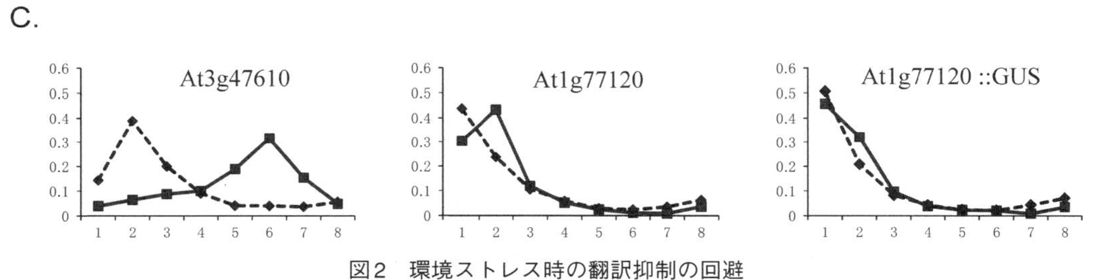

図2　環境ストレス時の翻訳抑制の回避

A.　環境ストレスによる翻訳状態変化（ポリソーム解析）：通常条件（22℃）および熱ストレス条件（37℃，10min）で培養したシロイヌナズナ培養細胞（T87）から調製した細胞抽出液をショ糖密度勾配遠心（15-60％）により分画した後，254 nmの吸光プロファイルを記録した。

B.　バイナリーベクターの構築図：CaMV35Sプロモーターの転写開始点と*GUS*遺伝子の翻訳開始点の間にAt1g77120遺伝子の5' UTRを挿入したバイナリーベクター（At1g77120：*GUS*）。

C.　定量RT-PCRによる個別mRNAの挙動：ショ糖密度勾配液を8分割して回収した。各画分から抽出したRNAを等容量ずつ定量RT-PCR解析に供し，それぞれの画分に存在するAt3g47610（ストレス下で翻訳が抑制），At1g77120（ストレス下で翻訳が維持）およびAt1g77120の5' UTRを付加した*GUS* mRNAを定量した。縦軸は各画分に存在するそれぞれのmRNA量を全画分に対する割合で表記した。点線は通常条件，実線は熱ストレス条件を示す。

子の翻訳状態を維持できることが実証された（図2）。また，塩と浸透圧についても熱ストレス同様の実験を行ったところ，この5' UTRは翻訳維持能力を発揮した[17]。加えて，同じく形質転換タバコ細胞を作出して試験したところ，熱ストレス下においても導入遺伝子が効率的に翻訳された。今後，この発現系は導入した有用遺伝子をストレス環境下でも効率的に発現させるための重要な基盤技術になると期待される。

4　おわりに

今回，高効率翻訳系について紹介したが，器官・時期特異的プロモーターなどの転写エレメントやmRNAの安定化エレメントと組み合わせることで，汎用的に高い発現ポテンシャルが期待できる外来遺伝子発現系が構築できると考えられる。一般に行われている発現カセットの構築では，プロモーター下流の適当な位置に，導入したい遺伝子もしくはその遺伝子由来の5' UTRを一部含むように連結される。その際，最も考慮されていることは，利用するプロモーターの転写活性を損なわないことであるが，新たに生じる5' UTRを介した翻訳活性を損なわず，または高めることも，導入遺伝子産物である目的タンパク質の高発現化に重要なポイントとなる。

文　　献

1）P. N. Desai *et al., Biotechnol. Advances*, **28**, 427（2010）
2）J. Xu *et al., Biotechnol. Advances*, **29**, 278（2011）
3）M. Kozak, *Gene*, **234**, 187（1999）
4）R. S. S. Datla *et al., Plant Sci.*, **94**, 139（1993）
5）D. R. Gallie *et al., Gene*, **165**, 233（1995）
6）X. G. Wang *et al., Biotechnol. Bioeng.*, **72**, 490（2001）
7）F. Sainsbur *et al., Plant Biotechnol. J.*, **6**, 82（2008）
8）D. R. Wells *et al., Genes Dev.*, **12**, 3236（1998）
9）J. Satoh *et al., J. Biosci. Bioeng.*, **98**, 1（2004）
10）R. Aida *et al., Plant Biotechnol.*, **25**, 69（2008）
11）T. Matsui *et al., Transgenic Res.*, **20**, 735（2011）
12）T. Sugio *et al., J. Biosci. Bioeng.*, **105**, 300（2008）
13）T. Sugio *et al., J. Biosci. Bioeng.*, **109**, 170（2010）
14）J. Bailey-Serres, *Trends Plant Sci.*, **4**, 142（1999）
15）H. Matsuura *et al., Plant Cell Physiol.*, **51**, 448（2010）
16）E. S. Mardanova *et al., Gene*, **420**, 11（2008）
17）加藤晃ら，PCT出願，JP2010-64006

第5章　植物工場による生産

安野理恵*

1　はじめに

抗体をはじめとするワクチンやサイトカインなど，人や動物の医薬品原材料となる物質を遺伝子組換え植物で高効率に生産させる研究開発は，世界中で多数行われてきている。これらの物質を植物生産させる利点は複数挙げられてきているが，その一つに経口投与による利用法がある。植物での上記医薬品原材料生産の研究開発で最も事例が多いのがワクチンに関する研究で，全体の半数以上と群を抜いてその開発例は多い。次いで抗体，ホルモン類などが挙げられる[1]。ワクチンなどは，経口投与による利用展開が可能になれば，種々の利点が得られ，その観点から生産系としての植物利用は魅力的な要素である。したがって，開発に用いる植物種としては，トウモロコシやイネ，トマトなどのバイオマスが大きい可食性作物種が多く利用された。実際，2006年までにアメリカで申請された，これら医薬原材料生産用途の遺伝子組換え作物の野外栽培試験申請の内訳では，可食性作物種の利用が85％以上を占める[2]。

一方，上記医薬品原材料を高効率に生産する組換え植物が実験室内で開発されたとしても，実用化へ繋げるためには，これらの植物の栽培（生産）技術が必要となる。上述の研究開発は，基本的に圃場での栽培，生産を前提に行われてきた。加えて，ドイツ，米国アリゾナ州，ケンタッキー州，南アフリカにそれぞれGMPに準拠した植物製剤化施設が建設されているが，全てが収穫後の処理における施設である。

しかし近年，規制の面から基本的にこれら非食糧・非飼料用途の遺伝子組換え植物の野外での栽培は困難な状況となっている（詳細は本編第1章参照）。また，栽培という生産形態において，計画生産・生産の再現性という点でも野外での栽培・生産は対応が困難である。そこで，最近，我が国では植物工場を利用した生産（栽培）系の開発が実施されている。

2　植物工場とは

高度な環境制御のもと，植物の栽培管理を最大限，自動化，機械化した施設における施設園芸栽培システムを「植物工場」と呼ぶ。植物工場は，太陽光を利用したガラス温室の発展系である「太陽光利用型」と閉鎖環境で照明，空調を人工制御した「完全制御型」の2タイプに大まかに

* Rie Yasuno　㈱産業技術総合研究所　生物プロセス研究部門　植物分子工学研究グループ　研究員

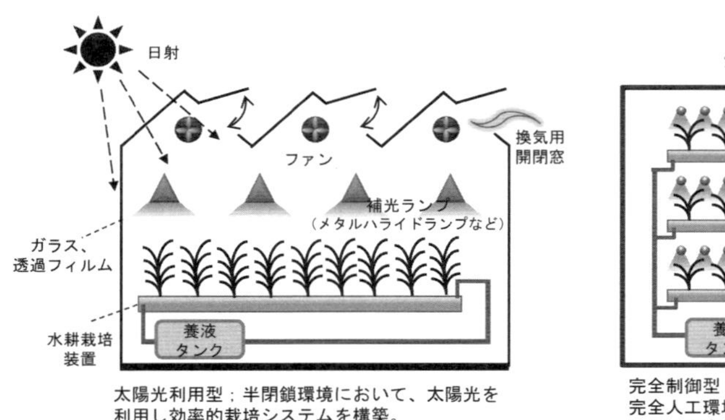

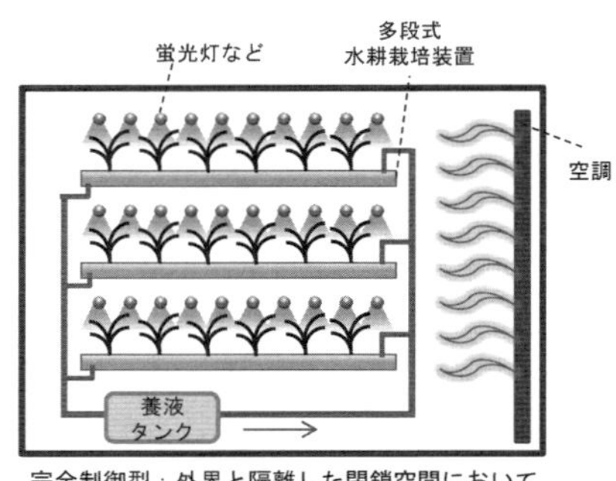

図1　植物工場施設の概要

分けられる（図1)。両者とも施設内の限られた有効面積・空間を最大限活用し，植物の生育に適した環境を構築することで高い生産性を実現している。例えば，オランダでは，オーストラリアの0.4％の国土面積にも関わらず，世界でもトップクラスの農産物輸出国である。このオランダにおいては，国土の5％が農地でその内7％をグリーンハウス・太陽光利用型植物工場が占める（グリーンポート地域限れば40％)。大規模な太陽光利用型植物工場（グリーンハウス）の発展で世界に先駆けている例である。一方，国内において農産物，花卉生産で実稼働している植物工場は約80カ所に上り（平成23年3月時点，農林水産省調べ)，特徴的なのは，このうち「完全制御型植物工場」施設が約64カ所と，約8割を占めることである。「完全制御型植物工場」は，閉鎖環境の特性を活かし，気象や季節変動の影響を受けることなく，温湿度，二酸化炭素濃度，光量，光質，光周期など植物の生育を左右するあらゆる環境条件をより高度に制御可能とし，水耕栽培システムの養液組成や養液温度などの制御も行う。さらに，病害虫侵入対策も可能なため，無農薬栽培が可能である。そのため，周年・計画栽培が可能となり，また収穫産物の品質の安定性，高い清浄度などの付加価値も加味される。特にここ数年，可動施設数は年々増加の傾向にあり，またそれに伴い植物工場に導入する照明機器や水耕栽培装置，環境モニタリングシステムや作業の自動化装置等の技術開発も進展している。

一方で，経済的観点から見てみると，露地栽培→ハウス栽培→太陽光利用型植物工場→完全制御型植物工場と，施設設備が高度化するほどに施設建設費，ランニングコスト共に当然ながら高くなる。また高度化するほど，栽培規模の拡大は難しく，コンパクトな生産システムとなる（図2)。

またもう一つの課題は，栽培品種がサラダ菜などの葉菜類の生産もしくは種苗育成に限られていることである。植物は光合成によって成長するが，光合成に必要な光強度は植物種によって異なる。完全制御型植物工場の場合，照明は全て人工光で賄うため，光要求性の高い植物種の場合は，施設コスト，ランニングコストが飛躍的に増加する。結果として，事業採算性の観点から光要求性の低い葉菜類の栽培や種苗生産に限られ，果菜類や根菜類，穀類など他の作物種に対応し

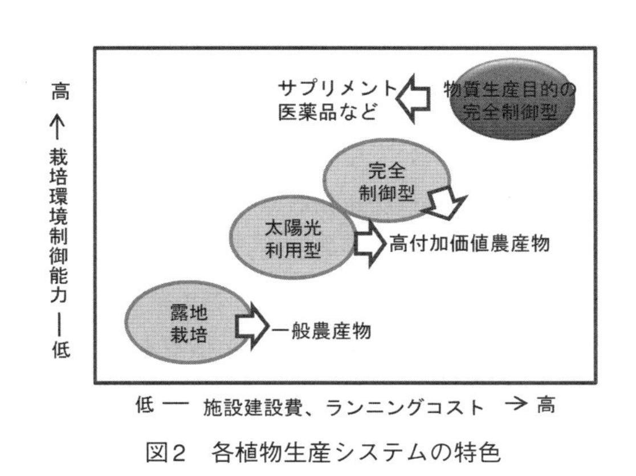

図2　各植物生産システムの特色

た施設や栽培技術の開発，実用化はほとんど無いのが現状である。

3　医薬品原材料を生産する植物工場の要件

遺伝子組換え植物による有用物質生産の中でも医薬品原材料の生産プロセスが実用化に向け本格的に発展するにあたっては，下記の要件をクリアする必要がある。

○生産（栽培）が計画的に，時期を問わず，安定性，再現性を持って実施可能なこと。

○病害虫の侵入回避，農薬不使用，一定の清浄度を担保可能なこと。

○遺伝子の拡散防止措置が執られていること。

少なくとも上記の要件は必須と考えられる。

また他にも，抗体を発現する遺伝子組換え植物を用いた研究において，栽培時の気候・環境条件の変動が，導入した抗体遺伝子の発現効率や糖鎖修飾の不均一性に大きく影響することが報告されており[3,4]，植物体の生育ばかりでなく，ターゲット物質の高発現・高蓄積も念頭に置いた一定の栽培環境条件の構築が必要となってくる。したがって，圃場での栽培や太陽光利用型の植物工場では，これら全部の要件を満たすことが叶わないが，完全制御型の植物工場においては，技術開発の進展次第では可能と考えられた。

では，従来の農産物生産を前提とした完全制御型植物工場をベースに，さらにどのような設備性能が必要と想定されるか？　以下に主だった項目について記す。

3.1　遺伝子拡散防止対策（封じ込め対策）

現在，国内において遺伝子組換え生物の使用にあたっては，カルタヘナ国内担保法（「遺伝子組換え生物等の使用等の規制による生物の多様性の確保に関する法律」）に基づく各種省令によって組換え体の環境中への拡散防止に関する規制が定められている。産業利用で組換え植物体を閉鎖施設において栽培する際には，「遺伝子組換え生物等の第二種使用等のうち産業上の使用等に当たって執るべき拡散防止措置等を定める省令（産業利用二種省令）」に基づき，医薬品は厚生労働省へ，動物用医薬品は農林水産省へ，工業用酵素，試薬等は経済産業省への申請を行う必要がある。産業利用二種省令のうち組換え植物体の利用について，省令では規定の拡散防止措置例が定められていないため，各案件において申請者が適切な拡散防止措置を定め主務大臣の確認を受けた上で承認を得ることとなる。拡散防止措置は，用いる遺伝子組換え植物種と導入遺伝子の組み合わせによって異なる場合もあるが，一般的には，組換え生物としての拡散防止の観点から，管理区域化，排水処理，HEPAフィルターの設置，エアシャワー等の設置など更衣・脱衣に至るまで，実際の施設内作業工程に基づいた観点で防止措置を執ればよい。これまでに㈱産業技術総合研究所を始め，医薬品原材料生産に限らなければ，民間企業においてもいくつか承認された例が既にある。

3.2　清浄度管理

医薬品製剤原料として塵や雑菌などの汚染レベルの低い状態で植物体を栽培・収穫することが望ましい。特に，閉鎖施設において循環型空調設備および水耕栽培システムを導入していることを考慮すると，一旦，植物病原体等が施設内に持ち込まれた場合，植物体全体が一気に壊滅的被害を受けるリスクが高い。そのため，施設外からの汚染物質の混入を最小限にとどめる必要がある。これには施設の性能も重要であるが，作業員の作業管理に依るところも大きい。また，栽培室内の浮遊微粒子測定やバイオバーデンの実施も必要になってくる。可能であれば，最大限，装置の自動化，機械化を図り，作業員の関与割合の減少に努めたいところである。さらに，施設への搬入物資に関しても施設出入り口及び施設内のエリア毎に，UV照射設備を備えた専用のパスボックスを設置するなど2重3重の防止策をとるのが望ましい。施設外からの吸気はすべて，微細昆虫等の侵入を防ぐためにダクトスペースに設けたフィルターを介するなどの措置を施すと同時に，水耕栽培に用いる水も脱イオン処理などを施し，栽培毎に振れる条件を可能な限り少なくする必要もある。

3.3　高度な栽培環境の構築機能と制御機能

植物の生育に影響する環境要因は，光（光強度，光質，光周期），空気（温度，湿度，二酸化炭素濃度，風量），水（養液組成，pH）などが挙げられる。完全制御型の植物工場では，これらの環境要因を出来る限り人工的に制御することで，栽培の安定性，再現性確保を目指すことが可能である。また，医薬品原材料生産においては，厳密な栽培管理を実施するためにも，制御だけではなくモニタリングシステムの充実も重要である。

これまでに世界中で開発されてきたPMPsの宿主植物は，タバコ，トウモロコシ，ベニバナ，イネ，トマト，ダイズなど果菜類や根菜類，穀類など多岐に渡り，それぞれが「バイオマスが大きい」「種子中における発現物質の常温安定保存が可能」「可食性であるため，経口利用が可能」「タンパク質の含有量が多い＝発現物質の高蓄積」などといった優位性を有する。しかしながら，圃場栽培が困難な現状においては，これらの優位性は生かし切れていない。一方，現状の完全制御型植物工場では，施設性能，栽培技術が確立されていると言えるのは，葉菜類や種苗生産に限定される。これら多種多様な植物種の栽培に対応した設備性能を有する施設の開発やこれら植物の生育に最適な人工環境条件に関する研究も未だ始まったばかりである。

環境制御の大きな要因となるのが，照明装置である。植物工場で用いられる照明装置には蛍光灯，メタルハライドランプ，高圧ナトリウムランプなどが挙げられる。これらの照明器具の照射能力は異なるが，いずれにしても高照度を確保するためにはそれなりの器具数を必要とし，加えて多数の照明器具からの放熱除去を空調機にて調整しなければならなくなる。さらに植物は明期において光合成とともに多量の水分を葉から蒸散し，暗期では蒸散が減少する。これらの湿度も空調システムで調整する必要があるが，湿度管理と温度管理は密接に相関するため，一定温度，一定湿度を明期・暗期にて遅滞なく環境維持をさせることは技術的にハードルが高いものとなる。加えて，遺伝子組換え植物の栽培であること，栽培室内での清浄度を担保する観点から，栽培室内空気と外気との交換は極力避けることが望ましく，ほとんどを空調システムの能力に依存することになる。すなわち，高照度確保は，照明だけではなく栽培環境システム全体に大きく影響してくる。

4　医薬品原材料を生産する遺伝子組換え植物工場の開発動向

上述のように，医薬品原材料を生産する遺伝子組換え植物工場施設の開発は，従来の農業利用の植物工場とは全く異なる仕様，高性能が要求され，必然的に設置コストおよびランニングコストは高くなる。実際にこれだけの施設投資を行って，果たして植物生産系のコスト面での優位性が担保可能か，それ以上に実用化の採算性があるのかが重要な課題となる。㈱産業技術総合研究所では「密閉型遺伝子組換え植物工場」を開発し，ほとんどの作物種の栽培に対応可能な栽培室（図3）を設置，実際にワクチン開発を目標とした遺伝子組換えイネやジャガイモなど光要求性の高い作物種の安定的な水耕栽培技術の開発を行ってきた。加えて，動物薬開発を目標とした

図3　産総研植物工場の栽培室（幅300×縦900×高さ270cm）
天井部に450ワットのメタルハライドランプを108灯設置。床面で90,000～100,000lux（＝真夏の太陽光に匹敵）の照度を実現。同時に，室内温湿度を一定に維持する空調システムを装備。（産総研・北海道センター）

図4　蛍光灯を使用した多段式水耕栽培装置によるイチゴ栽培の様子
（産総研・北海道センター）

遺伝子組換えイチゴの作出から栽培技術，製剤化までの一貫した工程の開発およびコスト実証も行っている（図4）。また，経済産業省のプロジェクト[6]では，遺伝子組換えのトマト，レタス，イチゴ，ジャガイモ，ダイズ，イネ，薬用植物など様々な植物種の人工環境下での栽培技術開発が行われてきた。これらの成果から，これまで人工環境下での栽培実績のない多くの作物種において，その技術開発が可能であること，加えて，対象作物種に適した環境を構築することで，飛躍的に作物の収量が増加することが明らかにされた。

5　今後の展開

植物工場による物質生産技術開発は，これまでの植物工場技術開発と異なり，如何に低コストで作物の収量を増加させるか，ではなく，如何に目的物質を高効率に得られるかが核心となる。要するに作物のバイオマスとしての収量は少なくとも，その中で目的物質を高度に発現させる環境構築を含めた栽培技術の開発が重要である。極端な例として，人為的に植物に一定のストレスを付与することで，生育はある程度阻害されても，結果として目的物質を高発現・高蓄積させる物質生産に有利な技術開発などである。

また，最近，LEDや冷陰極管（HEFL）といった新規の照明装置の開発が急速に進展している。これらの照明器具は，特定波長のみの照射が可能であり，この性能を活用すると，植物の生育に必要な波長スペクトル（660nm（赤色）や450nm（青色）など）のみを照射することで，従来の照明器具の様に植物が利用しない広範囲な波長域での照射より，より効率的なシステム構築が可能となり，格段の省エネルギー化も期待できる。

植物工場を利用した抗体などの医薬品原材料生産技術開発は，まだ始まったばかりであるが，今後周辺技術開発と相まって，実用化可能な新しい技術として展開していくことが期待できる。

文　　献

1）Loïc Faye *et al., Plant Biotechnology Journal*, **8**, 525-528（2010）
2）Jeffrey L. Fox, *Nature Biotechnology*, **24**, 1191-1193（2006）
3）Lucas H. Stevens *et al., Plant Physiology*, **124**, 173-182（2000）
4）Ingrid J. W. Elbers *et al., Plant Physiology*, **126**, 1314-1322（2001）
5）Elizabeth E Hood *et al., Current Opinion in Biotechnology*, **13**, 630-635（2002）
6）http://www.meti.go.jp/policy/mono_info_service/mono/bio/Kennkyuukaihatsu/green/plant-product/index.html

第6章　トランスジェニック植物を用いて製造されるバイオ医薬品に関する規制動向

山口照英*

1　はじめに

植物を生産基材として，組換えDNA技術を応用してタンパク質医薬品を生産するための努力が長年にわたって続けられている。植物を用いる遺伝子改変は，1980年代に入って活発に行われるようになり，食品生産などで除草剤耐性を持つようにするための関連酵素の導入などが行われるようになった[1)]。このような組換えDNA技術の進展を背景に，バイオ医薬品を植物を用いて生産するという機運が生まれてきたといえる。しかし，医薬品生産基材として植物を用いるにはいくつかの克服すべき課題がある。例えば，植物の糖鎖修飾はヒトや動物と異なり，タンパク質の翻訳後修飾が動物細胞を用いた場合と大きく異なっており，糖鎖修飾がその典型である。すなわち，ヒトタンパク質を植物を用いて生産する場合，植物特有の糖鎖が付加される可能性があり，植物ではシアル酸の付加が行われない。特に植物特有の糖鎖構造は抗原性や代謝等に大きく影響する可能性があり，このためのヒトや動物と同様の糖鎖構造を付加するために糖転移酵素の導入や植物糖鎖付加酵素のノックアウトなどの様々な改変努力が行われてきている。しかし，シアル酸の付加に関しては未だ成功していない。他にも外来遺伝子のサイレンシングの問題や効率的な生産を行うために植物特異的なコドンの利用など克服すべき課題は多い。

このような課題があるにもかかわらず，あえて医薬品生産基材として植物を用いる大きな理由は，その生産コストの安さであろう。これまで組換えDNA技術を応用したバイオテクノロジー応用医薬品の単純タンパク質の製造には*Escherichia. coli*や酵母などが用いられてきているが，これらの単細胞生物を用いた生産の特徴は動物細胞を用いる場合に比較し非常に安価なことである。しかしこのような原核生物を用いたタンパク質生産では糖鎖付加が行われないために，抗体などの糖タンパク質には利用できない。一方植物での生産では，この単細胞生物を用いた製造よりもさらに生産コストが低い[2)]とされ，また植物特有の糖鎖構造をどのように解決していくかの課題はあるが糖たんぱく質の生産も可能である。したがって抗体医薬品など動物細胞を用いているバイオ医薬品を植物で製造可能になればさらに生産コストは低くなると考えられている。さらに，動物細胞を培養して製造されるバイオ医薬品では生産性を上げるために培養タンクの容量を大きくすることは必ずしも容易ではなく，場合によっては製造タンクを大きくするために製法前後の製品の同等性評価に大きなリソースが必要なこともある。この点に関して，植物を用いた場

＊　Teruhide Yamaguchi　国立医薬品食品衛生研究所　生物薬品部　研究員

合にはこのようなスケールの拡大が比較的容易に実施できるとされている。

植物を用いるバイオ医薬品製造のもう一つの期待はヒトや動物細胞を用いる場合のウイルスや伝達性海綿状脳症（TSE）などの感染性因子のリスクがきわめて低いことが挙げられる。植物ウイルスはこれまでヒトに感染性を示したことはないとされている[3)]。また，TSEについても，その懸念は極めて低いとされている。動物細胞を生産基材とする医薬品製造やウシ等のTSEのリスクのある動物由来原材料を製造のために用いる場合には，ウイルスやTSEについての安全性確保が重要な課題となる。またヒトや動物などから抽出精製される生体由来タンパク質医薬品においても，ヒトに感染性を有するウイルスに対する安全性確保が重要な課題となっている。ウイルスやTSEに関する安全性確保には，検査やウイルスの除去・不活化工程が必須でありこれらの安全性対策に対しては大きなリソースが投入されている。トランスジェニック（Tg）植物を用いることにより安全性対策の面でもコスト削減が期待されている。

植物を用いるバイオ医薬品製造として，抗体の製造[4, 5)]やインターフェロン類[6, 7)]，腫瘍壊死因子α[8)]，インターロイキン2[9)]，顆粒球マクロファージ刺激因子[10)]などがモデル医薬品として取り上げられ，Tg植物を用いた医薬品製造の可能性が探られている。しかし開発に当たっては解決すべき課題も多く，そのための様々な技術革新が行われようとしている。例えば，糖鎖修飾の差異やヒトタンパク質の効率的な発現制御の生産性に加え，生産したバイオ医薬品の品質や安全性確保の観点から解決すべき課題がある。一方，Tg植物を生産基材として用いるためには植物に由来するアルカロイドや配糖体などヒトに対する有害な作用をもたらす不純物の混入やエンドトキシンに関する安全性確保も重要な課題となる。

植物を生産基材としてバイオ医薬品を製造するに当たって求められる要件についてのガイドラインが，EU医薬品庁（EMA）及びアメリカ食品医薬品局（FDA）から出されている[11, 12)]。これらのガイドラインが策定されてからもTg植物を用いた医薬品製造技術や関連する周辺技術のみならず分子生物学の進歩や新たな発見もあり，ガイドラインで示されていることが必ずしも現状の科学進歩にかなっていない面もあり得る。残念ながら，わが国ではTg植物を用いたバイオ医薬品製造におけるガイドラインや通知はない。したがって，海外のTg植物を用いるバイオ医薬品製造のガイドラインの要件について，その科学的な根拠について考察することは，我が国でTg植物を用いるバイオ医薬品における必要事項を明らかにすることにつながると考えられる。

本稿では，EMA及びFDAのガイドラインを対象とするばかりでなく，日米EU医薬品規制調和国際会議ガイドライン（ICHガイドライン）で求められている事項も参考にしながら，Tg植物を用いて製造されるバイオ医薬品に必要な要件を明らかにすることを目的としている。

2　欧米のトランスジェニック（Tg）植物由来製品に関するガイドライン

FDAとEMAはそれぞれTg植物を用いたバイオ医薬品製造のためのガイドライン（FDAは案）を発出している。これらのガイドラインの目的としては，既に動物細胞や*E. coli*を用いて生産

表1　EMAとFDAガイドラインの比較

	EMA	FDA
対象医薬品	非経口医薬品	経口医薬品も含む
生産基材の範囲	高等植物に限定	一過性の形質転換や単離植物細胞
発現様式	一過性の形質転換は対象外	一過性の形質転換を含む

されるバイオ医薬品に関する多くのガイドラインが発出されていることを前提に，植物という特殊な生産手段を用いてバイオ医薬品製造を行う場合に考慮すべき事項を扱うとされている。

ただし，Tg植物を用いたバイオ医薬品ガイドラインが発出されてからかなりの年月が経過しており，この間にTg植物を用いた医薬品製造に関する新たな技術開発や関連する周辺技術の進歩も目を見張るものがある。植物の遺伝子発現制御機構について新たな発見もあり，科学進歩を十分考慮してガイドラインを読み解くことが必要と思われる。一方で，植物を用いてヒト抗体が生産可能であることを示した論文[4)]が出されてからすでに20年以上が経過しているにもかかわらずTg植物を用いた製品は未だ承認されてはいない。このことはTg植物を用いることにより非常に安価なバイオ医薬品製造手段として期待されているにも関わらず，超えるべきハードルの高さを意味しているように考えられる。例えばヒトバイオ医薬品で求められる適切な糖鎖付加のための翻訳後修飾や細胞内への取り込みのためのマンノース糖鎖のリン酸化，あるいはシアル酸付加など植物での生産で解決すべき課題が少なくない。またTg植物に導入された遺伝子が発現抑制されるジーンサイレンシング[13, 14)]も大きな課題として挙げられる。これらの課題のいくつかはすでに克服されつつあるものもあれば，まだ解決されていないものもある。

これらの課題を含め，ガイドラインで求められている要件を明らかにすることはTg植物を用いたバイオ医薬品製造の実用化に当たって非常に有用であると思われる。

次に具体的に各ガイドラインを見ていきたい。

まずFDAとEMAのガイドラインの範囲の違いについて表1にまとめてみた。FDAのガイドライン案では適用するTg植物の範囲を限定していないが，EMAでは高等植物にのみ限定している。また，発現様式についても一過性か安定な改変体を作製して製造を行うかの違いがあるが，EMAは基本的には安定な改変体を作製したTg植物由来バイオ医薬品を対象としている。但し一過性の発現であってもガイドラインが参照できる部分もあるという立場である。

2.1　宿主植物の特徴とTg植物でのヒトタンパク質製造の一般的考慮事項

FDAもEMAもTg植物作製に用いる宿主植物について，属，種，亜種，変種や栽培系統種について明らかにするよう求めている。またTg植物をバイオ医薬品製造に用いるために安全性の観点から，宿主植物がヒトに有害な毒素やアレルゲンなどのリスクを考慮し，特にヒトに有害な作用のあるアルカロイドや配糖体などの産生能について詳細な情報を明らかにするよう求めている。宿主植物が特定の重金属を蓄積する性質についても明らかにするように求めている。また，Tg植物について表2にあげるような栽培条件の情報も明らかにするよう求めている。もちろん

表2　Tg植物の栽培条件に関する情報

＊四季を通じての栽培の条件，あるいは通年，隔年栽培の必要性
＊交配のタイミングと開花期間
＊種子の生産と収穫
＊保存種子の純度を担保するための方法
＊成育状況
＊適切な収穫時期
＊収穫方法
＊輸送，保管方法及び収穫材料の選別方法

これらの事項は野外での栽培を前提としており，空気，水，温度等を管理した閉鎖系での栽培では不要な事項も多い。しかし，生育状況や収穫時期及びその方法などの情報は，閉鎖系での生産でも必要とされるであろう。さらに，宿主植物の植物ウイルス，ウイロイド，真菌等の外来性の感染因子に対する感受性についての情報も必要とされている。

Tg植物でのヒトタンパク質の生産では，糖鎖構造の違いなど，植物特有の糖鎖修飾系がヒトバイオ医薬品の生産基材として用いる場合にハードルともなっている場合がある。このために植物特有の糖鎖付加が起きないように特定の糖転移酵素のノックアウト改変や糖転移酵素遺伝子の導入が行われることがある。目的遺伝子を導入してTg植物を作製する前に様々な遺伝子改変を施している場合には，改変操作の詳細を明らかにすることが求められ，また改変によって導入された特性の安定性についても生産を通じて十分に維持されていることを示す必要がある。さらに，植物のジーンサイレンシングを回避するための，改変技術[15]の開発が行われているが，ジーンサイレンシングを回避するために行った操作についても明らかにすることが求められるであろう。

2.2　目的タンパク質の発現方法－遺伝子構成体の特性解析

Tg植物を用いたバイオ医薬品の製造に用いる目的タンパク質を発現するための遺伝子発現構成体（組換えDNA：発現ベクター）の構築の経緯と特性解析の結果を明らかにすることが求められている。例えばFDAのガイドライン案では表3に示すような情報を明らかにするように求めており，EMAのガイドラインでも同様である。

目的タンパク質を発現するためにTg植物に導入された全塩基配列に加え，目的とするバイオ医薬品に適切な機能を保持させるために施した遺伝子や特定の植物遺伝子の発現抑制のために用いた操作（例えばアンチセンス配列の導入等）を明らかにしておくことが求められている。最近では植物特有の遺伝子発現の抑制にsiRNAを用いることも行われているが，このような操作も同様に詳細な情報を明らかにする必要がある。遺伝子発現構成体の解析とその安定性評価についてはICH Q5Bガイドライン[16]の参照が有用とされている。遺伝子構成体の安定性試験では，製造に用いる世代を超えて導入した遺伝子の安定性と目的タンパク質の恒常的な発現が可能であることを示す必要がある。

表3　遺伝子構成体の特性解析

＊遺伝子発現構成体の中の目的遺伝子のコード部位，薬剤耐性遺伝子や除草剤耐性遺伝子，転写開始点，プロモータ，エンハンサー配列などの各構成要素の由来と機能
＊各機能遺伝子の配列を含めた遺伝子構成体の物理的地図
＊遺伝子発現構成体（プラスミド等）の増幅法
＊遺伝子発現構成体（プラスミド等）を作製するためのバクテリアでの増幅に必要な配列
＊目的遺伝子を組み込むための制限酵素配列や挿入した目的遺伝子のフランキング領域の配列
＊宿主植物で最も頻用されるコドンを利用するために改変したコドン配列

2.3　安定な形質転換Tg植物体を用いたバイオ医薬品製造

形質転換したTg植物を用いたバイオ医薬品製造では製造の一定性を担保するために，通常マスターシードバンク（MSB），ワーキングシードバンク（WSB）が確立される。MSBやWSBの樹立に関する情報と，遺伝子改変方法の詳細を明らかにしておく必要がある。またMSB/WSBに導入された目的遺伝子のコピー数や挿入部位の数を明らかにすることが必要である。EMAガイドラインでは，目的タンパク質の発現の組織／器官特異性，発現制御，発現レベル，植物遺伝子のサイレンシング効果，他のタンパク質の過剰発現，倍数性，核型などの解析を必要としている。また，外来遺伝子のサイレンシング効果を抑制するために導入した改変についても明らかにする必要があると思われる。

簡便な遺伝子発現系として宿主植物に組換えウイルス等を導入し目的タンパク質を発現させる一過性の発現系がある[17]。また発現が不安定なウイルスシステムの代わりにAgrobacteriumシステムを用いた一過性の発現を利用する場合もある。Agrobacteriumシステムでは，複数のタンパク質[18]が実用レベルで生産可能とされ開発が精力的に進められている。目的タンパク質を安定に適切な糖修飾を施して発現させるための遺伝子改変をあらかじめ行った宿主植物を用いることが，このような一過性発現による場合であっても多いと考えられる。したがって宿主植物については安定型の遺伝子発現系と同様の情報を明らかにすることが求められる。組換えウイルスベクターについては表4に示されるような情報を明らかにしておく必要がある。

2.4　形質転換体の安定性評価

形質転換を行った目的タンパク質の遺伝子配列，挿入部位，挿入された配列，挿入配列の繰り返しの有無や繰り返し数，挿入遺伝子のフランキング部位についても解析することが求められている。

安定な形質転換体を何代かにわたって栽培し，その間の安定性を明らかにすることが必要とされている。すなわち選択した植物系統を製造に用いる場合に，作製されたMSB，WSBから最終的な医薬品製造での栽培の間に亘ってTg植物の目的タンパク質の恒常的な発現が可能であることを示すために，目的遺伝子配列や遺伝子コピー数，発現制御領域等が安定に保持されていることを示す必要がある。MSBを作製するために異なる導入遺伝子をそれぞれ持つ系統を交配して

表4　一過性発現に用いられる組換えウイルスベクター等の情報

＊属，種，ストレインについて使用する植物ウイルスの分類学上の名前
＊ウイルスに含まれる核酸（DNAかRNA）の種類
＊使用するウイルスに何らかのヘルパーウイルスが必要かどうか
＊ウイルスの自然界での宿主域
＊ウイルスの伝播様式
＊他のウイルスとの相乗作用やカプシド転換に関する文献情報
＊ウイルスの精製方法
＊組換えウイルスのクローニング方法
＊ウイルス作製に用いたプラスミドバンクの調製法
＊プラスミドバンクの保存方法とその安定性についてのデータ

複数の遺伝子を導入したTg植物を作製する場合には，交配の経過について詳細に記載する必要がある。例えば抗体の重鎖と軽鎖遺伝子を発現するそれぞれの改変植物を作製し，さらにこれらの植物を交配して目的抗体を発現する場合などが考えられる。

2.5　遺伝的安定性：種子バンクと栄養繁殖

Tg植物を用いたバイオ医薬品製造で，一過性あるいは安定な改変体のいずれを用いるにしても，製品の一定性を担保するためにMSB及びWSBを作製することが製品の一定性確保の上で非常に重要とされている。すなわち，均一な表現系，遺伝的特性を持つMSB，WSBに由来するTg植物を生産に用いることにより，生産バッチごとのばらつきを最小限にすることが可能となる。これは培養細胞や*E.coli*等を用いた製造におけるMCB及びWCBと同じコンセプトである。MSBとして明らかにしておくべきこととしては，確認試験，製造方法，特性解析法，バンクの量，保存条件，バンクの中のばらつき，バイオバーデン，遺伝的均一性，安定性が挙げられ，またMSBやWSBの更新の際に実施すべき試験とその規格を設定することが求められている。さらに適切な期間を考慮したMSB及びWSBの特性が安定して維持されていることを確認するための管理試験も必要となるであろう。

作製したTg植物が実生繁殖する場合には，生産世代を超えて解析したデータが必要とされるが，不稔性あるいは種子を形成しない栄養繁殖植物の場合には，その特性が栄養繁殖の間，あるいは栄養繁殖のサイクルを通じて安定に維持されることを示すデータを提出する必要がある。

製造における遺伝的安定性試験として，EMAは最初の形質転換体のステージからハーベストした収穫物にいたる製造システムに関してその評価を求めている。その際，連続した収穫物ごとの一定性についてのデータも得る必要があるとしている。これは従来の細胞や*E. coli*を用いた生産とは異なる考え方であり，植物固体を製造に用いる場合に特に配慮すべき事項の一つであろう。さらに目的とする製造条件のための植物年齢の上限を規定することも必要としている。遺伝的安定性試験は，栽培での工程管理から得られるデータや目的タンパク質の管理から得られるデータ等も安定性評価を補完するものとして用いることができるとしている。

2.6 発現産物の植物体内での分布

FDAのガイドライン案では作製したTg植物に挿入された宿主植物以外の外来遺伝子からそれぞれのタンパク質が発現されていることを明らかにするとともに，タンパク質発現の制御が適切に行われていることを明らかにすることが必要としている。但し，目的タンパク質以外の発現制御に関連する因子や糖転移酵素等の発現に関しては，目的タンパク質がどのような糖鎖修飾を受けているか，あるいはどのようなプロセッシングを受けているかを解析することによって，必要とされている遺伝子の発現を確認できることも想定される。また組織特異的なプロモータの機能により目的とする組織にのみ発現させようとしている場合には，葉，根，茎，種子など主な組織での発現が適切に制御されていることを明らかにすることもできると考えられる。これは食べるワクチンなどのように可食性のあるTg植物由来製品は力価に直結することから重要な管理項目となるであろう。目的外の発現では，植物の生育や繁殖にも影響する可能性があり，体内分布の解析はTg植物の育種の観点からも重要である。

3 Tg植物を用いたバイオ医薬品製造工程

FDAのガイドライン案では，Tg植物の製造に用いる施設は，収穫や原材料の加工において環境からの汚染や他の植物との交差汚染を防ぐように設計されていなければならないとし，製造従事者，製造原料，製品，廃棄物の搬入や搬出の流れが製品への汚染を防止するように設計されていることを求めている。製品の安全性，同一性，力価，品質，純度に影響を与えるようなこれらの機器の誤動作や汚染を引き起こさないようにするために，機器の適切な管理，用具の洗浄法，滅菌法などについて標準手順書（SOP）を作製することが必要とされている。また特別な空気清浄を行っている管理区域での，環境モニタリングプログラムの重要性が指摘されている。例えば空中落下細菌のモニタリングなどが含まれる。

ヒトや動物由来細胞を用いた培養製造工程と異なり，高等植物を用いた栽培では無菌製造をすることは困難と考えられ，そのためにすべての工程に従来のGMP基準を適用することは現実的ではないとしている。特に野外での栽培をおこなうようなケースでは，野外での栽培工程と栽培したTg植物から目的とするタンパク質を抽出・精製する工程は明確に分けて考えるべきとされている。すなわち，抽出・精製工程ではある段階からは従来の無菌製造工程が適用されるべきとしているが，それ以前の工程は一定の品質管理システムをとり，適切な工程管理により一定のバイオバーデン（試料に混入している微生物数）を確保することが必要と考えられている。

製品の品質や安全性，有効性に悪影響を及ぼす栽培時の微生物汚染を最小限にするために，製造工程を通じて原材料の供給工程や加工処理の一連の導線の中でバイオバーデンレベルを低減化するためのステップを導入することを推奨している。但し，FDAのガイドラインでは最終製品での無菌性やバイオバーデンレベルについては最終製品の形態やどのような投与方法（非経口かあるいは果実や野菜といった形態をとっての摂取）で用いられるかによって決められるべきとしている。これは可食性のワクチンなどを想定したものであり，このような製品では注射用製剤と同様の無菌性を求めることは現実的ではないとの判断である。

FDAのガイドライン案では，果実や野菜からの医薬品（特に経口ワクチン）も対象としており，このような製品を開発する場合の考慮事項について触れている。経口ワクチン等では，臨床で投与される各製剤ごとの均一性や投与量の一定性を担保することを求めている。例えば，目的とする製剤（果実や野菜）に含まれる目的タンパク質の投与量の一定性を担保するために，対象とする果実や野菜を均一にするための工程（ピューレ化，ジュース化，穀物の粉砕など）が必要になることも想定している。このような加工均一化工程により製品の力価が影響を受けないことを担保するように求めている。

製造施設としては開放系と非開放系が想定される。特に開放系では自然環境での栽培となり，通常の農作物と同様な防虫対策や雑草対策などが必要になる可能性が高い。一方水耕栽培等を用いた閉鎖系での栽培では，無菌水を用いたり，Hepaフィルターを用いて空気を循環させることにより環境中の微生物濃度を極めて低減化した環境での培養も行われている。しかし，高度な閉鎖系のもとでの栽培であっても，培養動物細胞を用いたファーメンターによるような無菌製造を適用することが困難と考えられる。あるいは可能かもしれないが，そのような場合にはコストの低減化が期待されているTg植物による生産のメリットが生かせなくなる可能性がある。したがって閉鎖系におけるTg植物を用いたバイオ医薬品の製造では，一定のバイオバーデンが保たれた製造空間と考えることができるであろう。

このような閉鎖系での製造では，除草剤や防虫剤などを使用することは少ないと考えられ，野外に比較し考慮すべき製造工程由来不純物の範囲は少ないと思われる。一方で，このような閉鎖系であっても植物の成長に必要な肥料や植物ホルモンを用いることも想定される。また，水耕栽培の微生物汚染も起こりうると考えられる。したがって，環境モニタリングが非常に重要と考えられる。

3.1　収穫から次の精製工程への移行について

FDAのガイドライン案では栽培（あるいは培養）工程についてはほとんど言及されていない。おそらく全てのTg植物由来製品を対象として書かれているために，製品ごとに製造工程の方式が大きく異なり，個々の製法についての要件を記載することが困難なためと思われる。一方，EMAガイドラインは被子植物及び裸子植物などのTg高等植物のみを対象としており，栽培方法についても言及している。

EMAのガイドラインでは，Tg植物を用いた製造工程では，Tg植物特有の栽培工程と収穫後，目的タンパク質を抽出して精製する工程に分けることが可能としており，後者の工程は通常のバイオ医薬品の精製工程と大きな差異はないとしている。

上述した後者の目的物質製造のための精製工程は，通常GMPにしたがって実施される必要がある。さらに製品の分離，精製，製剤化が含まれ，全てのバイオテクノロジー応用医薬品と共通した工程であるとしている。その要件は，対応するEUの医薬品委員会（CHMP）やGMPガイドラインへの準拠を求めている。もちろんEMAでは可食性のワクチンを対象としておらず，一般的なバイオ医薬品を対象としているために当然の記載であるが，EMAで対象としていない可食性ワクチンでは必ずしもこれを適用することが適切とは考えられないであろう。

EMAガイドラインでは野外での栽培を念頭に，製造場所について地理的な位置をはじめとして，栽培に用いる栽培環境として土壌，水溶液，溶解液，水の供給や栄養素や殺虫剤も含めて製造に用いる薬剤等を明確にするようにすると共に，その規格を定めるように求めている。また栽培の気象条件，季節性に加え，環境による収穫の変動がどの程度あるのかを明らかにするように求めている。

栽培中の害虫の検出方法と除去方法，植物の病害虫に対するモニタリング方法や健康状態が悪くなったときの対処方法などが求められている。さらに，栽培に当たって季節性や周辺の植生も考慮に入れた土壌条件，植物ホルモンや栄養素の適用の有無，さらにその処方，化学殺虫剤や生物殺虫剤を含めた害虫駆除の適用などについても明確にすることが求められている。

また，環境への影響を考慮するために製造場所の管理，栽培場所の地域的な植物相，動物相，また近隣における他の組換え植物の栽培状況などの情報を明らかにするように求めている。

3.2　収穫後の製造工程（精製工程）

Tg植物由来製品の収穫以降の操作は，抽出までの操作と抽出以降の操作に分けて考えることができる。抽出までの操作はTg植物由来製品に特有の操作であり，保管や汚染防止について留意すべき点が記載されている。EMAは従来のバイオ医薬品製造を適用範囲としているため，収穫後の目的タンパク質の抽出工程について詳細な記述がある。原材料のTg植物体や目的タンパク質を含む特定部位（例えば種子等）から抽出操作以降の工程は通常のタンパク質医薬品の精製工程と大きな差異は無い。もちろん，植物特有の不純物の除去工程や培養細胞を用いた場合と異なる品質特性に対する評価が重要とされている。一方，FDAも野外での栽培も念頭に，収穫から目的とする医薬品の抽出精製についての要件が記載されている。

Tg植物を収穫し，一時保管する工程までに環境からの汚染，異物混入（害虫や他の生物等）に対処するために適切な管理が求められている。原材料のロットごとのばらつきを最小限にし，製品の一定性を確保するために収穫時期を決定する基準や具体的手順を定めておくことが求められている。収穫物の中の目的タンパク質，工程由来不純物，重大な不純物，バイオバーデンレベルに関して規格を設定することが必要である。収穫に用いる機具からのオイル等の汚染を防止するために機具のクリーニング手順を定めておき，また機具のクリーニングに用いる試薬等を記載しておく必要があるとしている。

いったん収穫したTg植物原料や由来する種子等の加工の方法とそのバリデーションを行っておくことが求められている。さらに，分離した出発原料の状態，保存期間，最初の処理方法などを規定しておく必要がある。出発原料をプールしたりする場合には，プールの定義やそれ以外の中間工程製品を明らかにし，必要に応じて規格を設定することが必要とされている。

収穫した医薬品原料をすぐに医薬品製造に用いずに一定期間保存する場合には，その条件（温度，湿度，容量，目的物の濃度，保存期間）を明らかにすると共に，保存条件での目的タンパク質の安定性をバリデーションしておく必要がある。すなわち，目的タンパク質の安定性，微生物が繁殖する可能性，残存している土壌，外来性生物（昆虫や害虫）などについて考慮するべきとしている。

3.3　原材料の最初の処理

収穫した原材料の加工工程はバリデーションがなされていなければならない。収穫した原材料は，微生物を低減化する加工操作や，目的物を抽出しやすくするような工程が含まれるであろう。この工程には，洗浄，穀物の粉砕，葉の裁断，原材料植物や果実，葉などの破砕が含まれる。このように最初の加工が施された原料が，以降の工程に導入されることになる。

目的物の抽出操作における留意点として，Tg植物からの抽出操作は植物由来材料から効率よく目的タンパク質を抽出，濃縮し，抽出した原料から可能な限り植物由来成分を分離するようにデザインされていなければならない。ロットごとの一定性を担保するために，抽出物中の目的活性物質の濃度やタンパク質濃度などの重要なパラメーターの基準を設定しておくことが求められている。目的とするタンパク質を可溶化状態で抽出するのであれば，工程の初期の段階で無菌化のためのろ過工程を実施することが望ましいとされている。無菌化工程を採用しない場合でも品質確保の観点からバイオバーデンレベルと設定することが必要となるであろう。

EMAのガイドラインは高等植物を用いて生産されるバイオ医薬品を対象としており，製品の精製に用いる手法や工程管理手法と関連する工程内管理試験で求められる要件は*E.coli*や培養細胞を用いたバイオテクノロジー応用医薬品のケースと同様であるとされている。但し，植物栽培における特殊性を考慮し，製造方法の頑健性を示すために植物特有の工程由来不純物に特に配慮を求めている。想定される植物由来あるいは工程由来の不純物や汚染物質としては，宿主細胞タンパク質，DNA，植物代謝物質，除草剤，栄養剤，マイコトキシンなどについての除去能や残存性の評価をしておくべきとしている。

精製工程の不純物除去能について，不純物の工程全体での評価と各工程ごとの除去能力を評価しておく必要がある。必要に応じて，通常の製造で存在する以上の不純物や汚染物質を添加（スパイク）し，重要な工程がどれだけの不純物除去能があるかを評価し，評価データに基づいてこれらの不純物や汚染物質を十分除去可能であることを示すことも有用とされている。このような評価により工程の頑健性を示すことが可能となる。

また，目的とするタンパク質と相同性のある植物タンパク質が存在する場合には，精製工程で目的タンパク質と共に精製されてくる可能性について警告している。

3.4 製品の特性解析

Tg植物由来製品のバイオ医薬品の特性解析では，EMA及びFDAのガイドラインでICH Q6Bガイドライン「バイオテクノロジー応用医薬品／生物起源由来医薬品の規格及び試験方法の設定」を参考にすることや，さらに薬局方やモノクローナル抗体ガイドライン（FDA）等を参照するように推奨している。もし目的とする有効成分と同じ先行バイオ医薬品が利用可能であるならば，特性解析で比較が有用としている。これは従来のバイオ医薬品とは異なる要件であり，Tg植物での特有の翻訳後修飾などの評価には，市販されている同種製品との比較解析が有用と考えているためと思われる。既存の同種バイオ医薬品との比較解析により見出された差異の重要性について，臨床の有効性や安全性に及ぼす影響を念頭に考察することを求めている。

一般的なバイオ医薬品と同様に目的とするTg植物由来タンパク質医薬品について物理化学的特性，生物活性，免疫学的特性，純度や不純物についてあらゆる角度から解析を行い，品質特性プロファイルを明らかにすることが必要としている。

特に糖鎖修飾のようなTg植物での特異的なタンパク質のプロセッシングパターンについて，定性的のみならず定量的な解析が必要としている。糖鎖解析では，糖鎖結合部位の同定及び結合部位ごとの糖鎖構造解析が必要とされている。これらの解析は通常のバイオ医薬品と同様のアプローチが可能であろう。さらに糖鎖修飾以外の翻訳後修飾として，アシル化，リン酸化，レクチンの付加，脂質付加，ポリフェノール付加についても解析が必要としている[19~21]。これらはヒトや動物細胞で起きる反応がTg植物由来製品では起きない場合と，植物特有に付加される修飾に二分される。目的とするヒトタンパク質修飾反応が起きない場合には，有効性に差異が認められる可能性が考えられる。場合によっては，本来修飾されている部分が修飾されないために抗原性が出てくる可能性もある。このような修飾の影響については，ヒトタンパク質でそれらの修飾を人為的に除去することにより臨床的な重要性を予想可能かもしれない。一方で植物特有の修飾や付加は場合によってはアレルゲンや免役原性に重大な影響を及ぼす可能性もあり，その評価は慎重に行う必要がある。従って，ヒトタンパク質では見られない修飾に対して特に注意を払うべきとし，ヒトタンパク質にない分子の付加や修飾パターンが見出された場合には，精製工程での残存性をモニターすることや，そのような修飾産物が製品の一部である場合には除去法を適用することなどを考慮するように求めている。

不純物に関しては，製造基材である宿主Tg植物由来不純物や栽培工程等に由来する不純物を適切な解析手法で用いて，最終製品での残存性のみならず精製工程での除去状況についても明らかにする必要がある。宿主植物に由来する不純物は，植物に由来する2次代謝産物としてレクチン， プロテアーゼ，アルカロイドや配糖体などに加え，栽培中に用いる肥料，防虫剤等の混入にも配慮するべきとしている。特に野外にて栽培を行う場合には，様々な物質が環境からTg植物に付着し，汚染を起こす可能性があることに注意を払う必要があるとしている。

Tg植物により製造される経口ワクチンなどのバイオ製品の特性解析では，活性成分の確認の方法，投与量の設定に当たっての活性成分の定量法，細菌の限度値，投与に際しての製品の製剤

表5　安定性試験項目

＊力価
＊安定性の指標となる物理化学的測定
＊凍結乾燥製品の場合には含水量
＊必要に応じてpH
＊無菌性ないしは細菌数の管理
＊適用する必要がある場合には発熱試験
＊適用する必要がある場合には安全性試験

形態をどのようにするかについて特に注意を払う必要があるとしている。さらに上述した植物由来不純物と同様に，レクチン，プロテアーゼ，アルカロイドや配糖体などに注意する必要があるとされているが，生産基材である植物宿主が食品として流通しているものであれば食品レベルでの安全性が担保されることが前提となるであろう。また，栽培中に用いる肥料，防虫剤等の混入にも配慮するべきとしている。

3.5　製品の安定性

承認申請時には安定性試験として，例えば表5に示すような試験結果が求められることになるであろう。

ヒトバイオ医薬品では最終製品及び一時保管する中間工程製品の安定性に関するデータが求められる。特にバイオ医薬品の調和ガイドラインであるICH Q5C「生物薬品（バイオテクノロジー応用製品／生物起源由来製品）の安定性試験」[22]に基づいた試験が，最終製品の安定性と有効期間の設定において必要となる。最終製品の安定性試験に用いたロットの数や安定性試験の試験ポイント，どのようなロットを選択したのかについても情報を提供することが必要とされている。

4　ヒト用Tg植物医薬品の非臨床適用／臨床試験

ヒト用Tg植物由来バイオ医薬品の非臨床試験としてどのような試験が求められるかについては，関連製品で知られている製品特性，導入した遺伝物質，宿主植物，同様の製品で知見が得られている臨床試験で蓄積された構造的及び薬理的経験などに依存している。Tg植物由来タンパク質医薬品に，毒素，殺虫剤，除草剤，防カビ剤，重金属，栄養阻害物質，アレルゲンなどの混入が想定される場合には，これらの有害物資の混入リスクも考慮したうえで必要な非臨床試験をデザインする必要がある。非臨床試験ではインビトロ，インビボ両方の試験がそれらの特性解析に有用である。

宿主として用いる植物種や関連する種に由来する植物が毒素産生や栄養阻害物質，アレルゲンを産生する場合には，Tg植物の遺伝子改変操作によってこれらの有害物質の産生量が変化していないことを開発初期に確認しておく必要がある。導入するDNAにアレルゲンや毒素産生の可能性がある場合には，適切なアレルゲン性や毒素試験を実施する必要があるとされている。

臨床試験に当たっては植物由来不純物を含めた免疫原性に着目した評価が特に重要とされている。

5 おわりに

Tg植物を用いたバイオ医薬品の製造はまだ実用化の一歩手前である。コストの低減化が可能ということから，ムコ多糖症の酵素補充療法など，非常にコストの高い製品の開発が進められている。まだ，臨床での有効性や安全性をどのように評価するべきか議論のあるところもある。しかし欧米のガイドラインが発出されてからかなりの知見の蓄積や技術進歩も目覚しく，製品が出始めれば大きく展開していく可能性が秘められている。今後の研究の進捗に期待しているところである。

文　献

1) C. A. Newell, *Mol. Biotechnol.*, **16**, 53-65 (2000)
2) G. Giddings *et al., Nature Biotechnol.*, **18**, 1151-1155 (2000)
3) H. M. Davis, *Evolution and Prospects*, **8**, 845-861 (2010)
4) R. Cafferkey *et al., Nature*, **342**, 76-78 (1989)
5) J. K-C. Ma *et al., European Journal of Immunology*, **24**, 131-138 (1994)
6) K. Ohya *et al., J. Interferon Cytokine Res.*, **21** (8), 595-602 (2001)
7) T. Arazi *et al., J. Biotechnol.*, **87**, 67-82 (2001)
8) K. Ohya *et al., J. Interferon Cytokine Res.*, **22** (3), 371-378 (2002)
9) Y. Park, H. Cheong, *Protein Expr. Purif.*, **25**, 160-165 (2002)
10) EA. James *et al., Protein Expr. Purif.*, **19**, 131-138 (2000)
11) EMA guideline MEA/CHMP/BWP/48316/2006, Guideline on the quality of biological active substances produced by stable transgene expression in higher plants. London, 24 July 2008, http://www.ema.europa.eu/docs/en_GB/document_library/Scientific_guideline/2009/09/WC500003154.pdf
12) FDA Guidance for Industry, Drugs, Biologics, and Medical Devices Derived from Bioengineered Plants for Use in Humans and Animals. September 2002, http://www.fda.gov/downloads/AnimalVeterinary/GuidanceComplianceEnforcement/GuidanceforIndustry/ucm055424.pdf
13) L. K. Johansen, J. C. Carrington, *Plant Physiol.*, **126**, 930-938 (2001)
14) F. Ratcliff *et al., Plant Cell*, **11**, 1207-1215 (1999)

15）O. Voinnety *et al., Plant J.*, **33**, 949-956（2003）
16）ICH Q5B Guideline, Quality of Biotechnological Products: Analysis of the Expression Construct in Cells Used for Production of R-DNA Derived Protein Products. http://www.pmda.go.jp/ich/q/q5b_98_1_6e.pdf
17）C. Porta *et al., Intervirology*, **39**, 79-84（1996）
18）J. Kapila *et al., Plant Sci.*, **122**, 101-108（1997）
19）A. Trewavas, *Annual Reviws of Plant physiology*, **27**, 349-374（1976）
20）LR. Ferguson, *Mutation Res.*, **475**, 89-111（2001）
21）K. Lindorff-Larsen *et al., J. Biol. Chem.*, **276**, 33547-33553（2001）
22）ICH Q5Cガイドライン, 生物薬品（バイオテクノロジー応用製品／生物起源由来製品）の安定性試験. http://www.pmda.go.jp/ich/q/q5c_98_1_6e.pdf

【第V編　トランスジェニック動物・昆虫・その他】

第1章　トランスジェニックカイコを用いた抗体生産技術

冨田正浩*

1　はじめに

現在，抗体医薬品をはじめとするバイオ医薬品の多くは，CHO細胞等の哺乳動物細胞を宿主として利用する系にて生産されている。哺乳動物細胞では，複雑な構造および翻訳後修飾を必要とするタンパク質でも生産でき，既に多くの実績があることから規制の面からもバイオ医薬品の生産に適する。しかし，培養タンク等の巨額な設備投資に加え，高価な培養液が必要となるため生産コストは高い。一方，大腸菌や酵母などの微生物を宿主とした生産系では，複雑な構造のタンパク質の生産は難しいが，低コストでの高効率生産が可能である。従って，構造が比較的単純であり，かつ高い生産性が求められるタンパク質の生産には，これら微生物が宿主として選択される。このように，生産するタンパク質の構造や用途等に応じて，適切な生産系が選択されるが，複雑な構造のタンパク質を低コストで生産できる系は少ない。

カイコは，数千年の長い養蚕の歴史の中で，繭を大きくする方向で人為選択が施された生き物である。その結果，カイコには，一頭あたり0.3～0.5gの絹タンパク質の塊を短時間で生産する能力が付与された。筆者らは，カイコのもつ優れた絹タンパク質合成能力に着目し，トランスジェニックカイコを用いて有用タンパク質を繭糸の中に生産するタンパク質生産系を開発した。この生産系は，高い生産性に加えて，タンパク質の品質に関しても優れている。カイコは真核生物であるため，糖鎖修飾を含む各種翻訳後修飾が可能であり，ジスルフィド結合や複合体形成を必要とするタンパク質も合成できる。従って，微生物では生産が難しいタンパク質の高効率生産が可能である。また，カイコの繭糸は，フィブロインやセリシンなどのごく限られた種類の絹タンパク質により構成されているため，タンパク質の精製が容易である利点もある。さらに，生産したタンパク質に，ヒトに感染性のある病原体や動物由来のタンパク質等が混入する危険性が低いこと，ライフサイクルが短く，小規模な飼育設備で多くの個体を飼育できるため短期間にスケールアップができること，カイコは成虫になっても飛ぶことができないため組換え生物の拡散防止が容易であること，など様々な利点を有している。

---

*　Masahiro Tomita　㈱免疫生物研究所　製造・商品開発部　蛋白工学室　室長

2　トランスジェニックカイコを用いたタンパク質生産系の開発

絹タンパク質は，約75％がフィブロイン，残りの約25％がセリシンにより構成されている。絹タンパク質を合成する絹糸腺は後部絹糸腺，中部絹糸腺および前部絹糸腺より成り，フィブロインは後部絹糸腺で，セリシンは中部絹糸腺で，それぞれ特異的に合成・分泌される（図1A）。後部絹糸腺から分泌されたフィブロインは，徐々に中部絹糸腺へと送られ，そこで分泌されたセリシンによって周りが被覆され，さらに前部絹糸腺へと送られ絹糸として吐糸される。吐糸された絹糸において，フィブロインは糸の中心に，セリシンは，フィブロインの周りを取り巻くように存在する（図1B）。フィブロインは，難溶性の繊維構造を形成するのに対し，セリシンは親水性の糊状構造を形成する。

2000年に，*piggyBac*と呼ばれるDNA型トランスポゾンをベクターとして用いて，トランスジェニックカイコを作製する技術が開発され[1]，絹糸腺で組換えタンパク質を発現するトランスジェニックカイコの開発が可能になった[2]。絹糸腺は，主に後部絹糸腺と中部絹糸腺より構成されるが，トランスジェニックカイコにおける組換えタンパク質の発現組織をコントロールすることにより，発現したタンパク質を絹糸中心のフィブロイン繊維内，または外側のセリシン層に局在させることが可能である。すなわち，フィブロインなどのプロモーターを用いて後部絹糸腺で発現させることにより，組換えタンパク質をフィブロイン繊維へ，セリシンなどのプロモーターを用いて中部絹糸腺で発現させることにより，セリシン層へ局在させることができる。フィブロイン繊維に局在させた組換えタンパク質は，フィブロインの結晶構造中に安定に保持される。従って，後部絹糸腺での発現は，絹糸から組換えタンパク質を単離する目的には向かないが，絹繊維の物理的性質などの改変や，フィブロインから新しいバイオマテリアルを作り出す目的には有

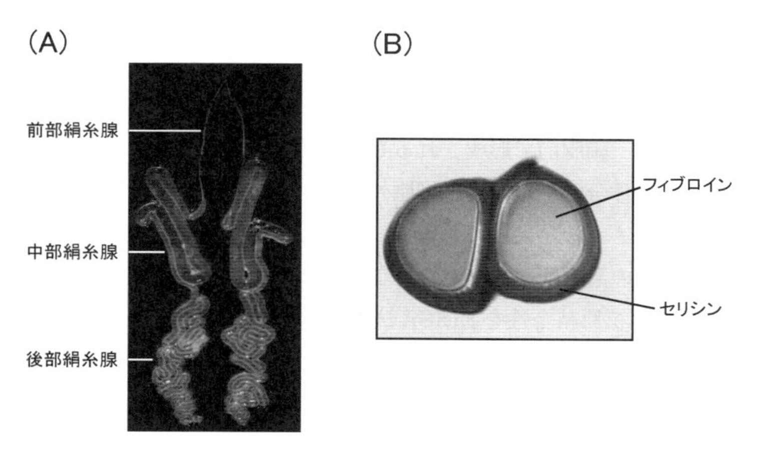

図1　絹糸腺と絹糸の構造
(A) 絹糸腺の構造。
(B) 絹糸の構造。絹糸の横断切片をAzure-Bで染色した。

用である[3]。一方，中部絹糸腺における発現は，タンパク質の回収を著しく容易にする利点がある。セリシンは部分的に疎水性のβシート構造を形成しているため，中性溶液等には不溶であるが，親水性の編み目構造をもつため，編み目の中に組み込まれた組換えタンパク質は簡単に溶け出す。そのため，繭を中性の緩衝液等に浸すだけで，組換えタンパク質を溶液中に抽出することができ，かつセリシンは溶け出さないので，高純度でタンパク質を回収することが可能である。筆者らは，セリシンプロモーターに，プロモーター活性を増強するエンハンサーや転写調節因子の遺伝子を組み合わせることにより，多量の組換えタンパク質をセリシン層に分泌させる技術を開発した[4, 5]。この生産系を用いて，抗体（IgG）[6]，ゼラチン（コラーゲン）[7]，アルブミン[8]，フィブリノゲン，酵素類，サイトカインや成長因子類など，様々な可溶性組換えタンパク質の生産に成功している。

3　抗体の生産

前述のとおり，中部絹糸腺で発現させ絹糸のセリシン層へタンパク質を局在させる発現方法を用いれば，様々なタンパク質を繭へ効率良く生産させ，高純度で回収することが可能である。筆者らは，この生産系を用いてバイオ医薬品を製造することを目指している。そこで，抗体医薬品を生産できるカイコを開発するため，トランスジェニックカイコを用いた組換え抗体の生産を試み，以下に詳細を記載したとおりマウスIgGの発現に成功している[6]。

マウスIgGのL鎖およびH鎖を，それぞれ単独に発現するトランスジェニックカイコを作製した。次に，これらを交配することにより，中部絹糸腺でL鎖およびH鎖の両方を合成するカイコを得て繭を作らせた。繭のタンパク質を解析した結果（図2A），IgGのL鎖およびH鎖の両方を，絹糸のセリシン層から検出することができた。中性緩衝液または低濃度の尿素溶液にてタンパク質を抽出し，非還元条件で電気泳動を行ったところ，L鎖2分子とH鎖2分子からなる四量体を形成したIgG分子が認められた。驚いたことに，抽出液中には，L鎖単量体，またはH鎖の単量体や二量体などの不完全な分子は含まれず，ほとんどが完全な四量体として存在していた。哺乳動物の抗体産生細胞では，細胞内で形成されるL鎖単量体やH鎖二量体などの不完全な分子を細胞内に留め，完全な四量体分子を優先的に細胞外へ分泌させる“品質管理機構”が存在する。抗体による免疫システムをもたない昆虫において，しかも絹タンパク質合成のために特殊化した絹糸腺細胞において，抗体の品質管理機構が存在したことは大変興味深い。

繭から抽出したIgGの抗原結合性をELISA法で調べたところ，組換えIgGは，発現したIgG遺伝子の由来細胞であるハイブリドーマが産生する天然型IgGと，同一の抗原結合活性を有していることが確認された（図2B）。発現量は，一繭あたり1～2mgであり，低コストでの大量生産が可能であることも確かめられた。繭からの抗体の抽出・精製も容易であった。このように，抗体はトランスジェニックカイコで生産するタンパク質として相性が良く，機能性および生産性の両面において良好な結果が得られた。そこで，さらに実績を増やすために，他の抗原を認識する

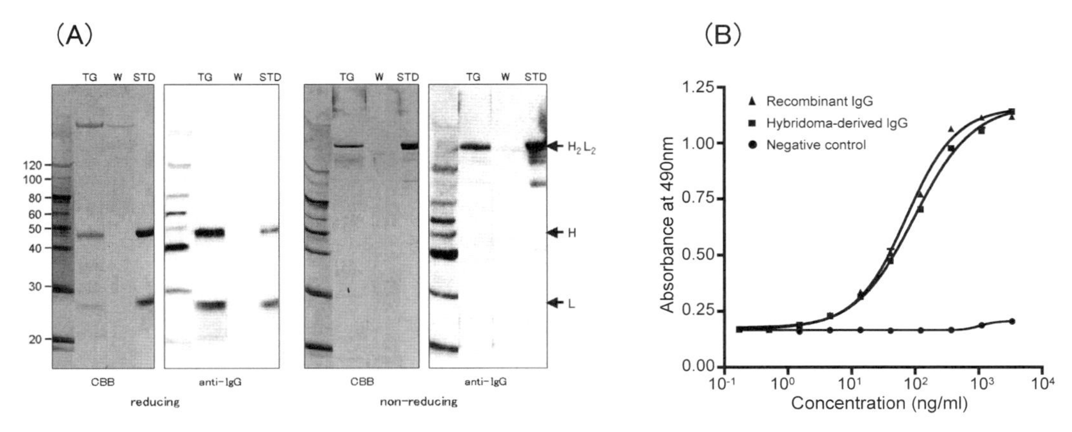

図2　組換えマウスIgGの発現

(A) 繭抽出液の電気泳動解析。トランスジェニックカイコ（TG）および野生型カイコ（W）の繭タンパク質を中性緩衝液にて抽出し，還元（reducing）および非還元条件（non-reducing）で電気泳動を行った。CBB染色により抽出された全タンパク質を染色するとともに（CBB），ウエスタンブロットによりマウスIgGを染色した（anti-IgG）。還元条件ではIgGのH鎖およびL鎖が，非還元条件ではH_2L_2が検出された。STD：マウスIgGスタンダード。

(B) 組換えマウスIgGの活性。ELISA法により組換えマウスIgGとハイブリドーマ由来IgGの抗原結合活性を調べた。カイコで生産した組換えIgGの抗原結合活性は，ハイブリドーマ由来の天然型マウスIgGの活性と同等であった。

抗体についても発現実験を進めた。現在までに，複数のマウスIgG（IgG1，IgG2b），ヒトーマウスキメラIgG，ヒト化マウスIgG，およびヒトIgGの発現を試みているが，いずれも，機能性および生産性の面で良好な結果を得ている。生産性については，上記のマウスIgGを発現させた実験では，小さい繭を作る実験用品種のカイコを用いているが，その後の群馬県蚕糸技術センターとの共同研究により，繭が大きい実用品種のカイコを用いることが可能となり，繭1個あたりのIgGの生産量は最大4～5mgに改善されている。また，上記のマウスIgGの実験では，L鎖およびH鎖を単独に発現するトランスジェニックカイコを作製し，これらを交配することによりL鎖とH鎖の両方を発現するカイコを得ているが，トランスジェニックカイコ作製の工程を簡略化するために，L鎖およびH鎖の両方の遺伝子を一度に組み込むことができるベクターも開発している。さらに，工業スケールで繭から抗体を抽出・精製する技術開発も進んでおり，組換え抗体生産系としての技術・ノウハウが蓄積してきている。

4　抗体に付加される糖鎖の構造

IgGの定常領域にはN結合型糖鎖が存在し，この糖鎖の構造が抗体のエフェクター活性や血中半減期に影響を及ぼすことが知られている。また，IgGを抗体医薬品として用いる場合，抗原性の観点からも糖鎖の構造は重要となってくる。そこで，筆者らは，トランスジェニックカイコにて生産したIgGの糖鎖構造について解析を行った。一般的に，哺乳動物の糖タンパク質には，図3に記載した複合型と呼ばれる構造の糖鎖が付加されている。IgGの場合，非還元末端にシアル酸を有した糖鎖はほとんど存在せず，βガラクトース若しくはNアセチルグルコサミンを末端に有する糖鎖が大部分を占める。また，糖鎖基部のNアセチルグルコサミンには，α1,6結合をしたフコース（α1,6フコース）が認められる。一方，一般的にカイコを含む昆虫では，複合型糖鎖は合成されず，パウチマンノース型と呼ばれる短い糖鎖が合成されることが知られている[9]。哺乳動物と同様に，昆虫もNアセチルグルコサミンを転移させる酵素を有するが，ゴルジ体にNアセチルグルコサミニダーゼが存在し，これがNアセチルグルコサミンを除去してしまうことが，

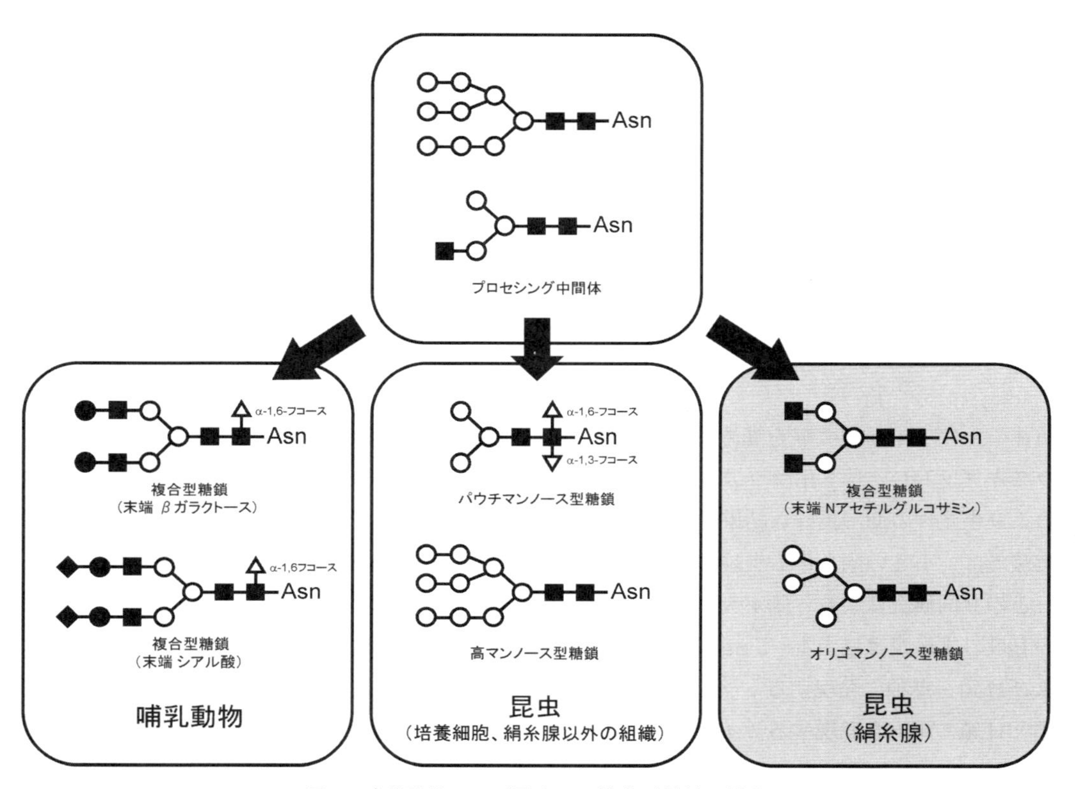

図3　哺乳動物および昆虫のN結合型糖鎖の構造
哺乳動物および昆虫のN結合型糖鎖は，共通のプロセシング中間体から生成される。哺乳動物のN結合型糖鎖の主な構造は，非還元末端がβガラクトースやシアル酸である複合型であり，基部のNアセチルグルコサミンにα-1,6フコースを有する。培養昆虫細胞や脂肪体などの昆虫の組織においては，主にパウチマンノース型や高マンノース型糖鎖が存在することが報告されている。基部のNアセチルグルコサミンには，α-1,6フコースに加えα-1,3フコースも検出される。一方，昆虫の絹糸腺においては，主要な糖鎖の構造は，非還元末端がNアセチルグルコサミンである複合型，およびオリゴマンノース型の糖鎖である。α-1,6フコースおよびα-1,3フコースの両方ともほとんど検出されない。
■：Nアセチルグルコサミン，○：マンノース，●：βガラクトース，◆：シアル酸，△：フコース

パウチマンノース型糖鎖が生成される原因と考えられている。末端にマンノースが存在する糖鎖は，血中半減期が短く，体内に投与する目的で用いるには適さない。また，昆虫の糖鎖の基部には，α1,6フコースのみならず，α1,3結合をしたフコース（α1,3フコース）が存在することが知られており，体内に投与することを考えた場合，さらに深刻な問題を提起する。α1,3フコースは，昆虫や植物には存在するが，哺乳動物には存在しない糖であるため抗原性を有し，体内に投与した場合にアレルギー反応を引き起こす危険がある。

昆虫の組織から抽出した糖タンパク質，若しくは，培養昆虫細胞が生産した組換え糖タンパク質に付加された糖鎖の構造解析を行った過去の文献[9]においては，上記のとおりα1,3フコースを有したパウチマンノース型糖鎖の存在が報告されている。しかしながら，筆者らがトランスジェニックカイコの絹糸腺で生産させたIgGの糖鎖を解析したところ，驚いたことに，これらの結果とは大きく異なることが明らかとなった[6]。パウチマンノース型糖鎖はほとんど認められず，末端にNアセチルグルコサミンを有する複合型糖鎖が一定量検出された。さらに，精密な構造解析を行っても，基部にはα1,3フコースおよびα1,6フコースの両方を検出することができなかった。これら既存の報告との相違の理由を明らかにするために，カイコの組織および繭に含まれる内在性の糖タンパク質からN結合型糖鎖を切り出し，構造解析を実施した。その結果，カイコ生産IgGで見られた糖鎖構造の特異性は，絹糸腺の組織特異性に起因していることが判明した。絹糸腺以外のカイコの組織では，基部にフコースを有したパウチマンノース型糖鎖が多量に認められるのに対し，絹糸腺，または絹糸腺から分泌された繭の糖タンパク質には，フコースが無い複合型糖鎖が検出され，パウチマンノース型糖鎖はほとんど存在しなかった。絹糸腺は，多量の絹タンパク質を合成するために高度に特殊化した組織である。絹糸腺細胞内には，核分裂を伴わずにDNA複製が行われた結果生じた巨大な核が存在し，細胞質は枝分かれした小胞体で満ちており，絹タンパク質合成が極めて活発に行われている。詳細は不明であるが，糖鎖構造の特異性は，このような絹糸腺細胞の特殊性に由来していることが想像される。

前述のとおり，トランスジェニックカイコの絹糸腺で発現させたIgGの糖鎖にはパウチマンノース型は含まれず，末端にNアセチルグルコサミンを有する複合型糖鎖が一定量存在する。まだ伸張が不十分ではあるが，哺乳動物で生産したIgGの糖鎖構造に近い構造である。カイコで生産した抗体をバイオ医薬品として実用化するためには，糖鎖を哺乳動物型化する改良が必須であるが，このような改良において，トランスジェニックカイコは大変有利である。Nアセチルグルコサミンにさらにβガラクトースを転移させる改良を行えば，糖鎖の哺乳動物型化に大きく前進することになる。糖鎖の基部にフコースが存在しないという特性も，バイオ医薬品としての実用化を考える上で大変有利に働く。抗原性があるためアレルギー反応を引き起こす危険があるα1,3フコースが存在しないことは，言うまでも無く大きな利点である。また，1,6フコースが存在しないことにより，カイコ生産抗体の付加価値がさらに高まる可能性がある。哺乳動物において通常付加されるα1,6フコースを除去することで，抗体の有する抗体依存性細胞障害活性が飛躍的に高まることが知られている[10]。トランスジェニックカイコによる抗体生産系は，高い抗腫瘍活性を有する抗体医薬品等の生産に適しているかもしれない。

5 診断用医薬品原料としてのカイコ生産抗体の有用性

抗体を利用して検査を行うイムノアッセイは，癌マーカー，感染症，ホルモン，および自己免疫疾患等の診断領域において広く利用されており，その試薬の市場は，全診断用医薬品市場の45％に至る。イムノアッセイ試薬の原料となるモノクローナル抗体のうち，多量に，かつ安価に生産する必要がある抗体については，ハイブリドーマをマウス腹腔内に注射し腹水から回収する方法によって生産されることが多い。しかし，この生産系にはいくつかの問題が存在する。生きたマウスの腹腔内で細胞を増殖させ，炎症の結果として生じる腹水から抗体を回収するため，抗体価などの重要な品質に関してロット間差が生じる。さらに近年では，動物福祉の観点からの問題が提起されている。海外，特にヨーロッパでは，マウスによる抗体生産そのものを制限する動きが活発化しており，ドイツ，スイス，オランダ，および北欧諸国では，既にマウスによる抗体生産が禁止されている。

このような背景から，マウス腹水生産法の問題点を克服する新規のイムノアッセイ用抗体の生産系が必要とされているが，トランスジェニックカイコの生産系は，その候補として有望である。カイコを用いると，マウス腹水法と同等のコストで多量の抗体が生産でき，ロット差間の問題が解決できる。カイコ生産系では，抗体遺伝子が染色体内に安定的に組み込まれている遺伝的に均一な遺伝子組換えカイコ集団が用いられる。そのため，生産される抗体の品質は極めて安定しており，ロット間差がとても少ない。さらに，抗体は，プロテアーゼ等が含まれない繭に生産させるため，繭の保存や抗体の精製工程においても品質に差異が生じない。カイコは昆虫であり動物愛護の対象外であるため，マウス腹水生産法で懸念されている動物福祉の問題も完全に解決できる。

トランスジェニックカイコの抗体生産系では，ハイブリドーマから取り出した抗体遺伝子をカイコに組み込む工程が必要なため，その工程で抗体遺伝子を加工して，抗体の性能を改善することも可能である。イムノアッセイにおける問題点の一つとして，検体に含まれるHAMA（Human Anti-Mouse Antibody）などの異好性抗体により引き起こされる非特異反応がある[11]。HAMAはある割合（数％～数十％）でヒト血清中に存在するマウス抗体を認識するヒト抗体である。HAMAを含む血清を検体として，例えば，二種類のマウスモノクローナル抗体を固相抗体と標識抗体として用いているELISA系に添加した場合，HAMAが固相抗体と標識抗体をブリッジさせてしまうことにより，抗原が存在しなくても高い非特異反応が出る場合がある（図4A）。このような非特異反応を抑える方法はいくつか存在するが，反応系に使う抗体にHAMAが結合しないような改良を加えるのが効率的である。HAMAの多くは，マウス抗体の定常領域を認識する。従って，例えば，定常領域をヒト抗体のものに変換したキメラ抗体を用いればHAMAの反応を大きく低減できる。トランスジェニックカイコでキメラ抗体を生産し，これを用いて

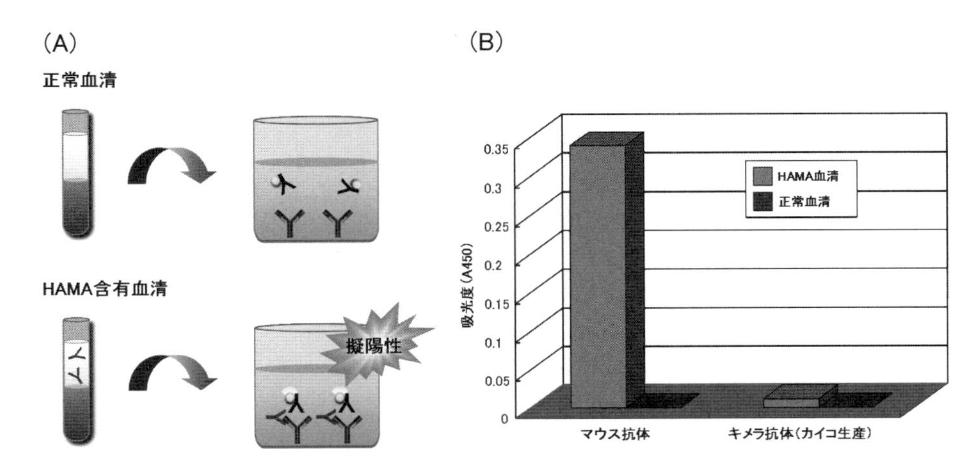

図4　キメラ抗体によるHAMA非特異反応の低減

(A) HAMA非特異反応による擬陽性の出現。ELISA系において，検体にHAMA（Human Anti-Mouse Antibody）が存在すると，抗原が存在しなくても，固相抗体と標識抗体がHAMAによりブリッジされ擬陽性反応が生じる。

(B) カイコ生産キメラ抗体によるHAMA非特異反応の低減。マウスIgG可変領域とヒトIgG定常領域を融合したキメラ抗体の遺伝子を作製し，これをトランスジェニックカイコで発現させることにより組換えキメラ抗体を生産した。キメラ抗体を固相化し，検体を反応させた後，抗原の異なる標識抗体により反応を検出するモデル実験を行った。マウス抗体を固相抗体として用いた場合，正常血清では全く反応が認められないが，HAMA含有血清では高い非特異反応が確認された。カイコで生産したキメラ抗体を用いると，HAMAによる非特異反応は約1/30に低下した。

HAMAの反応性を測定したモデル実験の結果を図4Bに示した。キメラ抗体を用いることで，HAMAによる非特異反応は約1/30にまで低減している。

6　おわりに

抗体はトランスジェニックカイコで生産するタンパク質として相性が良く，抗体医薬品の製造方法として多くの利点を有している。しかしながら，新規の生産方法であるため実用化までには長い期間が必要となる。それまでの間，技術が途絶えてしまわないように，継続的な開発と実用化のアクティビティーを維持しなければならない。そのためには，比較的規制のハードルが低い診断用医薬品等の領域での製品化実現が鍵となるであろう。

養蚕業は，中国やブラジルからの安価な絹の流入により，国内全域で危機的な状況に陥っている。トランスジェニックカイコを用いた有用タンパク質生産が実現すれば，新しい産業としての養蚕業が復活する可能性がある。古典的な養蚕業のノウハウを生かしつつ，遺伝子組換えという新しいテクノロジーを組み入れた新産業の創出が期待される。

文　　献

1) T. Tamura *et al., Nat. Biotechnol.*, **18**, 81 (2000)
2) M. Tomita *et al., Nat. Biotechnol.*, **21**, 52 (2003)
3) R. Hino *et al., Biomaterials*, **27**, 5715 (2006)
4) M. Tomita *et al., Transgenic Res.*, **16**, 449 (2007)
5) M. Tomita, *Biotechnol. Lett.*, **33**, 645 (2011)
6) M. Iizuka *et al., FEBS J.*, **276**, 5806 (2009)
7) T. Adachi *et al., Biotechnol. Bioeng.*, **106**, 860 (2010)
8) S. Ogawa *et al., J. Biotechnol.*, **20**, 531 (2007)
9) P. C. Kulakosky *et al., Glycobiology*, **8**, 741 (1998)
10) T. Shinkawa *et al., J. Biol. Chem.*, **278**, 3466 (2003)
11) L. J. Kricka, *Clin. Chem.* **45**, 942 (1999)

第2章　カイコによるヒト型抗体の生産と糖鎖解析

百嶋　崇[*1]，朴　龍洙[*2]

1　はじめに

近年，昆虫細胞/幼虫はタンパク質生産量が多く，動物細胞で生産したタンパク質と類似な立体構造をとるため，タンパク質発現用の宿主としてよく利用されるようになった。しかしながら，昆虫細胞で発現したタンパク質の*N*-型糖鎖構造は動物細胞由来のタンパク質とは異なることが多いため，医薬用のタンパク質生産には利用されていない。一方，カイコ幼虫のタンパク質生産性は昆虫細胞よりも優れており，実際に動物薬インタードックやインターキャット（東レ株式会社）の生産に利用されている。養蚕によりカイコの技術を培ってきた日本では，カイコを利用したタンパク質発現系の研究が蓄積されており，欧米にはない日本独自の技術といえる。カイコは，人工孵化技術および人工飼料により一年を通して飼育が可能であり，細胞培養に比べ低コスト，スケールアップはカイコ頭数を増やせばよい等が利点として挙げられる。しかし，哺乳動物とは違って糖タンパク質に付加される*N*-型糖鎖の殆どは，昆虫特有の糖鎖合成経路によって合成されるためパウチマンノース型構造を有している。一方，哺乳動物細胞由来の糖鎖は複合（コンプレックス）型で，糖鎖末端にガラクトースやシアル酸が付加されている。そこで，コンプレックス型糖鎖の合成が可能な昆虫細胞（Mimic Sf9, Invitrogen）が販売されているが，カイコの場合完全なコンプレックス型の糖鎖合成はできていない。本研究では，カイコ幼虫で生産したヒト由来タンパク質の*N*-型糖鎖の構造について調べ，昆虫およびカイコとの比較を行った。

2　カイコの発現系

一般的に利用されてきた昆虫細胞-バキュロウイルス発現系は，*Spodoptera frugiperda*（Sf）細胞，*Trichoplusia ni*（Tn）細胞を宿主として用いる*Autographa californica* multiple nucleopolyhedrovirus（AcMNPV）系である。一方，昆虫固体を宿主とする発現系には，カイコ-*Bombyx mori* nucleopolyhedrovirus（BmNPV）系が多く利用されている。昆虫細胞系が開発された当時は，組換えウイルス作製及び純化に最も時間と労力を要していた。しかし，1993年に開発されたBac-to-Bac systemにより，AcMNPV系は大腸菌内でのウイルスDNAの組換え及び増殖が可能となった[1)]。このウイルスゲノムDNAは大腸菌と昆虫細胞のシャトルベクタ

＊1　Takashi Dojima　科研製薬㈱　生産技術研究所
＊2　Enoch Y. Park　静岡大学　創造科学技術大学院　教授

ーで，バクミドと呼ばれている。

当研究室では，カイコ-BmNPV系のバクミド開発[2]に成功し，カイコを用いたタンパク質の発現に応用している。開発したBmNPVバクミドの利点は，組換えウイルス作製の簡便・迅速化はさることながら，大腸菌内で増殖させたウイルスDNAであるBmNPVバクミドをカイコ幼虫に直接接種することで，カイコ体内でウイルスDNAからウイルスが形成され，感染・発現が可能となる点が挙げられる。さらにウイルス由来のシステインプロテアーゼ，キチナーゼを欠損させたBmNPVバクミドを開発[3, 4]したことで，カイコ体内における発現産物の分解を抑制することが可能となった。

3　ヒト型抗体の生産

カイコ体液へのヒト抗体29IJ6 IgGの分泌生産を行うため，抗体の軽鎖遺伝子，重鎖遺伝子をそれぞれ別々のプロモーター（p10，ポリヘドリン）下に挿入してヒト型抗体発現用のBmNPVバクミドを構築した。

5齢カイコに遺伝子組換えBmNPVバクミドを注射し，人工飼料を与えて25～27℃で6日間飼育した後，カイコ体液中の29IJ6 IgGをウェスタンブロットにより確認した。還元状態ではIgGの重鎖および軽鎖の推定分子量である約52 kDaと約26 kDaにバンドを検出した[5]。非還元状態では重鎖と軽鎖が結合したヘテロテトラマー（H_2L_2）及びその中間産物（H_2L，H_2）が検出された（図1）。ELISAによると，体液中には平均43 mg/L（30 μg/カイコ幼虫）のIgGが分泌され，これらは抗原結合活性を有することも確認された。

カイコ-バクミドシステムを用いたタンパク質発現の課題として，タンパク質発現の品質向上が挙げられる。バクミドによるIgG発現には強力なプロモーターを用いるため，本システムの問題は翻訳段階にあると考えた。そこでヒト由来分子シャペロンの共発現によるカイコ体液へのIgG分泌量改善を試みた。分子シャペロン発現用バクミドには，ポリヘドリンのような高発現プロモーターは適さないため，バキュロウイルス由来の低発現プロモーターOpie（感染初期に働く）を利用し，その下流に分子シャペロンの遺伝子をそれぞれ挿入して構築した。ヒト抗体

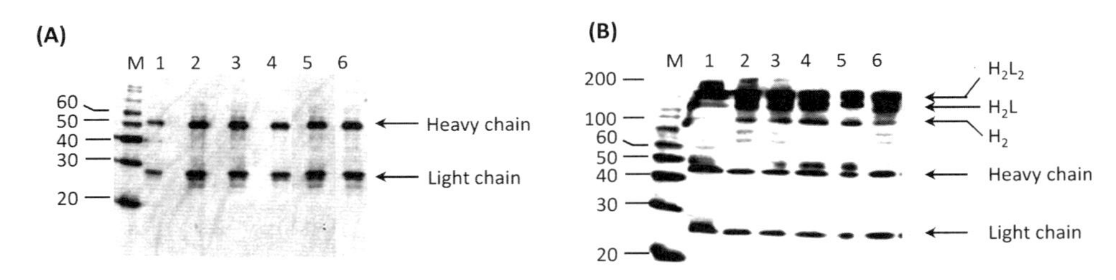

図1　カイコの体液に分泌した29IJ6 IgGのウエスタンブロティング
AとBはそれぞれ還元条件と非還元条件で解析した結果である。Lane 1～6は分子シャペロン（CNX，BiP，ERp57，CRT，Hsp70）を共発現した結果である。

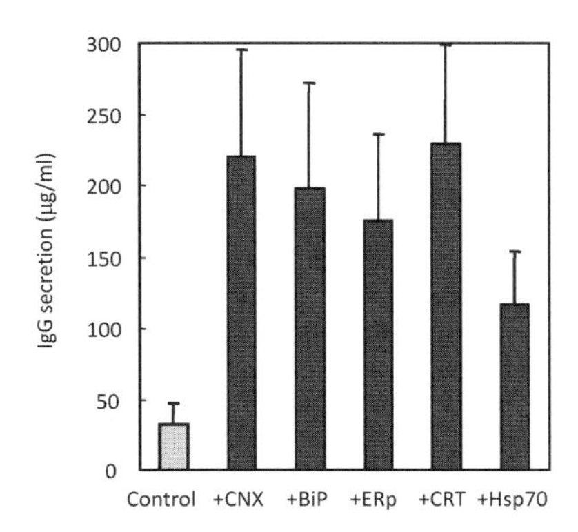

図2 カイコの体液に分泌した29IJ6 IgGの抗体価
サンプルは，分子シャペロン（CNX，BiP，ERp57，CRT，Hsp70）を共発現した結果である。

29IJ6 IgGとヒト由来分子シャペロンのバクミドをカイコへ同時に注射した結果，カルネキシン（CNX），カルレティキュリン（CRT）といった糖タンパク質と結合するレクチンシャペロンを利用することで，最大5倍以上にまで体液へのIgG分泌量を向上させることができた（図2）[6]。カイコ幼虫における分子シャペロンと目的タンパク質との共発現は，新たな効率的なタンパク質生産のツールとして期待できる。

4 カイコで生産したヒト型抗体の*N*-型糖鎖解析

抗体の抗腫瘍メカニズムとして，抗体依存性細胞障害活性（antibody-dependent cell mediated cytotoxicity: ADCC）が注目されている。抗体のFc領域とエフェクター細胞のFc受容体との親和性は，抗体の糖鎖構造が影響するため，宿主細胞の選択がますます重要となった。

カイコ体液には夾雑タンパク質が多く含まれるため，糖鎖解析を行うためには培養細胞より少し煩雑な精製操作が必要となる。カイコから回収した体液を硫酸アンモニウムで塩析後，Protein Aカラムで精製したIgGサンプルを糖鎖解析に供した。Glycoamidase Aで*N*-型糖鎖を切出し，ピリジルアミノ（PA）化して糖鎖マッピング法で解析した。ヒト抗体29IJ6 IgGをカイコで発現した場合，体液に分泌されたIgGの*N*-型糖鎖構造は，マンノース（Man）を末端にもつ構造が大部分を占めていたが，α1,3-Man末端への*N*-アセチルグルコサミン（GlcNAc）修飾も確認された[5]。

また，カイコにおいて抗体生産性を改善する分子シャペロンを29IJ6 IgGと共発現した場合，分泌されたIgGの*N*-型糖鎖構造の割合に大きな変化は認められなかった。このことから，分子シャペロンを共発現することによるIgGの翻訳段階の改善，分泌量の増加は，カイコにおける*N*-型糖鎖のトリミングに影響しないことが確認された（表1）[6]。

CHO細胞で生産したIgGのFc領域における*N*-型糖鎖構造は，非還元末端にガラクトース

表1　カイコで分子シャペロン（CNX，BiP，ERp57，CRT，Hsp70）を共発現した得られたIgGのN-型糖鎖の構造と構成比

Structure	Larvae					
	—	CNX	CRT	BiP	ERp57	Hsp70
Manα1-6Manβ1-4GlcNAcβ1-4GlcNAc (Fucα1-6)	47.4	49.1	46.1	45.7	44.4	46.0
Manα1-6(Manα1-3)Manβ1-4GlcNAcβ1-4GlcNAc (Fucα1-6)	28.5	31.7	33.2	31.3	32.8	32.5
Manα1-6(GlcNAcβ1-2 Manα1-3)Manβ1-4GlcNAcβ1-4GlcNAc (Fucα1-6)	3.4	3.7	3.8	3.7	4.1	4.0
others	20.7	15.5	16.9	19.3	18.7	17.5

（Gal）残基を0～2個所有するバイアンテナリーフコシル型構造である。一方，カイコの場合には，昆虫特有のトリマンノシル型構造が大部分を占めていた。しかしレクチンブロットによるIgGの糖鎖分析では，非還元末端へのGlcNAc，Gal残基の存在も示唆されており，今後のさらなる研究に期待が持たれる。

5　その他のタンパク質生産における*N*-型糖鎖解析

糖鎖の合成研究で使用される糖転移酵素β1,3*N*-アセチルグルコサミニルトランスフェラーゼ2（β3GnT2）を昆虫細胞とカイコで発現させ，それぞれの*N*-型糖鎖構造を比較した。β3GnT2を昆虫細胞で発現したときの*N*-型糖鎖構造は，フコース（Fuc）付加したパウチマンノース型糖鎖が主であった。これに対し，カイコ幼虫で発現したときの*N*-型糖鎖構造は，*N*-型糖鎖の末端にはガラクトースまたは*N*-アセチルグルコサミン（GlcNAc）がそれぞれ全糖鎖の21.3％，16.2％ 付加していた[7]。さらにこれらの*N*-型糖鎖は，昆虫細胞ではこれまで報告されていないバイセクティングGlcNAcを有する構造であった。また，昆虫細胞で問題とされるヒトに対して抗原性を持つα1,3-フコースは，カイコで生産したβ3GnT2には存在しなかった（表2）[7]。

カイコで生産した糖転移酵素β3GnT2とヒト抗体29IJ6 IgGの*N*-型糖鎖構造の違いについては，β3GnT2とIgGの特定部位への糖転移酵素の作用の違いに起因すると考えられるが，今後の詳細な検討が必要となる。

6　カイコでの糖鎖の改変と展望

カイコで発現した糖タンパク質の糖鎖を哺乳動物由来と類似なものに改変するためには下記の課題を解決する必要がある。

① *N*-アセチルグルコサミニダーゼ（NAGase）活性の制御：昆虫系では*N*-アセチルグルコサミニダーゼ（NAGase）活性が高いため，糖鎖修飾されたGlcNAcがカイコ体内で切断されていると考えられており，NAGaseの制御が必要である。

表2　昆虫細胞とカイコで発現した糖転移酵素（*β*1,3*N*-アセチルグルコサミニルトランスフェラーゼ）の*N*-糖鎖構造の比較

Structure	Relative Quantity（%） Silkworm	 *T. ni* cell
Man α1-2Man α1 6 Man α1 6 Man α1-2Man α1 3 Man β1-4GlcNAcβ1-4GlcNAc Man α1-2Man α1-2Man α1 3	4.5	6.8
Man α1-2Man α1 6 Man α1 6 Man α1 3 Man β1-4GlcNAcβ1-4GlcNAc Man α1-2Man α1-2Man α1 3	3.9	-
Man α1 6 Man α1 6 Man α1 3 Man β1-4GlcNAcβ1-4GlcNAc Man α1-2Man α1 3	-	5.2
Man α1 6 Man α1 6 Man α1 3 Man β1-4GlcNAcβ1-4GlcNAc Man α1-2Man α1-2Man α1 3	-	1.5
Man α1 6 Man α1 6 Man α1 3 Man β1-4GlcNAcβ1-4GlcNAc Man α1 3	0.9	5.9
Man α1 6 Man β1-4GlcNAcβ1-4GlcNAc Man α1 3	-	11.0
Man α1 6 Man β1-4GlcNAcβ1-4GlcNAc	14.0	4.0
Fucα1 6 Man α1 6 Man β1-4GlcNAcβ1-4GlcNAc Man α1 3 3 Fucα1	-	36.0
Fucα1 6 Man α1 6 Man β1-4GlcNAcβ1-4GlcNAc Man α1 3	-	22.2
Fucα1 6 Man α1 6 Man β1-4GlcNAcβ1-4GlcNAc	29.4	-
Man α1 6 GlcNAcβ1-4Man β1-4GlcNAcβ1-4GlcNAc GlcNAcβ1-2 Man α1 3	16.2	-
Man α1 6 GlcNAcβ1-4Man β1-4GlcNAcβ1-4GlcNAc Galβ1-4 GlcNAcβ1-2 Man α1 3	21.3	-
	12.5	11.5

② フコース付加の有無：ADCC活性には，Fc領域におけるN-型糖鎖へのFuc付加の有無が影響するため，カイコでもFuc付加を制御できる技術が開発されれば，抗体生産用の宿主としてカイコは有望となる。

③ GlcNAcの付加：マンノース末端にGlcNAcの修飾を増やすためβ1,2N-アセチルグルコサミニルトランセフェラーゼ，β1,6N-アセチルグルコサミニルトランセフェラーゼ，及びβ1,4N-アセチルグルコサミニルトランセフェラーゼの活性を付与する必要がある。

④ ガラクトースの付加：GlcNAcの末端にガラクトースを付加するためには，β1,4-ガラクトシルトランスフェラーゼの活性を付与する必要がある。

⑤ シアリルトランスフェラーゼの付加：ガラクトースの末端にシアル酸を付加するために，シアル酸トランスフェラーゼ活性を付与する必要がある。

このように，パウチマンノース型糖鎖合成経路を制御し，4～5種類の遺伝子をさらに導入することで複合型糖鎖を合成できると考えられる。

このような糖鎖の改変ができれば，カイコは，画期的なタンパク質生産用の宿主となり，その波及効果は大きい。

一方，カイコの利用という点では，動物用のワクチン生産用宿主に用いるのも有効であると考えられる。バキュロウイルス表面への抗原タンパク質の提示法は確立しており，組み換えウイルスは，ゲル濾過によってカイコ由来のタンパク質と分離することができる[8, 9]。バキュロウイルスは安全性が高いと考えられており，今後医療分野の応用研究が期待される。

文　献

1） V. A. Luckow *et al., J. Virol.*, **67**, 4566-4579（1933）
2） T. Motohashi *et al., Biochem. Biophys. Res. Commun.*, **326**, 564-569（2005）
3） M. Hoyoshi *et al., J. Viol. Methods*, **144**, 91-97（2007）
4） E. Y. Park *et al., Biotechnol. Appl. Biochem.*, **49**, 135-140,（2008）
5） E. Y. Park *et al., J. Biotechnol.*, **139**, 108-114（2009）
6） T. Dojima *et al., Biotechnol. Prog.*, **26**, 232-238（2010）
7） T. Dojima *et al., J. Biotechnol.*, **143**, 27-33（2009）
8） T. Kato *et al., BMC. Biotechnol.*, **9**, 55-65（2009）
9） T. Dojima *et al., Biotechnol. Appl. Biochem.*, **57**, 63-69（2010）

第3章　遺伝子組換え鳥類の作製と抗体生産技術

西島謙一*

1　宿主としてのニワトリ

トランスジェニック動物個体そのものを生きたバイオリアクターとして，ミルクや卵に医薬品タンパク質を大量生産できれば，低コストでスケールアップの容易な新たな生産法となる可能性を秘めている。大型ほ乳類の乳汁やニワトリの卵白は，いずれもタンパク質を多く含み大量に生産されるため，タンパク質医薬品の生産に適している。糖鎖附加を含めた翻訳後のタンパク質修飾がヒト同様に期待出来る点で，微生物では作れない複雑なタンパク質にも適用できる。また，乳汁や卵白はタンパク質組成が比較的単純であるため，血清や体液に生産させるよりも，精製が簡便である。これらトランスジェニック動物共通の特徴に加え，ニワトリを用いるメリットがいくつかあげられる。

まず，ニワトリはワクチン生産に長く使われてきた実績があり，微生物汚染のないSPF卵（Specific pathogen free）が供給可能である。また，プリオン病が知られていない点も有利である。さらに，ほ乳類遺伝子とホモロジーが相対的に低いため，導入遺伝子が生産個体に与える悪影響が少ないことも期待できる。そして，ニワトリは実験動物としては大型であるが家畜としては小型であり，大型ほ乳類に比べ集密飼いや飼育の自動化等の点で有利である。加えて，世代時間の短さが最大のメリットとしてあげられる。ニワトリは受精卵が産み落とされてから孵化まで約3週間，その後性成熟して実際に産卵するまでおよそ5，6ヶ月である。一方大型ほ乳類では，例えば約10ヶ月の妊娠期間を経て生まれた乳牛は，約1.5年かけて性成熟した後，10ヶ月かけて子牛を産んではじめて採乳が可能となる。

また，ヒト型タンパク質を生産する上で，ニワトリは糖鎖構造においても有利な宿主となる可能性がある。N結合糖鎖の末端は通常シアル酸と呼ばれる酸性糖である。シアル酸にはいくつかの分子種が存在するが，ヒトは例外的にN-グリコリル型シアル酸を持たない種である。ヒトはチンパンジーと分岐した後にCMP-N-アセチルシアル酸水酸化酵素（CMP-Neu5Ac hydroxylase）を失い，主要なシアル酸としてN-アセチル型シアル酸のみを持つようになった。CHOも含め他のほ乳類宿主ではN-アセチル型とともに相当量のN-グリコリル型シアル酸が含まれる。N-グリコリル型シアル酸はヒトに対して免疫原性を持つため，今後シアル酸の型を考慮してゆく必要が出てくる可能性がある。この点，ニワトリはCMP-N-アセチルシアル酸水酸

* Ken-ichi Nishijima　名古屋大学　大学院工学研究科　化学・生物工学専攻　生物機能工学分野　遺伝子工学研究グループ　助教

化酵素を持たず，ヒト同様にN-アセチルシアル酸のみを持っているのである。

2 ニワトリの遺伝子操作技術

受精卵を用いた胚操作技術が早くから発達したほ乳類に比べて，鳥は卵黄が大きいため顕微鏡観察に不向きなうえ，産み落とされた段階で既に数万細胞まで分裂した胚であり，遺伝子操作技術の開発が遅れていた。この点は近年大きく進歩しており，実際にトランスジェニックニワトリを作製した例が増えてきている。

現在主流なのはレトロウイルスベクターを用いた生物的導入法である。最初に開発され，ヒトの遺伝子治療にも用いられてきたモロニーマウス白血病ウイルスなど単純なレトロウイルスをベースにしたベクターは，胚発生初期におこる遺伝子発現抑制（サイレンシング）のために高発現トランスジェニックニワトリを作製する上で改善の余地があった。この点について，我々はウイルス導入時期を後ろにずらすことで発現抑制解除に成功し，これを応用して一本鎖抗体とFcの融合タンパク質を高生産するニワトリを作製している[1)]。最大で卵一個あたり0.2gの抗体を生産していた。一方，HIVウイルスなどレンチウイルスと呼ばれるグループのレトロウイルスは，静止期の細胞に遺伝子導入が可能であり，遺伝子サイレンシングも受けづらいとされることから，様々に改変して安全性を最大限考慮したレンチウイルスベクターが種々開発されている。ニワトリの遺伝子操作にも利用が広がりつつある。産み落とされた受精卵（胚盤葉と呼ばれる）に濃縮したウイルスベクターを注入することで，GFPや様々なモデル医薬品を発現するトランスジェニックニワトリが作製されている。

非ウイルス法をめざした遺伝子操作法の開発も進められている。ニワトリES細胞の樹立と遺伝子改変ニワトリへの応用が，我が国のグループを含め複数のグループから報告されている。作製した初代キメラニワトリから卵白への抗体生産に成功している[2)]。現在までのところ，生殖系列細胞への分化やトランスジェニック後代の作製に成功したとの報告はない。一方，将来精子，卵子に分化する始原生殖細胞を胚から集めてきて遺伝子操作に用いることも行われている。ウイルスベクターによって遺伝子導入した細胞をレシピエント胚に戻すことによってトランスジェニックニワトリが樹立可能である。始原生殖細胞の長期培養も，我が国を含めいくつかのグループで報告され，特に株化に成功したアメリカのEtchesのグループはトランスジェニックニワトリを非ウイルス法により効率よく作製できたことを報告している[3)]。始原生殖細胞の長期培養は表に出ないノウハウが多く現在も困難であり，一般に普及するには至っていない。これらの方法は，ウイルスを使用しないという安全性とともに，導入遺伝子のサイズや形状に制限がないという点が大きな魅力である。

3　卵白に生産した医薬品タンパク質の糖鎖構造

卵白に生産したタンパク質の糖鎖解析例は我々のものを含め数報あるのみである[2, 4]。N結合型糖鎖の分析においては，複合型糖鎖も多く見られる一方で，通常ヒト血清タンパク質では見られない未熟なハイブリッド型糖鎖が少なからず存在した（図1）。我々の見積もりではおよそ3割程度がハイブリッド型糖鎖であった。一方，複合型糖鎖の構造を見るとほとんどがGlcNAcで終わっており，ヒトではその先に結合しているガラクトースが極めて少なく，さらに先のシアル酸が結合している糖鎖は主要ピークとしては検出されなかった。注目すべきは根本からフコースが分岐する糖鎖がなかったことである。治療用抗体の抗ガン活性の一端を担うADCC（抗体依存性細胞傷害活性）はFc部分の糖鎖にフコースがないと1-2桁ほど活性が高まる。この点はニワトリ卵白で抗体を生産する上で有利な点である。実際，Zhuらは卵白に生産させた抗体のADCCを報告している[2]。*In vitro*のADCC測定系において，卵白由来抗体はCHO細胞で生産させた抗体に比べて約10分の1量で同等の活性を示した。また，彼らは抗体の血中半減期についても述べている。マウス血中に注入された卵白抗体の半減期は約102時間で，CHO細胞由来抗体の約207時間の半分程度であった。この結果から二つのことが推定された。抗体の場合nFcRと呼ばれるFcレセプターを介したリサイクルにより，他のタンパク質に比べて異常ともいえるほど長い血中半減期を有している。おそらく卵白抗体はnFcRを介したリサイクル機構は正常に機能しているものと考えられる。一方，卵白抗体に結合したハイブリッド糖鎖の影響により，マクロファージ等が持つマンノースレセプターを介して血中から抗体を除去していることも推定され

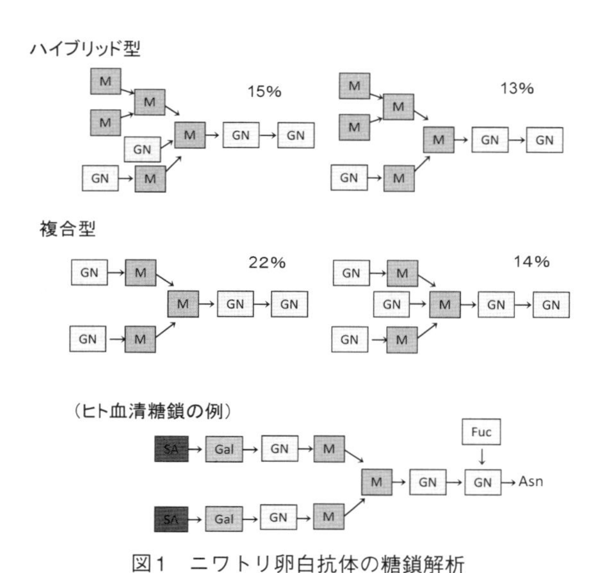

図1　ニワトリ卵白抗体の糖鎖解析
GN, N-アセチルグルコサミン；M, マンノース；Gal, ガラクトース；SA, シアル酸；Fuc, フコース。（文献4を改変）

た。また，抗原に対する親和性については，例外はあるもののFcの糖鎖構造が与える影響は概して小さい。Zhuらの報告でも抗体の結合定数は卵白，CHO由来抗体で差がないとしている。

卵白タンパク質の60％弱をしめるオボアルブミンのN結合糖鎖は古くから解析例があり，総じて未熟型の糖鎖が多い。ハイブリッド型糖鎖とさらに未熟なハイマンノース型糖鎖が主であり，複合型糖鎖はほとんど存在しない。前述の組換え抗体との糖鎖構造の差は，おそらく分泌経路の違いと推定される。オボアルブミンにはいわゆる分泌シグナルがなく，通常のゴルジ体・分泌小胞経由で分泌されているか不明である。一方，分泌シグナルを持つオボムコイドのN結合糖鎖はハイブリッド型と短い複合型糖鎖がメインであり，組換え抗体の糖鎖構造と矛盾しない。

N結合糖鎖に比べO結合糖鎖についての情報は少ない。卵白に生産したエリスロポエチンにおいてO-グリコシダーゼ処理により分子量減少が認められ，O結合糖鎖の附加が起こっているものと考えられた[5)]。CHO由来のエリスロポエチンではO結合糖鎖附加型がメジャーだったのに対し，卵白ではO結合糖鎖のついたものとついていないものが同程度認められた。

4　輸卵管の糖鎖生合成系の解析と改変

我々は卵白タンパク質糖鎖のヒト型化の最初として，ガラクトース附加に着目した[6)]。残念ながら，ニワトリの原種とされる赤色野鶏を含め，烏骨鶏や他のニワトリ品種等調べた全てのニワトリ卵白でガラクトース附加は同様に低かった。このため，交配によるガラクトース附加形質の導入は不可能と判断した。

産卵種のニワトリは1週間に6個程度産卵する。排卵後約24時間で体外へ産み落とされる。40-50cmに及ぶ輸卵管は最初の数時間で通過してしまうが，この間に卵白が卵黄の周囲を覆い，卵の形成が進む。その後，24時間のうちの大部分を一番下側の子宮部というところで過ごし，この間に卵殻膜と卵殻が作られる。

卵白タンパク質は輸卵管の膨大部のtubular gland cellと呼ばれる分泌細胞によって生産される。輸卵管細胞の糖鎖合成関連遺伝子はこれまでほとんど解析されてこなかった。ガラクトース欠損は，基質となるUDP-ガラクトース生産系，ゴルジへの基質輸送系，転移酵素などの発現量・局在場所いずれもが原因となりうる。まず，組織抽出液より超遠心によりゴルジ画分を濃縮して，*in vitro*でのガラクトース転移酵素活性を測定した。その結果，輸卵管での酵素活性は肝臓に比べて非常に弱いものであった。そこで，ガラクトース転移酵素に解析の中心を置くことにした（図2）。

NCBIのデータベース中に，β1,4結合で糖タンパク質のN-アセチルグルコサミンにガラクトースを結合する酵素と推定される遺伝子が3種見つかった。このうちGalT1，GalT2についてはクローニングとともに組換体タンパク質を用いた活性の確認が報告されていた[7)]。そこでこれら3種の遺伝子をクローニングして，動物細胞で発現させたところ，いずれもゴルジ体と思われる領域に局在することが確認できた。次に膜結合領域と推定される部分を欠失させ，昆虫細胞によ

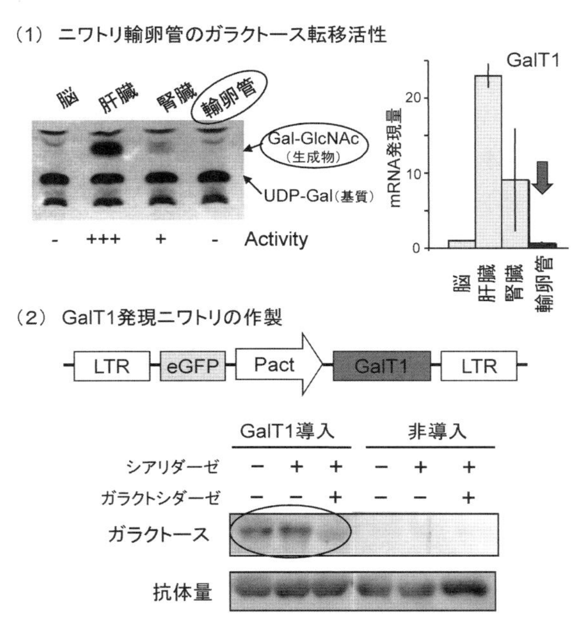

図2　ニワトリ輸卵管のガラクトース転移酵素活性
(1)組織抽出液の酵素活性(左)とGalT1の遺伝子発現量(右)。
(2)GalT1発現ベクターの構造(上)と卵白抗体のガラクトース付加。Pact，アクチンプロモーター。(文献6より改変)

り分泌生産させた酵素タンパク質を用いて酵素活性を測定した。その結果，GalT1，GalT2はほぼ同等の強いガラクトース転移酵素活性を示したのに対し，GalT3は全く活性を示さなかった。

次にRT-PCR法によりこれらの遺伝子発現量を定量した。GalT1は肝臓でもっとも高く，腎臓で中程度，輸卵管と脳では低かった。このパターンは，組織抽出液中のガラクトース転移酵素活性のパターンと似ていた。一方，GalT2は組織間での発現量に大きな差がなかった。酵素活性が認められなかったGalT3は輸卵管で発現が高いことが認められた。

以上の結果から，我々はGalT1の発現が輸卵管で低いことが卵白に生産させた抗体のガラクトースが少ない主原因ではないかと推定した。そこでトランスジェニック技術によりGalT1を輸卵管で発現するニワトリの作成を試みた。我々がこれまで用いてきた常法に従い，全身発現のアクチンプロモーター下流にニワトリGalT1遺伝子を連結したレトロウイルスベクターを作製し，モデル抗体を生産するニワトリの胚に注入した。ウイルス導入個体は見かけ上何の異常もなく孵化，成熟した。性成熟後ニワトリの解析を行った。輸卵管ではGalT1遺伝子発現量が大きく上昇し，これを反映してガラクトース転移酵素活性も大幅に上昇していた。発現レベルは個体により異なるが，非導入個体の肝臓よりも数倍高い活性を認めたものもあった。切片の染色結果から，輸卵管細胞でゴルジ体と思われる領域に発現していることが確認された。卵白より組換え抗体を精製してレクチンブロットにより解析した結果，期待通りにガラクトース附加量が増していることが確認できた。抗体では，ガラクトースが附加されるとCDC（補体依存性細胞傷害活性）による抗ガン活性が上昇するとの報告もあるが，我々の調べたモデル抗体ではCDCに違いは認められなかった。抗原に対する親和性にも変化はなかった。これらの結果は，ニワトリ個体を用いた糖鎖制御工学が可能であることを示した初めての例と言える。

ニワトリ糖鎖はもともとヒト糖鎖と似た構造を持つ。実際，血清に発現させたモデル抗体の糖鎖を分析した我々の結果では，約50％の糖鎖はガラクトースまで含んだ複合糖鎖であり，シアル酸まで結合した糖鎖も少なからず認められている[4)]。このことがごく少数の遺伝子を発現させるだけで糖鎖構造を変換可能であること，及び全身発現の系でも特に目立った毒性も認められなかったことの主な原因と考えられる。また，現在のところ発現量に改善の余地が残されているが，輸卵管特異的な遺伝子発現システムの開発も進められている。附加糖鎖構造を自由に選んで生産可能な「ニワトリバイオリアクター」の実現が期待される。

文　献

1) M. Kamihira *et al., J. Virol.*, **79**, 10864 (2005)
2) L. Zhu *et al., Nat. Biotechnol.*, **23**, 1159 (2005)
3) M. C. Van De Lavoir *et al., Nature*, **441**, 766 (2006)
4) M. Kamihira *et al., J. Biotechnol.*, **141**, 18 (2009)
5) D. Kodama *et al., Biochem. Biophys. Res. Commun.*, **367**, 834 (2008)
6) A. Mizutani *et al., Transgenic Res.*, DOI: 10.1007/s11248 (2011)
7) N. L. Shaper *et al., J. Biol. Chem.*, **272**, 31389 (1997)

第4章　金魚を用いた抗体生産

石川文啓[*1]，田丸　浩[*2]

1　はじめに

著者らは，これまでに魚類モデルとして世界中で用いられているゼブラフィッシュ（*Danio rerio*）やゼブラフィッシュと同じコイ科であり，観賞魚として産業的に重要であるキンギョ（*Carassius auratus*）を活用したバイオテクノロジー開発を推進してきた。魚類の生物学的利点としては，ヒトと同じ脊椎動物であり，多産であり，省スペースで大量飼育が可能であり，しかも飼育コストが安価である。また一方，大腸菌などの既存の発現系では作製が困難な膜タンパク質などが生産可能であり，まさに将来の創薬研究をサポートする実験モデル動物である。

本稿では，これまでお寿司や刺身などの食料や釣りや観賞魚などのレジャーの対象として古くから親しまれてきた魚類の新たな活用法を提唱すべく，“抗体生産動物としての魚類”に焦点を当てながら，組換え体タンパク質を用いた抗原に対する特異的抗体をキンギョのなかでもユニークな形態をした“スイホウガン”を用いて生産する技術について紹介する。

2　抗体生産のホストとしての魚類

現存する脊椎動物のうち，魚類，両生類，爬虫類，鳥類，および哺乳類を包括する顎口類において，獲得免疫系の抗原特異的認識を担う抗体分子が確認されている。魚類は顎口類の中で進化的に初期に分岐した生物であるが，哺乳動物の獲得免疫系で働く主な分子である抗体，T細胞レセプター，主要組織適合複合体（major histocompatibility complex：MCH）クラスI分子，MCHクラスII分子および補体系で働く分子を保持している[1)]。これら免疫応答に関わる分子の基礎的な研究は主に哺乳動物を用いて精力的に行われてきた。現在，抗体生産の免疫動物として利用されているのは，おもにマウス，ラット，ウサギ，ヤギなどの哺乳類である。また，哺乳類において解明された基本的な免疫応答の仕組みは，魚類においては未だ十分に確認されていないことから，抗体生産のホスト動物として魚類はこれまで利用されていない。しかしながら，進化的に近縁な生物間において相同遺伝子のアミノ酸配列が高い相同性を有することから，ホスト動物の免疫寛容の仕組みによって創薬標的となるタンパク質に対する抗体が作製困難であった場

＊1　Hisayoshi Ishikawa　三重大学　大学院生物資源学研究科　生物圏生命科学専攻
博士後期課程

＊2　Yutaka Tamaru　三重大学　大学院生物資源学研究科　生物圏生命科学専攻　准教授

合，哺乳動物に対して進化的に遠縁である魚類をホスト動物として利用することで問題を解決でき，新たな創薬戦略のブレークスルーとなる可能性がある。

3　金魚スイホウガンを用いた抗体生産

3.1　スイホウガン

スイホウガンは，コイ科フナ属キンギョ（*Carassius auratus*）の品種の一つで中国原産の観賞魚であり，生後1年で約5 cmに成長し，眼球の下に直径1.0～2.0 cmの袋状の水泡を有する(図1)。水泡中には血漿または血清様のリンパ液が存在すると考えられており，水泡中のリンパ液を魚類の細胞培養の培養液の成分として利用する研究が行われている[2)]。また，水泡中のリンパ液はおよそ500～2000 μlの採取が可能であり，採取後約1～2週間で元の大きさにまで戻る。魚類を用いた抗体作製において，小型魚類であるゼブラフィッシュなどを免疫動物として用いると，血清の採取に全身の血液を使用する必要があり，個体に対するダメージが大きかった。また一方，コイなどの大型魚類を免疫動物に用いると必要量の血液の採取は可能であるが飼育に大きなスペースが必要になる。スイホウガンは小型でもなく，また大型でもない中型魚であり，市販の観賞用60 L水槽で飼育可能である。さらに，水泡中のリンパ液を抗体として利用できるため，採取の際に魚体に大きなダメージを負わせることがなく，また継続的に採取可能であり，スイホウガンは免疫動物として大きなメリットを有している。

3.2　スイホウガン・イムノグロブリン重鎖（*gIg H*）遺伝子のクローニングおよび特徴

スイホウガン・イムノグロブリン重鎖（*gIg H*）遺伝子は，金魚IgMを含むと予想される脾臓と腎臓のcDNAから3'RACEによって*gIg H*の定常領域を増幅しクローニングした。すなわち，3'RACEに使用した縮重プライマーは，金魚ゲノムの*Ig H*可変領域（VH）の National Center for Biotechnology Information（NCBI）のGenBank登録配列であるX61312，X65266，X61314[3, 4)]，ならびにゼブラフィッシュ（*Danio rerio*）IgHのAY646254およびコイ（*Cyprinus carpio*）IgHのAB194134を用いてアッセンブリングし，フレームワーク領域（FR）

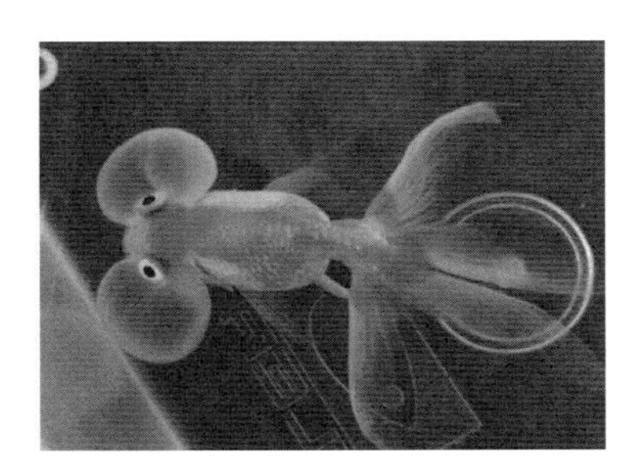

図1　スイホウガン
両目の下に大きな水泡を有している。

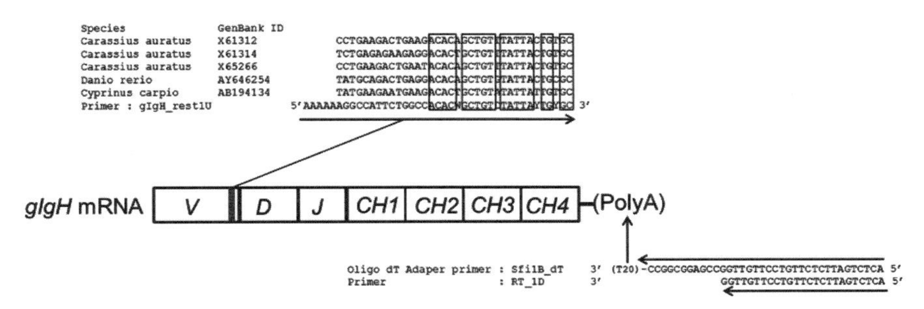

図2　gIgH定常領域のクローニングの為の3'RACE解析
スイホウガンの脾臓と腎臓から単離したmRNAからSfiIB_dTプライマーを用いてcDNAを合成しgIgH_rest1UとRT_1Dプライマーを用いて3'RACEを行った。縮重プライマーであるgIgH_rest1Uの設計に用いた金魚，コイ，ゼブラフィッシュの配列情報をgIgH_rest1Uの配列上部に示した。

において相同性が高い領域に設計した（図2）。さらに，クローニングした*gIgH*定常領域のヌクレオチド配列からアミノ酸配列を予測し，ゼブラフィッシュ，コイ，およびヒトの*IgH*のアミノ酸配列と比較・解析した。

硬骨魚の分泌型イムノグロブリン重鎖（IgH）は，哺乳動物の重鎖と相同性のある4つのCHドメイン（CH1からCH4）からなる定常領域と，V，D，Jからなる可変領域によって構成される。また，硬骨魚のIgHの可変領域には最も変異に富む超可変領域である相補性決定領域（CDR）が3つしかなく，比較的変異の少ないFRが4つ交互に並んで存在する。上記の方法でクローニングされたスイホウガンの*IgH*は3番目のCDRと4番目のFRを含み，4つのCHドメインをすべて含んでいることが判明した。さらに，スイホウガンの*gIgH*定常領域のアミノ酸配列をデータベースに照合して比較・解析したところ，コイとの間で82.9％，ゼブラフィッシュとの間で59.4％，ヒトとの間で22.8％のそれぞれ相同性を有していることが明らかとなった（図3）。

3.3　スイホウガン水泡中の抗体成分の検出

スイホウガンの血清および水泡液に対して50％硫安を添加し，得られた沈殿物をPBSに溶解してサンプルとした。スイホウガンの水泡中の抗体成分の確認をブルーネイティブPAGEによる電気泳動とAnti-Crucian Carp IgM（AQUQTIC）を用いたウエスタンブロットによって行った。すなわち，Anti-Crucian Carp IgMはコイIgMに対する抗体であるが，弱いながらも金魚IgMとも免疫反応する。電気泳動の結果，スイホウガンの血清および水泡液のIgMは分子量マーカー600 kDa以上のおよそ800 kDaの付近に検出された（図4）。抗体はH鎖とL鎖のポリペプチドが各2本からなる基本構造を保有する。また興味深いことに，哺乳類のIgMはそれらがさらに5量体を形成しているが，魚類のIgMは4量体を形成することが知られている。このことから，スイホウガンIgMのH鎖とL鎖のポリペプチドが各2本からなる基本構造はおそらく200

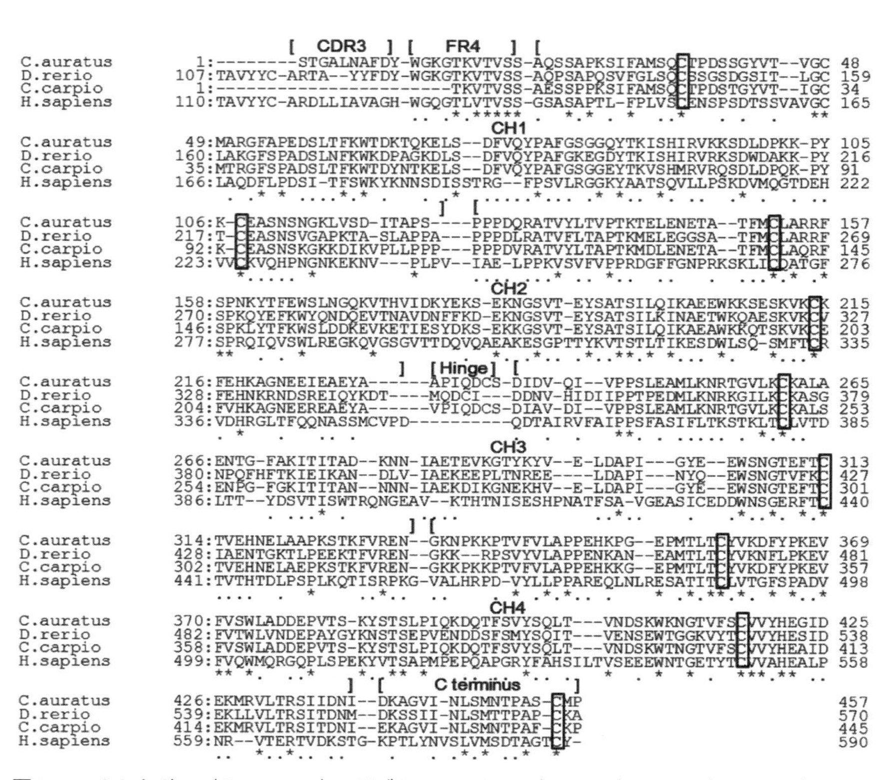

図3　スイホウガン（*C. auratus*），ゼブラフィッシュ（*D. rerio*），コイ（*C. carpio*），およびヒト（*H. sapiens*）のIgHアミノ酸配列を用いた相同性解析

CDR，FR，CH，Hinge，C terminus領域は配列の上部に，ギャップはハイフンで示した。図の4つの種で同一のアミノ酸はアスタリスクによって，3つの種で同一のアミノ酸はピリオドによってそれぞれ配列の下部に示した。進化的に保存されているシステインは四角で囲って示した。

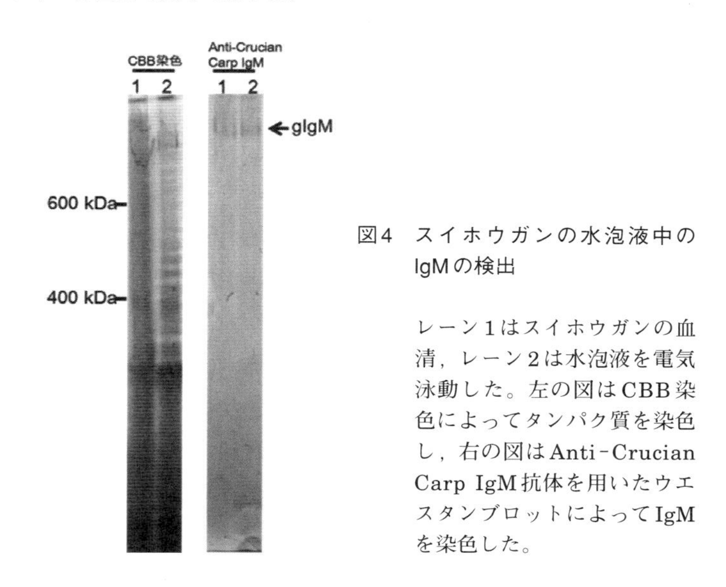

図4　スイホウガンの水泡液中のIgMの検出

レーン1はスイホウガンの血清，レーン2は水泡液を電気泳動した。左の図はCBB染色によってタンパク質を染色し，右の図はAnti-Crucian Carp IgM抗体を用いたウエスタンブロットによってIgMを染色した。

kDaであることが推測された。また，スイホウガンの水泡液は血清と同様にIgMを含んでいることが明らかとなった。

3.4　スイホウガンを用いたTF-EGFP-Hisに対する抗体作製

3.4.1　抗原の調製と免疫方法

大腸菌に発現させたTrigger Factor（TF）とHistidine（His）タグおよびEnhanced green fluorescent protein（EGFP）の融合タンパク質（TF-EGFP-His）を精製して抗原に用いた。アジュバントとして4％パラホルムアルデヒドによって固定した大腸菌BL21と酵母抽出液(Y.E.）を検討した。抗原を100μg/μl TF-EGFP-His/PBSに調整し，このうち200μlを右の水泡へ注射することで抗原の投与を行った。また，アジュバントは100μg/μlとなるように調整し，抗原と混合して使用した。免疫したスイホウガンは図5右表のスケジュールに従って，およそ1～2週間に1回の間隔で水泡液を採取した。

3.4.2　水泡液のサンプリング

水泡液は1mlのシリンジに注射針（テルモ27GX3/4）をセットした注射器を用いて，左水泡

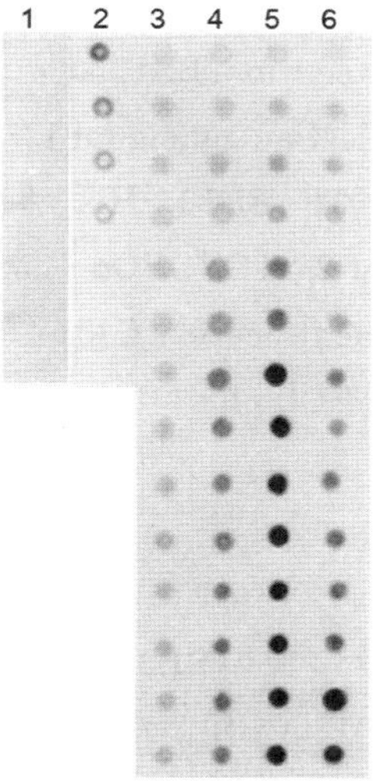

レーン	1	2	レーン	3	4	5	6
サンプル	抗Myc tag抗体	抗His tag抗体	サンプル	BL21+Y. E. を免疫した水泡液	TF-EGFP-Hisを免疫した水泡液	TF-EGFP-His + BL21を免疫した水泡液	TF-EGFP-His + Y. E. を免疫した水泡液
希釈倍率	100	100	初回免疫からサンプリングした日までの日数	0	0	0	0
	300	300		7	7	7	7
	600	600		21	21	21	21
	900	900		25	25	25	25
	1200	1200		28	28	28	28
	1500	1500		32	32	32	32
	1800	1800		43	43	43	43
				49	49	49	49
				56	56	56	56
				70	70	70	70
				77	77	77	77
				86	86	86	86
				91	91	91	91
				98	98	98	98

図5　TF-EGFP-Hisを免疫したスイホウガン水泡液中の抗原特異的抗体の検出
TF-EGFP-His(4)，TF-EGFP-His＋BL21(5)，TF-EGFP-His＋Y. E.(6)，BL21＋Y. E.(3)をそれぞれ免疫したスイホウガンの水泡液中の抗原特異的抗体をドットブロットを用いたサンドイッチ法によって検出した（左図3～6）。レーン1はドットブロットのネガティブコントロールとして抗Myc tag抗体を，レーン2はポジティブコントロールとして抗His tag抗体を右図の希釈倍率に従って希釈したサンプルである（左図1，2）。レーン3～6は右図のサンプリングスケジュールに従って採取した水泡液を50％硫安で沈殿しPBSに溶解したサンプルである（右表）。

から200～300μlを採取した。採取した水泡液は，500×gで10分間4℃の遠心分離を行い，上清を分取した。次に，1,000×gで10分間，4℃の遠心分離を行い，上清を分取することで余分な組織と血球を取り除いた。最後に，水泡液を50％硫安で精製し，沈殿物をPBSに溶解しサンプルとした。

3.4.3 抗原特異的抗体の検出

抗原特異的抗体の検出は，ドットブロットを用いたサンドイッチ法によって行った。すなわち，PVDF膜をメタノールによって5分間振盪し，超純水によって10分間の振盪を2回，最後にPBSによって10分間以上振盪することによりPVDF膜を平衡化した。サンプル滴下直前にプロワイプ（エリエール）に挟み込む事によって余分なPBSを除去し，パラフィルム上のPVDF膜へ水泡液から精製したサンプルを2μlずつ滴下した。ポジティブコントロールとして抗His·tag抗体（MBL）を，ネガティブコントロールとして抗Myc·tag抗体をPBSによって100，300，600，900，1200，1500，および1800倍に希釈したものをそれぞれ調整後，2μlずつPBSで平衡化した膜に滴下した。サンプルを滴下した膜は，風乾によって一晩乾燥させた。乾燥させた膜を{5％スキムミルク/0.05％ Tween in TBS（20 mM Tris-HCl，150 mM NaCl）(pH 7.5)}によって膜の平衡化とブロッキングを室温で3時間行った。ブロッキングした膜を0.05％ Tween in TBSによって2回リンスし，さらに10分間の振盪を1回，5分間の振盪を2回行うことで余分なスキムミルクを洗浄した。あらかじめ精製した5 ng/μl TF-EGFP-HisをCan get signal 1（TOYOBO）によって調整し，室温で2時間反応させた。次に，0.05％ Tween in TBSによって10分間の振盪を3回行うことで余分なTF-EGFP-Hisを洗浄した。続いて，Can get signal 1によって1/3,000に希釈した抗GFP抗体（MBL）を室温で2時間反応させ，TF-EGFP-Hisと同様に洗浄し，余分な抗His・tag抗体を除去した。さらに，Can get signal 2（TOYOBO）によって1/100,000希釈したペルオキシダーゼ標識抗Rabbit IgG抗体（GE healthcare）を用いて室温で1時間反応させた後，TF-EGFP-Hisと同様に洗浄後，Amersham ECL plusにて発光反応させることで膜に滴下したサンプルを検出した。

3.4.4 スイホウガンを用いた抗体生産の可能性

スイホウガンの水泡に抗原を注射し，水泡液中の抗原特異的抗体をドットブロットによって検出した結果，TF-EGFP-Hisのみを免疫した個体とTF-EGFPとアジュバントのBL21を免疫した個体において，初回免疫後28日後から反応を示し，43日後から強い反応を示した（図5，左図のレーン4および5)。一方，アジュバントのBL21とY.E.を免疫した個体は，初回免疫から98日後においても反応を示さなかった（図5，左図3)。TF-EGFPとアジュバントのY.E.を免疫した個体は，初回免疫から43日後から反応を示し，91日後から強い反応を示した（図5，左図6)。以上の結果から，スイホウガンの水泡中に抗原を注射することで，水泡中に抗原特異的抗体を産生・誘導することが明らかとなった。

4　おわりに

魚類のIgMの重鎖はクラススイッチによるサブクラスの産生機構が存在しないと考えられている。一方，哺乳類の免疫機構において，IgMの産生は初回免疫後約2週間までの一次応答で主要な抗体として産生されるが，二次免疫後の二次応答では少量しか産生されず，クラススイッチによってIgGが主に産生されることが知られている[5)]。このことから，魚類のIgMが哺乳類と同様の振る舞いをするならば，スイホウガンへの免疫の際の初回免疫から21日までに抗原特異的抗体の力価が飽和するはずであるが，初回免疫回後28日から力価の上昇が見られ，43日後にさらに上昇した。あるいは43日後から力価の上昇が見られ91日後からさらに上昇した。今回の結果は，魚類では哺乳類と異なる方法の二次応答によって，IgMの生産がさらに増強する可能性を示唆している。もしくは，比較的短い間隔で免疫することでIgMが蓄積し，水泡液中の濃度を上昇させることに成功したのかもしれない。スイホウガンの水泡液中に抗原を注射することで抗体力価が上昇したという結果は，様々な使用を目的とした抗原特異的な抗体生産において，魚類も哺乳類と同等の免疫動物としてのポテンシャルを有する可能性があることを示唆している。

文　　献

1）藤井保，魚類の免疫系，p.12, 恒星社厚生閣（2003）
2）E. Sawatari *et al., Zoolog Sci.*, **26**, 254（2009）
3）Melanie R. Wilson *et al., Mol Immunol.*, **28**, 449（1991）
4）Melanie R. Wilson *et al., Proc Natl Acad Sci U S A.*, **85**, 1566（1988）
5）D. Male *et al.*, 免疫学イラストレイテッド（原書第7版），p.174, 南江堂（2009）

第5章　核酸医薬（オリゴヌクレオチド）の製造技術

南海浩一*

1　はじめに

近年の分子生物学の発展により，種々の病気の因子が分子レベルで解明されてきている。このような因子をターゲットとした医薬品は分子標的薬といわれ，低分子化合物だけでなく，現在では高分子である蛋白質からなる抗体医薬品が知られており，さらにこれらに続く次世代の医薬品として“核酸医薬”に対する期待が高まっている。核酸医薬は，作用の特異性が高く副作用も少ないと考えられており，全世界で研究開発が行われている。しかしながらこれまでに上市されたのは2品目のみで未だ開発途上である。

核酸医薬とは，ターゲットに対して有用な機能を持つように核酸（ヌクレオチド：いわゆるDNAやRNA）の順序を設計して化学合成により製造したもので，ヌクレオチドが数個〜百個程度つながったオリゴヌクレオチドであり，オリゴヌクレオチドそのものが因子に対して直接の機能を持つ医薬品である。核酸医薬には図1に示すようなものがあるが，これらは全て基本的には同じように製造されている。

同じく核酸を用いる遺伝子治療は，製造方法が化学合成ではないという点と，また核酸そのものが作用するのではなく主としてタンパク質を発現させ，その作用によるという点が核酸医薬とは大きく異なる。

ここではオリゴヌクレオチドの化学合成による一般的な製造方法や，天然型以外の修飾核酸などについて述べる。

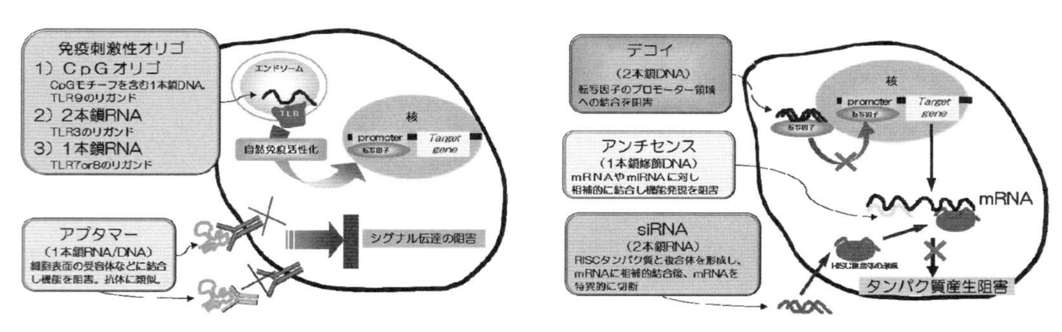

図1　核酸医薬の種類

*　Hirokazu Nankai　㈱ジーンデザイン　プロセス開発部　部長

2　オリゴヌクレオチドの合成

核酸医薬の本体であるオリゴヌクレオチドの合成には，ホスホロアミダイト法と呼ばれる固相合成法が用いられており，固相担体としてCPG（Controlled Pore Glass）と呼ばれる細孔を持つガラスビーズ，またはポリスチレンビーズを用いる。この担体にはアルキル鎖が結合し，それにエステル結合を介してモノマーのヌクレオチドの3'末端が結合したものが主として用いられている。その他の担体として，特定のヌクレオチドが結合していないユニバーサルと呼ばれるタイプの担体では，特殊な人工核酸などを3'末端に付加したい場合等に用いることができる。一般的なCPGは，担体上の合成開始部分の官能基のモル数（load量と呼ばれている）が担体1g当たり80 μmol程度までであるのに対して，ポリスチレンビーズの場合は400 μmol/gのものも販売されており，このような高密度のものはアンチセンスなど20 mer程度のDNAの合成などに用いられている。

担体上への合成は，図2に示すようにヌクレオチドの3'末端側から1つずつヌクレオチドを付加していく。1つのヌクレオチドを付加するためには，図3に示す4段階の反応が必要である。

①　5'位の1級水酸基の保護基（ジメトキシトリチル（DMTr）基）を外す

②　DMTr基を外した5'位に次のヌクレオチドのアミダイト体をカップリングさせる

③　酸化反応により3価のリンを5価にする
（S化の場合はこの時点で酸化の代わりにS化反応を行う）

④　未カップリングのオリゴをアセチル化によりそれ以上反応が進行しないようにする

というサイクルを繰り返して目的の鎖長まで合成する。

この反応で用いるアミダイト体と呼ばれているヌクレオシドの修飾体は図4に示すような構造である。アミダイト体は，図のようにヌクレオシドの塩基部分と，RNAの場合はさらに糖の2'位も保護されており，3'位にはリン酸基骨格を有し，5'位の1級水酸基はジメトキシトリチル基（DMTr）で保護した構造になっている。

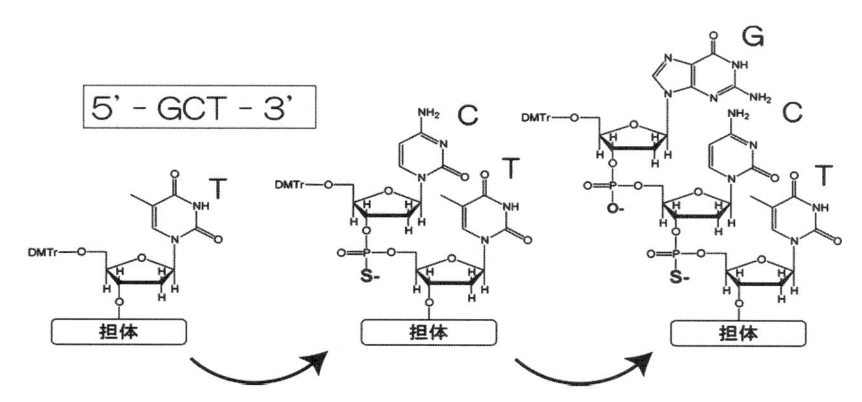

図2　オリゴヌクレオチドの合成（3塩基【5'-GCT-3'】の合成例）

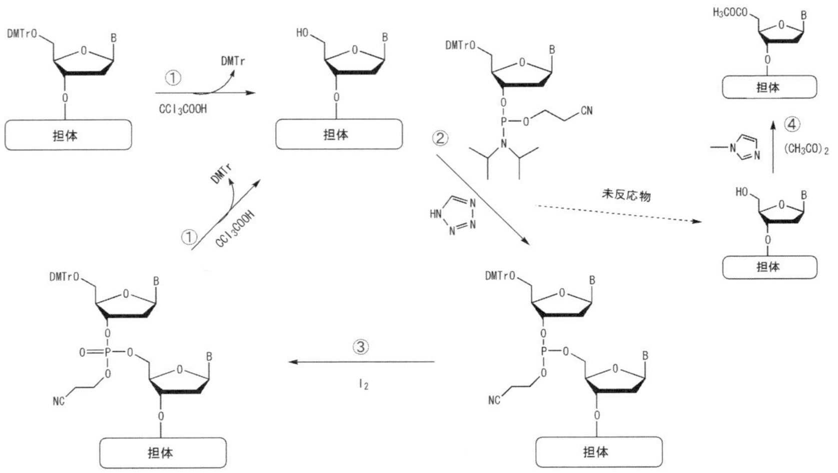

図3　オリゴヌクレオチドの合成サイクル（①→④の反応を繰り返し伸長していく）

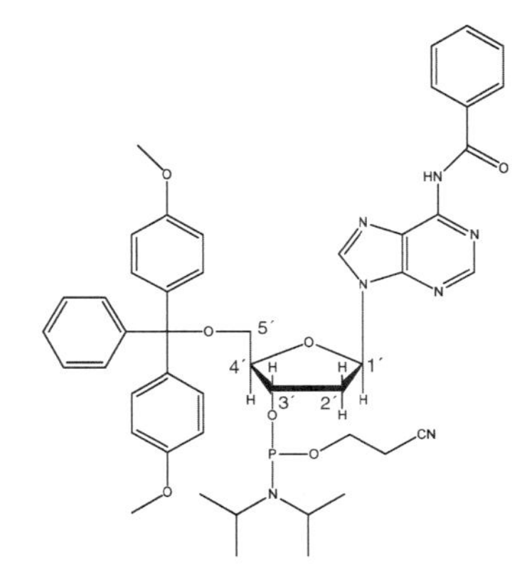

図4　アミダイトの構造（ここに示しているのはdAアミダイトの構造）

DNA合成では1カップリングの反応は平均99％の反応効率であるのに対しRNAは2'位の保護基の立体障害等のため98％程度とされ，このことが長鎖RNA合成における不純物生成の主因となっている。現在使用されているRNAのアミダイト体については2'位の保護基の違いから，2'-O-*t*-butyldimethylsilyl（TBDMS），2'-O-triisopropylsilyloxymethyl（TOM），2'-cyanoethoxymethyl（CEM）[1)]，5'-silyl-2'-acetoxyethoxy（ACE）などが用いられている。TBDMSはもっとも一般的な2'位保護基であるが，この保護基はかさ高い構造のため合成効率の面で不利であることから，これに代わるTOM，CEM，ACEなどの2'位保護基が開発されてきた。特にCEMは保護基構造が大幅に小さくなっているため長鎖RNA化学合成に適しており，国産の核酸合成技術として今後の展開が期待される。

合成サイクル完了後は，オリゴヌクレオチドを固相担体から切り離すこと（切出し）と，塩基部及び2'位の保護基を外す（脱保護）工程を行う。切り出し及び塩基部脱保護は濃アンモニア水などに担体を懸濁させて，室温あるいは加熱して反応させることにより行うが，この条件はどの担体や塩基部保護基を用いるかにより大きく異なるため最適化が必要である。RNAでは次に2’位の脱保護を行うため，濃アンモニア水を除去しそれぞれの2’位保護基に最適な溶液と加温条件にて脱保護を行う。以上の工程を経て合成オリゴヌクレオチドのクルード溶液が得られる。通常の20塩基長オリゴヌクレオチドの場合は，load量1 μmol当たりクルードで5 mg程度が得られ，その中に約70％の完全長のオリゴヌクレオチドが含まれている。

オリゴヌクレオチドの合成にはざっと記しただけでも上述のような要因があることから，一口にオリゴヌクレオチドの合成と言っても様々なノウハウが必要になる。このことからスケールアップに際しては事前のプロセス検討が重要な課題となる。また，合成時の収率が次の精製にも影響するので，できる限り高効率の合成を行うことが必要である。

3　オリゴヌクレオチドの精製

合成クルード溶液は，次に液体クロマトグラフィーを用いて精製する。オリゴヌクレオチドの精製に用いられるのは，陰イオン交換（IEXまたはAEX）クロマトグラフィーと逆相イオンペア（RP-IP）クロマトグラフィーで，それらを単独で，あるいは両方を用いて精製する（図5）。

一般的な方法としては，合成の際にオリゴヌクレオチドの5’末端のDMTr基（疎水性）を残しておき，このDMTr基と逆相担体との間の疎水性相互作用を利用し一度精製する。次に，IEXカラムに吸着させ，酸を用いてDMTr基を精製カラム上で切り離した後に塩のグラジエントにより溶出する方法が一般的である。オリゴヌクレオチドの配列長や構成要因により条件の最適化を行うことで精製収量と純度は改善されるが，オリゴヌクレオチドの長さが長くなればなるほど，立体構造などによりクロマトのパターンが複雑になることがある。このような場合には精製がより

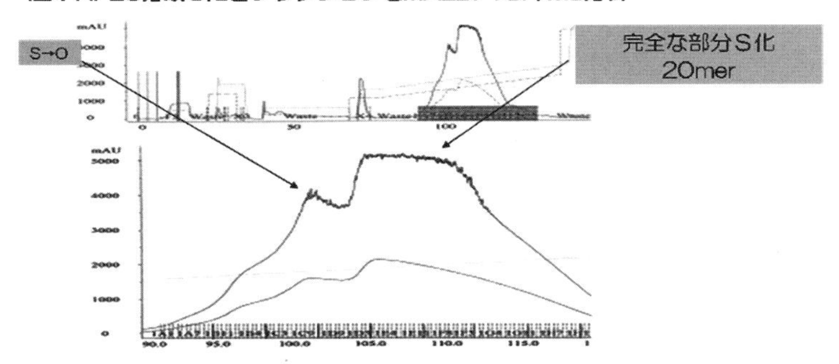

図5　精製条件の最適化により，1箇所のSがOに酸化されたもの（分子量16の差）を除去した例
上；全体のクロマトグラム，下；拡大図

困難になることから，合成時に完全長のものをより高収率で得ることが求められる。

液体クロマトグラフィーにより分離した画分は，高速液体クロマトグラフィー（RP-IP-HPLCおよびIEX-HPLC）での純度確認や質量分析による分子量の確認を行い，目的の分子量のものを含み目的の純度に達している画分を回収する。次に限外ろ過により，溶媒の置換や塩の除去を行う。

siRNAやデコイなどの場合はさらに2本鎖化（アニーリング）工程を要する。一般的には等モルの各鎖を水溶液に共存させ，熱変性後に徐冷することで2本鎖が得られるが，修飾等がないオリゴヌクレオチドで完全に相補的な配列の場合は2本鎖の方が安定な構造であるために，室温で混合するだけで2本鎖が得られる。アニーリングの際の濃度については高濃度がいいようである。得られた1本鎖あるいは2本鎖のオリゴヌクレオチドは最後に凍結乾燥し保存することが多い。

4　オリゴヌクレオチドに用いられる修飾

オリゴヌクレオチドに用いられる修飾としては，ヌクレオチドそのものの修飾や人工核酸[2)]，リン酸ジエステル結合部分への修飾（図6），および末端への修飾がある。末端への修飾では他の化合物を結合させるための反応性の官能基（アミノ［$-NH_2$］，チオール［-SH］，アルキン［-C≡CH］等）を付加することもでき，表1に示すような化合物を付加することができる。また修飾によって，表2に示すような機能性の向上が期待できる。

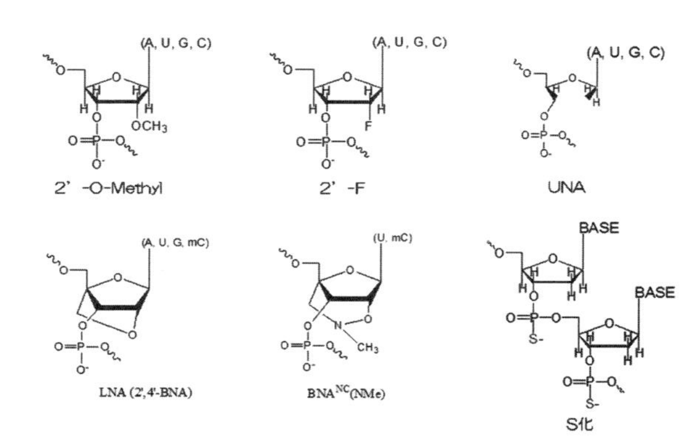

図6　人工核酸の例とリン酸ジエステル結合のS化（右下）

表1　末端修飾と結合物質例

末端付加反応性官能基	結合物質例
アミノ化（$-NH_2$）	高分子PEG（40 kDa，80 kDaなど）
	二価性リンカー
チオール化（－SH）	膜透過シグナルペプチド
	疎水性ペプチド
アルキン修飾（－C≡CH）	アジド化合物

表2　各種修飾とその機能性

修飾手法	修飾位置	アプリケーション例	効果
2'位O-Methyl化 2'位F化	内部配列	siRNA，アプタマー， アンチセンス	生体内安定性の向上 免疫刺激性の低減
LNA BNA	内部配列	siRNA，アンチセンス	生体内安定性やターゲット特異性の向上
ホスホロチオエート（S化） ホスホロジチオエート（PS2化）	内部配列	siRNA，アンチセンス， デコイ核酸，CpG ODN	生体内安定性の向上
ペプチド付加，糖付加	末端に付加	siRNA，アプタマー， アンチセンス，CpG ODN	細胞導入効率の向上 組織特異的デリバリー
Cholesterolなどの 疎水性分子付加	末端に付加	siRNA，アンチセンス	細胞導入効率の向上 組織特異的デリバリー
高分子ポリエチレングリコール（PEG）付加	末端に付加	アプタマー，CpG ODN	血中滞留性の付与

5　オリゴヌクレオチドの分析

得られたオリゴヌクレオチドは，さまざまな分析により確認を行う。通常行う分析はRP-IP-HPLC，IEX-HPLC，キャピラリーゲル電気泳動などの純度分析，質量分析（MALDI-TOF/MSやLC-MS）による確認試験，その他にはpHや凍結乾燥後の水分含量などがあるが，核酸医薬品特有の分析として配列確認がある。配列確認には質量分析を用いることが多く，その方法として，①質量分析装置内で分解させて解析する方法，②酵素あるいは酸[3]で分解し，分解物を質量分析で確認する方法，③合成時に途中でキャップされたもの（図3の④）を質量分析で解析することにより，間接的に配列を確認する方法などがある。図7に弊社で行った配列解析の例を示す。

6　おわりに

核酸医薬品の研究開発は国内でも増えているが，製造に関しては（特に数百gスケール以上の製造は）海外に依存しているのが現状である。

現在弊社の最大の合成スケールは1バッチ100g程度であるが，国内に拠点を持つオリゴヌクレオチドメーカーでは唯一医薬品製造業の許可（無菌医薬品）を得ており，スモールスケール製造から核酸医薬品治験薬GMP準拠製造施設の運用までを一貫して行う体制を整えている。このような体制の中で，これまで上述のような一般的なオリゴヌクレオチドの製造から，各種修飾による高機能化，さらには核酸医薬品の様々な分析などの技術および経験を有している。また，現在核酸医薬に特化したCMC研究センター[注)]を立ち上げる予定であり，さらに日本発の核酸医薬開発に貢献したいと考えている。

注）CMC（Chemistry, Manufacturing and Controls）は医薬品の化学，製造および品質管理のことで，CMC研究とは，製剤開発，品質評価法開発，製造プロセス開発などを指す。

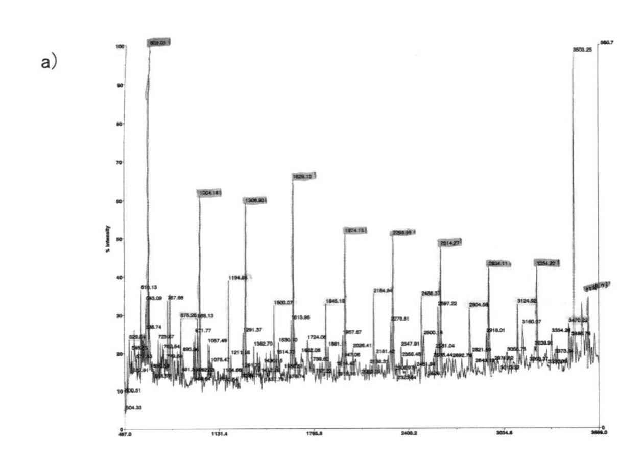

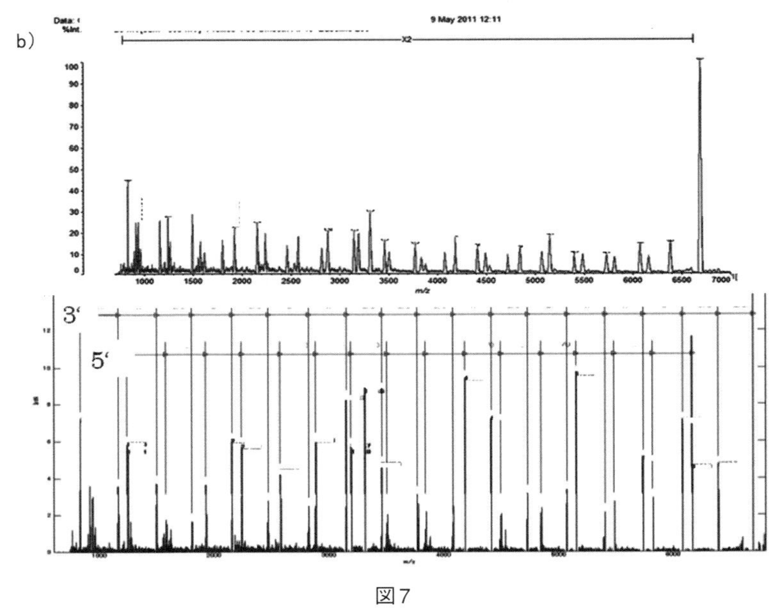

図7

a) MALDI-TOF/MSのイオン源でS化DNAを分解し，各シグナルの質量差から配列を確認した。

b) 酸で加水分解したRNA（20mer）をMALDI-TOF/MSで測定し（上段），その結果を基に質量差を求め（下段）配列を確認した。各シグナルの質量や配列は消去して掲載している。

文　　献

1) T. Ohgi, Y. Masutomi, K. Ishiyama, H. Kitagawa, Y. Shiba, and J. Yano *Org. Lett.*, **7**, 3477-3480（2005）

2) S. M. A. Rahman, S. Seki, S. Obika, H. Yoshikawa, K. Miyashita, T. Imanishi, *J. Am. Chem. Soc.*, **130**, 4886-4896（2008）等

3) U. Bahr, H. Aygün, and M. Karas, *Anal. Chem.*, **81**, 3173-3179（2009）

第6章　ペプチド医薬品の高効率的製造法：Molecular Hiving™技術のGMP製造への適用

鈴木啓正*1，阿部　準*2

1　はじめに

2010年に78兆円といわれる医薬品市場において，バイオ医薬品市場は15兆円，その成長率は低分子医薬品に比べて高い。これは多くの先人達による研究成果であり，その一端を担うペプチド医薬品開発における日本の研究者の貢献は極めて大きい。その一例がhANP，BNPの発見と機能解析である。弊社（旧社名：第一化学薬品株式会社）も，宮崎医大・松尾研究室におけるBNP, CNPの発見に関わらせていただいた[1)]。

医薬品開発において，生理活性物質を見出した後，多くのアナログ合成による構造活性相関研究により候補化合物を選定する。そして薬物動態試験，毒性試験，前臨床試験，臨床試験などの多くのステップを経てようやく上市を迎えることができる確率は，スクリーニング段階の候補化合物の1/10000以下といわれている。一方，ペプチド医薬品を大量生産するために行われる検討は臨床試験のステージアップに合わせて実施され，工業的生産法はリコンビナント技術を活用する培養法と合成法に大別される。前者は製法確立に多くの時間を要するが，一度生産法を確立すれば安価な製造コストでペプチドを生産することができ，その代表例は51merペプチドであるインスリンが挙げられる。一方有機合成法には，液相ペプチド合成法（LPPS）と固相ペプチド合成法（SPPS）がある。LPPSは大量生産に有利といわれるが，各工程での単離精製が困難であり，生産プロセス構築に経験を要することから，工業化検討が長期化する傾向がある。LPPSにて製造されているペプチド医薬の代表例に武田薬品工業のリュープリンが挙げられる。

一方1984年のノーベル賞受賞者メリフィールドらにより開発されたSPPSは，樹脂にアミノ酸のカルボキシル基を結合しC末端から順番にアミノ酸を結合していく合成法で，LPPSに比べて反応性は若干低下するものの自動合成機が数多く市販されており，装置に順番にアミノ酸入り容器をセットすれば合成できるという簡便さから，現在のペプチド合成法の主流になっている。ここではLPPSに比べた反応性の低さは過剰の試薬量でカバーし，各工程で用いられる過剰の試

---

*1　Hiromasa Suzuki　積水メディカル㈱　医療事業部門　医薬事業部　営業部営業企画グループ　グループ長

*2　Hitoshi Abe　積水メディカル㈱　医療事業部門　医薬事業部　岩手研究開発センター研究開発グループ　研究員

薬は反応生成物が樹脂上にあることを利用して溶媒洗浄によって除去される。しかし，ペプチド自身が樹脂と結合しているゆえに，反応途中で生成物のペプチド自身を直接追跡することが難しいという問題を抱えている。

一般に医薬品製造では，製品を安定して製造できるように，製造プロセスの設計には「医薬品等の製造品質管理基準」(Good Manufacturing Practice，以下GMP）という製造段階での品質保証の概念を織り込む必要がある。GMPでは，医薬品の品質を高く維持するために，製品中の不純物を設定値以下（多くの場合1つずつの不純物は0.1％以下）とするため，各工程における種々反応条件，それぞれの中間体段階での品質管理を意識したプロセス設計，工程管理が要求される。

ペプチド医薬品製造では，ペプチド鎖伸長過程で縮合反応と脱保護反応が繰り返されるが，工程管理項目としては，縮合反応が十分に進んだか？　脱保護は十分に行われたか？　余剰試薬は十分に洗浄，除去できたか？　などを確認・記録する必要がある。しかし，SPPSでは分析機器によるモニタリングが間接的にしかできない等の課題がある。そこで，SPPSのプロセス設計のコンセプトは，十分な反応率が得られるようにFmoc-アミノ酸，縮合剤などの試薬を2等量前後と比較的多く使用し，合成プロセスは比較的甘い管理とした上で，樹脂から切り出して得られる粗ペプチド（Crudeペプチド）を各種クロマトグラフィーを駆使して精製することに重点を置いて，目的のペプチド医薬品を得る手法が採られている。

一方LPPSは，SPPSに比べて反応率確認が容易であり，バッチサイズの変更も比較的容易である。しかしながら一般的なLPPSでは，反応，抽出，濃縮というステップの繰り返しのなかで，液々抽出では試薬を除去しきれないという問題があった。

近年のペプチド医薬品開発では，ペプチド鎖に糖や脂肪酸，非天然アミノ酸を導入した様々な修飾ペプチドの開発が検討されている。こうした修飾ペプチドをSPPSで製造することは反応率の観点から容易ではない。そこで，修飾ペプチドを容易に作ることができる新しいペプチド合成法の開発が待たれていた。

本稿では，従来法のペプチド製造技術の医薬品製造における諸々の問題解決策の一つとして，疎水性タグを用いた新しい液相ペプチド合成法について述べる。

2　Molecular Hiving™技術

2000年以降，東京農工大学農学部，千葉一裕教授らは，均一溶液においてアミノ基および側鎖官能基が保護されたアミノ酸誘導体を逐次縮合し，アミノ基の保護基を逐次脱保護しながら目的とするペプチド分子を逐次伸長することを目標にC末端アミノ酸を疎水性タグに結合させて合成する方法を広く検討してきた[2, 3]。反応は均一溶液中で行い，反応終了後に極性溶媒を加えることで目的物を沈殿させ，容易に固液分離する方法を確立した。（WO2007/034812，WO2007/122847）そして，Molecular Hiving™技術の事業化は，東京農工大学スピンオフベンチャー企業のJITSUBO株式会社に引き継がれた。本技術の概要を図1に示す。

本法の特徴は，縮合反応またはアミノ基脱保護反応の度に，溶液内に存在する過剰なアミノ酸や不要な試薬を容易に除去することができることにある。千葉らは，こうした疎水性タグを用いて溶液中に均一に溶解した基質を反応後に特定の空間部分に集めるプロセスを，ミツバチが帰巣する様子にたとえMolecular Hiving™と名づけた。疎水性タグの例を図2に示す。

本法は反応は均一系溶液系で実施し，分離精製は目的物の沈殿や二相溶液での分配特性を活用するため，反応条件の最適化や実際の製造に係る時間は短縮されると共に，アミノ酸誘導体試薬や縮合剤の使用量をほぼ当量に抑制することができる。またTLC，HPLC，質量分析法などによる反応の追跡，構造確認，純度検定なども簡便に実施できる利点を有している。さらに均一溶液反応であるため，スケールアップも比較的容易であるなど，従来のSPPSやLPPSがそれぞれ抱える課題の多くを克服したと考えている（図3）。

2010年，JITSUBO株式会社と積水メディカル株式会社は本技術によるペプチドGMP製造の事業化を目指して可能性検討を開始，2011年1月より共同開発を本格化させている。本法の最大の魅力はGMPプロセスを容易に組み上げられることにある。そこで，まずHPLC条件の詳細設定を行うことに主眼を置いた。順相クロマトグラフィーによる分析により縮合反応，脱保護反応を，さらに精製プロセスの全ての工程において純度，収率を追うことができることを確認した（図4）[4, 5]。

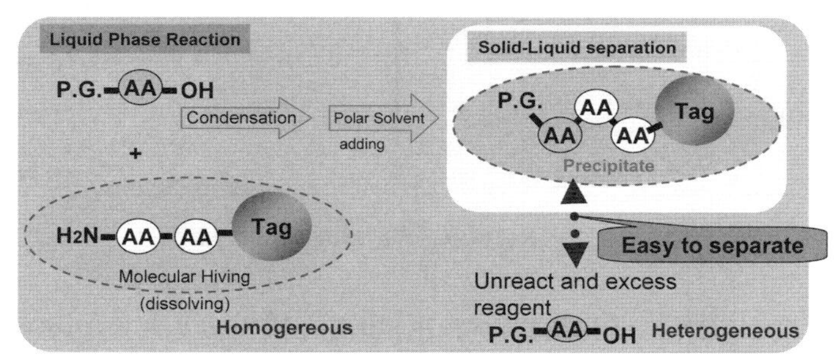

Molecular Hiving™ technology is cutting edge Liquid Phase Peptide Synthesis using hydrophobic tag. Feature of this technology is integrating advantages of both LPPS and SPPS.
In other words, MH offers:
- **High efficiency to introduce complex modification.**
- **Simple monitoring of the reaction without removal of the tag**
- **Smooth separation of the desired peptides from reaction mixture**

図1　モレキュラーハイビング法の特徴

$OC_{18}H_{37}$, $OC_{18}H_{37}$, $OC_{18}H_{37}$, HO — HO-TAG_a

$OC_{22}H_{45}$, $OC_{22}H_{45}$, HO — HO-TAG_b

$OC_{22}H_{45}$, $OC_{22}H_{45}$, HO — HO-TAG_c

図2　モレキュラーハイビングの疎水性タグの例

	SPPS (Speed)	LPPS (Cost, Quality)	Molecular Hiving™ (Speed, Cost, Quality)
1. Development time	✓	×	✓
2. Manufacturing time	✓	×	✓
3. Amount of reagent	×	✓	✓
4. Monitoring	×	✓	✓
5. Scale up	×	✓	✓

図3　ペプチド製造法の特徴

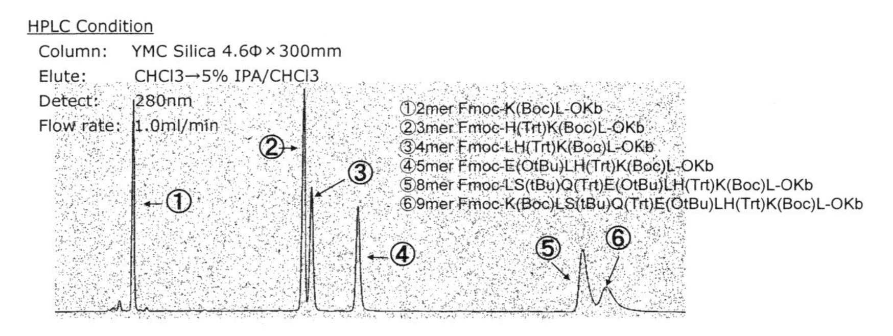

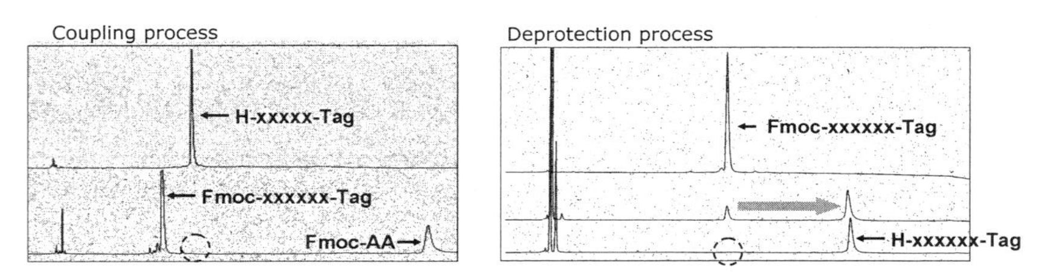

図4　ペプチド分離例と反応時の反応液の挙動

これにより，ペプチド鎖伸長途中で副反応検出が困難な固相合成法（SPPS）とは異なり，反応液中の原料と生成物の状態，どのプロセスで副反応が起きているのかを明確に捉えることができるようになったのである。本技術の注目度は高く，国内製薬会社だけでなく欧米製薬会社からも多くの問い合わせを受けている。

Molecular Hiving™技術の特徴には，

① 縮合反応と脱保護反応の各プロセスにおいて，反応を直接モニタリングができること。

② 反応終了確認後，反応液に極性溶媒を添加することで目的物を析出させた後，固液分離により，縮合剤と保護アミノ酸の過剰量を濾液に抜くことで容易に単離精製できること。

③ 前述のモニタリングの容易さを利用して，各反応の最適条件の設定が可能であること。

④ 液相法ゆえの反応性の高さから，化学量論的な試薬量の使用が可能であること。

などが挙げられる。

以下に具体的にMolecular Hiving™技術によるフラグメント縮合例を紹介する。フラグメント縮合は，それぞれ別々に合成したペプチド鎖同士を互いに結合させて目的物を得る方法で，単純にペプチド鎖を伸長する方法に比べ，通算収率を高く，製造のリードタイムを短縮できる方法である。なお，フラグメント同士を結合させるため，側鎖の保護基は残した状態でC末端をフリーにする必要がある。リアルタイムでの反応解析が実施でき，均一系溶液反応ゆえに高い反応率を達成できる本法はフラグメント縮合に適した方法であるといえる。ここでは，弱い酸条件での脱保護が可能となる疎水性タグであるHO-TAGbを用いた。

3　合成例ーフラグメント縮合によるBivalirudin合成

Bivalirudinは20アミノ酸残基より成るペプチドであるが，まずこの合成に先立ち，3つのフラグメントA，BおよびCに分割し，それぞれを合成した後に各フラグメントを縮合することを計画した（図5）。

フラグメントAは，HO-TAGbにFmocアミノ酸を逐次縮合，脱保護を繰り返し，通算収率82％（全12工程；平均収率98.4％，HPLC純度94.5％）で目的物を得た。各段階のFmocアミノ酸は殆どの場合，1.2当量で反応は完結した。

フラグメントB，Cについても同様にHO-TAGb上で逐次Fmocアミノ酸を縮合した結果，フラグメントBについては通算収率90％（全14工程；平均収率99.2％，HPLC純度69.1％），フラグメントCについては通算収率77％（全14工程；平均収率98.2％，HPLC純度95.1％）で合成することができた。

各フラグメントのC末端に結合したHO-TAGbは酸処理によって容易に切断できるため，アミノ酸残基の側鎖保護基を残した状態でC末端をフリーにすることができる。そこで，フラグメントBのC末端をフリーにしたものと，フラグメントCのN末端のFmoc基を脱保護したものを混合し，縮合反応が完結した後（単離収率93％），生成物（Fmoc-フラグメントB＋C）のFmoc基を脱保護し，直ちにC末端をフリーにしたフラグメントAと縮合し（単離収率85％），最終的にC末端および側鎖保護基の全てを脱保護した。フラグメント間の縮合反応はほぼ当量（1.00：1.05当量）で実施した。最終生成物については高純度品を得るため，高速液体クロマトグラフィーに供し，HPLC純度99.9％以上のBivalirudinを得ることができた。

図5　Bivalirudinの合成スキーム

以上述べたように，自由にC末端の選択的脱保護ができる本法は，全ての縮合，脱保護のプロセスを分析機器により追跡することができ，少量から大量生産まで同じフラグメント縮合法で製造することが可能である。近年注目されているGLP-1アナログは30～40mer前後のペプチド鎖長を有するが，開発中のGLP-1アナログにはアミノイソ酪酸などの非天然型アミノ酸が骨格中に含まれるものがあり，ペプチド鎖伸張時の反応性が高くないことからSPPSでは満足な収率が出せないケースもある。本法の高い反応性と工程分析技術を持ってすれば，今後ペプチド製造において大きく貢献できる可能性がある。

なお，味の素㈱の高橋はアンカーと呼ばれるC末端保護基を用いる技術を開発（WO2010/104169）し，同技術をAjiphaseと名づけた。奇しくも日本企業2社が同時期に始めた新しいコンセプトのペプチド製造法は，ペプチド製造の新たな時代をもたらす可能性を秘めている。

4　おわりに

固相ペプチド合成法は，開発からほぼ四半世紀を経て直鎖ペプチド製造法としては成熟域にある。一方で，蛋白質の生理活性部位のみを抽出し，合成的なアプローチで次世代品を作ろうとする動きが本格化し，糖鎖や脂質により修飾されたペプチドの解析が進んできた。今後は，こうしたニーズに応えられる新たな修飾ペプチド製造が要求されることになる。こうした新時代のペプチド研究を，日本で誕生した二つの合成法によって支えていくことができれば幸甚である。

謝辞

千葉らの研究は，独立行政法人科学技術振興機構　研究成果展開事業　研究成果最適展開支援プログラム（育成研究），文部科学省科学研究費補助金（基盤研究）によって実施された。また，GMP製造に向けた事業化検討は，JITSUBO株式会社および積水メディカル株式会社の共同開発により実施され，日々研究は進んでいる。また研究推進にあたり，塩入孝之名古屋市立大学名誉教授の高所に立った助言を頂戴した。ここに感謝の意を表する。

文　　献

1) T. Sudoh *et al., Nature*, **118**, 131-139 (1988)
2) K. Chiba *et al., Chemical Communications*, 1766-1767 (2002)
3) S. Kim, K. Chiba, *Journal of Synthetic Organic Chemistry. Japan*, **67**, 809-819 (2009)
4) 阿部準ほか, New Liquid Phase Peptide Synthesis "Molecular Hiving™ Technology", International Process Chemistry Symposium, Kyoto, 10-12 August (2011)
5) 阿部準ほか, New Liquid Phase Peptide Synthesis "Molecular Hiving™ Technology", ペプチド討論会, 札幌, 26-28 Sep (2011)

第7章　無細胞蛋白質合成系の利用技術の新展開

中野秀雄[＊1]，兒島孝明[＊2]

1　はじめに

遺伝子からそれがコードする蛋白質を合成する手法として，細胞抽出液を用いるいわゆる無細胞蛋白質合成系が知られている。このシステムは，細胞抽出液中に存在するリボソームや翻訳因子，tRNAなどの諸因子の働きにより，DNAあるいはmRNAからその遺伝子産物を生合成させるものであり，1950年代より主に遺伝暗号の解読，あるいは遺伝子産物を放射線ラベルすることで蛋白質の生合成に関する研究などに用いられてきた。近年合成量は少ないものの，PCR産物などから直接しかも短時間に合成できるという利点を生かし，創薬を目標としたプロテインアレイの作製や，蛋白質ライブラリーの構築・スクリーニング手法が用いられてきている。ここでは特に後者に注目して最新の研究成果を紹介したい。

2　リボソームディスプレイ法

リボソームディスプレイ法とは，リボソームを介してmRNAとそれから作られるペプチド・蛋白質を物理的に結合させる方法であり，終止コドンを持たないmRNAをリボソームが翻訳反応で動いていくと，末端にきたところでリボソームが立ち止まってしまう性質を利用し，遺伝子とそれから作られるペプチドや蛋白質を関連付けている（図1A参照）。次いで，生成したリボソーム複合体をリガンドに結合させ，洗浄後，塩濃度を変えるなどしてその複合体を遊離させる。複合体から結合した蛋白質をコードするmRNAを回収し，RT-PCRによって目的とするDNAを獲得する。

以上の手順を繰り返すことで，ある特定のリガンドに対して高い親和性を有する蛋白質を得ることができる。解析可能なライブラリーサイズは10^{12}/mlと非常に大きい。この手法を用いて，現在までに，抗体，リガンド結合蛋白質，ペプチド，酵素などを対象とした成功例が報告されている[1,2]。

＊1　Hideo Nakano　名古屋大学　大学院生命農学研究科　教授

＊2　Takaaki Kojima　名古屋大学　大学院生命農学研究科　助教

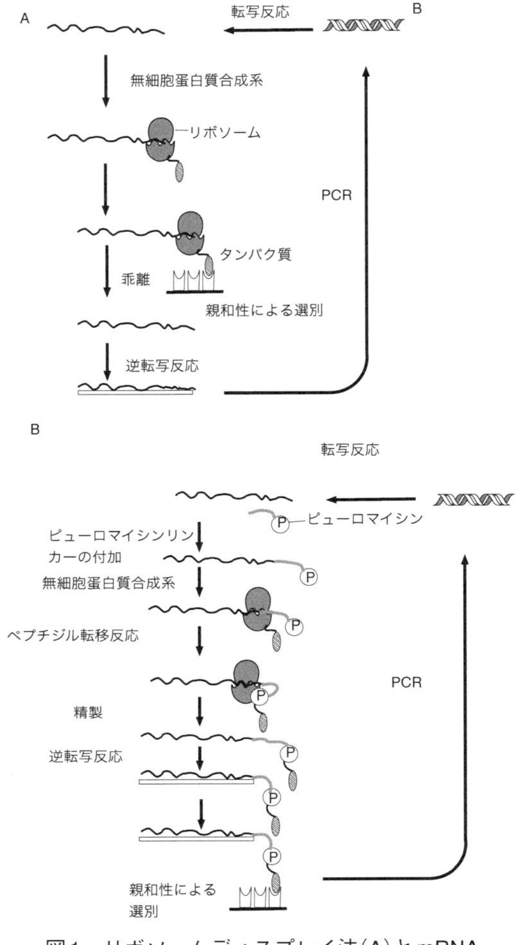

図1　リボソームディスプレイ法(A)とmRNAディスプレイ法(B)の概要

3　mRNAディスプレイ法

ピューロマイシンはリボソームで翻訳されているペプチドの末端に結合し，その合成を停止させ，菌の生育を阻害する抗生物質である。これを利用してmRNA（遺伝子型）と蛋白質（表現型）をリンクさせる技術が，mRNAディスプレイ法と呼ばれる技術である。この手法は，1997年に二つの研究グループによってほぼ同時期に報告された[3, 4)]（図1B）。基本骨格は先に挙げたリボソームディスプレイ法と類似しているが，いくつかの相違点がある。3'末端にピューロマイシンが結合したmRNAを鋳型とした翻訳反応を行なうと，そのピューロマイシンがリボソームのPサイトにあるペプチド鎖と反応し，mRNA-ピューロマイシン-蛋白質の複合体ができる。ピューロマイシンは，アミノアシルtRNAと拮抗してペプチド合成を阻害する抗生物質であるが，低濃度で使用すると，終止コドンに特異的に入り込む性質を利用している。この複合体はmRNAと蛋白質が共有結合で直接リンクしているので，リボソームディスプレイ法に比べて複合体の安定性が高いという特徴がある。さらにこの複合体に対し，逆転写反応を行うことでcDNAを加えた複合体を形成させることが可能である。mRNAは非常に分解されやすい物質であるため，遺伝子型をDNAに変換できることにより，実験的な取り扱いが簡便になる。

リボソームディスプレイと同様に解析可能なライブラリーサイズは10^{12}/mlと非常に大きいのが最大の利点である。このmRNAディスプレイ法を用いて，現在までにペプチド，DNA結合蛋白質等の選択の成功例や，蛋白質間相互作用の網羅的解析を行った報告がなされており，今後の動向が非常に注目される技術である。

4　*In vitro* compartmentalization（IVC）法

TawfikとGriffithsによって1998年に報告されたwater-in-oil（以下W/O）エマルジョンを用いた*in vitro* compartmentalization（IVC）法は，界面活性剤を加えた油相に水相を加え，撹拌することで形成されるW/Oエマルジョンの水相（平均数μmの水滴）を，無細胞蛋白質合成

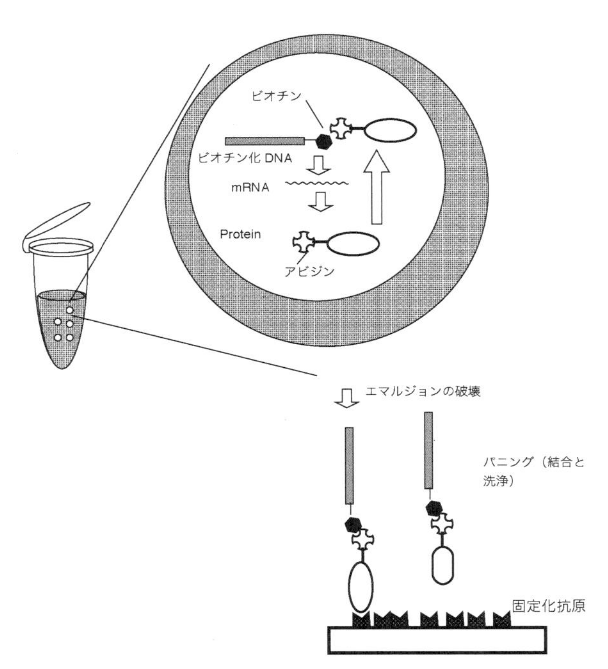

図2　DNAディスプレイ法概要
エマルジョンで区画された微小空間の中で，DNA一分子から翻訳されたストレプトアビジンアビジン融合タンパク質が，ビオチン化された鋳型DNAに結合する。

反応の場としている。この際，液滴あたり平均1分子以下となるように濃度を調整した鋳型DNA溶液を用いることで，各液滴中で鋳型1分子由来の翻訳産物が合成されることとなり，遺伝子型と表現型が対応付けられる。当初は，DNA分子に作用する蛋白質，例えばメチラーゼ，制限酵素，DNA結合蛋白質，DNAヌクレアーゼインビビターのスクリーニングなどに用いられた[5]。

一方Doiらは先に挙げたIVC法とストレプトアビジンとビオチンの結合を利用したSTABLE（STA-biotin linkage in emulsions）を開発した[6]。まずビオチンラベルした鋳型DNAを上記のような方法で1液滴あたり平均1分子以下になるように無細胞蛋白質合成反応液と共に封入する（図2参照）。鋳型DNAには提示したい蛋白質あるいはペプチドがストレプトアビジンの融合蛋白質がコードされており，合成される融合蛋白質はDNAにラベルされているビオチンに結合する。この複合体に対してアフィニティセレクションを繰り返すことで，より強い結合活性を有する分子を取得する技術である。最近彼らの研究グループは，この技術をDNA ディスプレイと呼び，ペプチドのスクリーニングなどに用いている[7]。

5 マイクロビーズディスプレイ法

無細胞蛋白質合成系とマイクロビーズを利用したディスプレイシステムは，2002年に先に挙げたIVCを利用したシステムとしてSeppらによって報告された[8]（図3A参照）。彼らはストレプトアビジンでコートされたマイクロビーズに，ビオチン化したDNAを1ビーズあたり平均1分子以下になるように固定し，さらにビオチン化された抗タグ抗体を固定化した。このマイクロビーズ複合体を無細胞蛋白質合成の鋳型として，エマルジョンの水滴中で行わせるのである。この際，ビーズ複合体を一液滴平均1ビーズ以下になるように加えることによって，エピトープタグを保持する1鋳型由来翻訳産物がビーズに固定化され，遺伝子型と表現型が物理的に関係付けられる。DNAとそれから合成された多数の蛋白質を同一のマイクロビーズに固定化することにより，非常にハイスループットなスクリーニングが可能である。多数の蛋白質分子がビーズ表面に提示されているため，セルソーターの利用が可能であり，前述のリボソームディスプレイ，STABLE法などに比べ多様なアッセイ法を用いることができる。

現在市販されているセルソーターは，1秒間に数千～数万クローンが解析でき，最高機種では一時間あたりに10の8乗の選択が可能である。従って，分子の親和性を指標にしたパニング以外のアッセイシステムとしては，そのスループットは最大であろう。

一方筆者らの研究グループは，エマルジョン内でDNA一分子からの増幅を行い，遺伝子をビーズ上に複数個固定する技術を開発した[9]（図3B参照）。DNA一分子だけがビーズに固定化される方法に比べると，提示蛋白質量が大きく，ビーズ回収後のPCR増幅が容易でPCRによる増幅のバイアスがかかりにくいなどの利点がある。この手法で作製される“ビーズライブラリー”は1ビーズに数千分子以上のDNAが固定化されており，無細胞蛋白質合成の鋳型として用いるこ

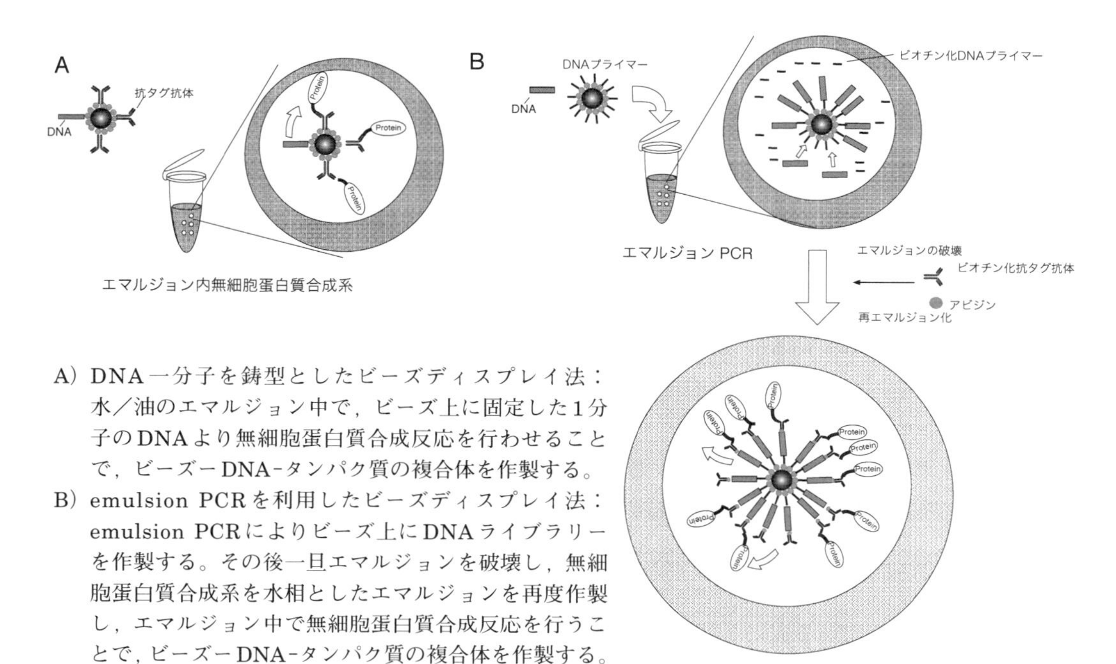

A）DNA一分子を鋳型としたビーズディスプレイ法：水／油のエマルジョン中で，ビーズ上に固定した1分子のDNAより無細胞蛋白質合成反応を行わせることで，ビーズ－DNA-タンパク質の複合体を作製する。
B）emulsion PCRを利用したビーズディスプレイ法：emulsion PCRによりビーズ上にDNAライブラリーを作製する。その後一旦エマルジョンを破壊し，無細胞蛋白質合成系を水相としたエマルジョンを再度作製し，エマルジョン中で無細胞蛋白質合成反応を行うことで，ビーズ－DNA-タンパク質の複合体を作製する。

図3　ビーズディスプレイ法概要

とも可能である。このビーズディスプレイ法は，先の一分子から蛋白質をディスプレイする方法とは異なり，エマルジョンPCRでDNA分子を増幅してからその蛋白質をビーズ上にディスプレイさせる方法である。DNA分子が多数あるため，多数の蛋白質を提示でき，細胞表層ディスプレイと同じような効果を発揮できる[10)]。すなわち，同じ無細胞蛋白質合成系を用いるIVCと比べ，アッセイ系の自由度が飛躍的に増大する。

我々の研究グループでは，このシステムの有用性をまずペプチドのスクリーニングに用いた。降圧剤の標的分子としてかねてより注目されているアンジオテンシンIIは昇圧作用を保持する機能性ペプチドの一つである。このアンジオテンシンIIへの高い親和性を保持するVVIVIYモチーフを含む14アミノ酸残基をコードするDNAスカフォールドとしたランダムライブラリーを作製し，アンジオテンシン結合ペプチドのスクリーニングを試みた。選択されたクローンそれぞれについて，フローサイトメトリーによる解析を行った結果，親クローンP2よりもアンジオテンシンIIに対して高い親和性を示すクローンが多数獲得された。さらに，ペプチドアレイを用いた親和性の評価を行った結果，L1M1とL1M3においてP2よりも高い結合速度定数が得られた。機能性ペプチドの分子進化に成功したこの結果は，本手法がペプチド創薬に応用できることを示唆するものである。

6　転写因子結合部位ハイスループットスクリーニング

細胞内mRNA発現レベルを制御する転写因子はゲノム制御ネットワークを解読する鍵を担っており，創薬分野における標的物質の一つとして注目されている。しかしながら，これら個々の転写因子の網羅的機能解析を行う場合，生細胞を用いた従来の手法はスループット性に乏しく不向きであると言われている。そのため，転写因子のDNA結合配列特異性を迅速かつ網羅的に解析する技術の早急な確立がかねてから嘱望されていた。

ここではこの転写因子結合部位ハイスループットスクリーニングに大きな力を発揮するエマルジョンPCRを用いた転写因子結合DNA領域*in vitro*スクリーニング法について述べる（図4参照）。はじめにエマルジョンPCRを行い，DNAライブラリーをビーズライブラリーへと変換する。このライブラリーに対し，予め無細胞蛋白質合成系で発現させたHisタグ等のエピトープタグと融合させた転写因子を加えて結合反応を行うと，転写因子の結合するDNA配列が存在するビーズ上でのみ，ビーズ-DNA-転写因子複合体が形成される。この複合体にFITCなどによって蛍光標識された抗タグ抗体を加えると，転写因子の結合しているビーズが蛍光を有することとなる。この蛍光複合体はFACSにより迅速に選択分取され，選択された標的DNAをPCRによって回収した後，配列解析を行う。

無細胞蛋白質合成系を用いた本手法は，転写因子の配列情報さえ既知ならば目的転写因子を迅速に発現させることが可能であり，クローニングに伴う煩雑な操作を回避することができる。その為，このスクリーニングシステムは多種多様な転写因子の迅速かつ簡便な結合部位の網羅的解析を可能とする。我々はこの手法の有用性をメタノール資化性細菌*Paracoccus denitrificans*由来PhaRを用いた結合DNAスクリーニングモデルとしてその有用性を証明した[11,12]。

一方Fordyceらは無細胞蛋白質合成系で蛍光ラベルした転写因子を合成し，DNAアレイと結

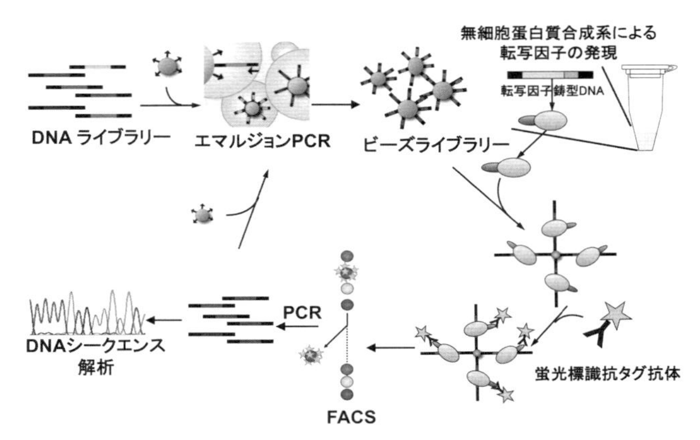

図4　エマルジョンPCRを用いた転写因子結合部位ハイスループットスクリーニング法の概略（参考文献[19]より一部改変）

合させることで，転写因子の結合DNAプロファイルを見出す手法を提案している[13]。

7　SIMPLEX法

ここまでに紹介した遺伝子とそこから生じるペプチド・タンパク質を関連づける方法は，遺伝型と表現型を物理的に固定する方法であった。これらの方法ではライブラリーサイズは非常に大きくなるものの，可能なアッセイ法が限られてしまう。ペプチドやタンパク質の機能は様々であり，多くの場合マイクロプレート上でアッセイすることが必要である。そこで筆者らの研究グループでは，DNA1分子を直接PCRで増幅し，連続的に無細胞タンパク質合成系によりタンパク質ライブラリーをプレート上に作製する手法（single-molecule-PCR-linked *in vitro* expression：SIMPLEX）を考案した。図5にその概念図を示す。すなわちDNAを希釈し，1ウェルあたり1DNA分子になるようにまき，ついでPCRによりその1分子を増幅して，マイクロプレート上でDNAライブラリーを作製し，次に無細胞タンパク質合成系を加えることで，タンパク質分子ライブラリーを構築する。DNA1分子からの増幅過程が組み込まれているため，アッセイに用いるタンパク質を広いレンジ幅で用意することができる。しかしながら通常用いられている96穴プレートや384穴プレートでは，10の12乗もの増幅を行わなければならない。DNA1分子からの特異的増幅のため，当初はnested P CRとよばれる2段階のPCRを用いる必要があったが，適切なDNAポリメラーゼの使用や1種類のプライマーを用いることで，1段階のPCRで安定に増幅する技術が確立された[14]。

我々はこの技術を用いて微生物リパーゼの基質に対する光学選択性が反転している変異体の取

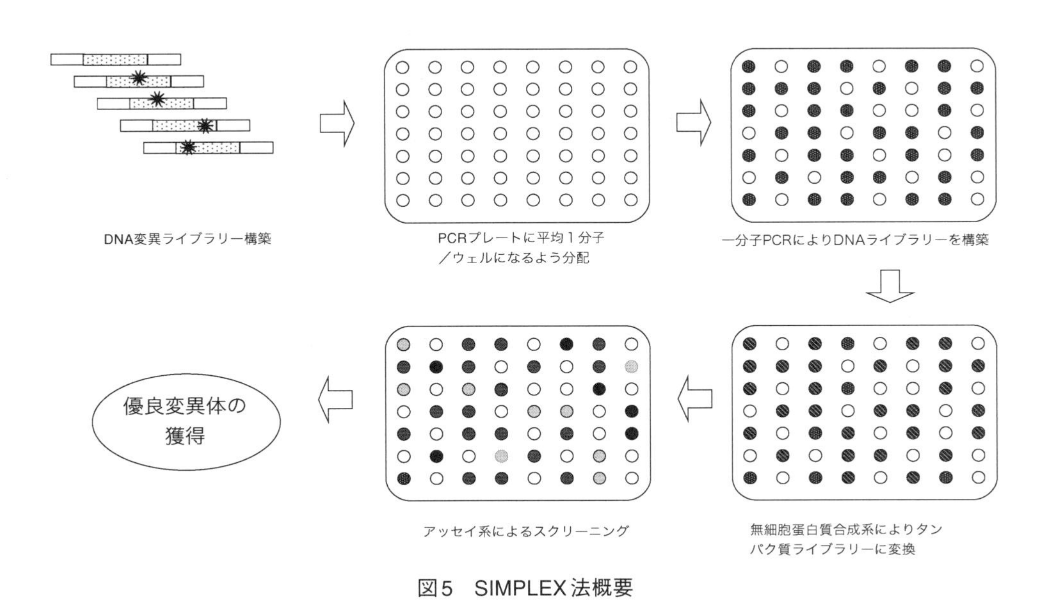

図5　SIMPLEX法概要

得に成功したり[15]，また*Phanerochaete chrysosprium*由来マンガンペルオキシダーゼの過酸化水素耐性の向上に成功した[16]。

一方Swartzらの研究グループは，この手法を用いてEpidermal Growth Factorの変異ライブラリー構築を行い，細胞増殖アッセイと組み合わせ，高い活性を有する変異体を取得したとしている[17]。このようにSIMPLEX法は，酵素の基質選択性や細胞に対する効果など，プレートを用いたアッセイ系でないと測れないものに対し特に有効である。

8 モノクローナル抗体作製法

抗体医薬などの分子標的薬は，近年益々重要になってきている。我々のグループはB細胞1個からRT-PCRと無細胞蛋白質合成系により抗体のFab断片を合成させることに成功し，この手法をSICREX（Single Cell RT-PCR *in vitro* Expression）と呼んでいる[18]（図6参照）。すなわち免疫したマウスより調製したB細胞1個を出発遺伝子材料として，L鎖およびH鎖のHd部分を別々に特別に工夫した逆転写反応とPCRにより増幅し，それぞれT7プロモーター配列，RBS,T7ターミネーター配列を付加し，再び混合したものを鋳型として，無細胞蛋白質合成系によりFab断片を合成する。その後ELISAなどでスクリーニングを行うことになる。この手法は原理的に人を含むすべての動物からのモノクローナル抗体取得を容易にする技術であり，今後の技術的成熟が期待される。

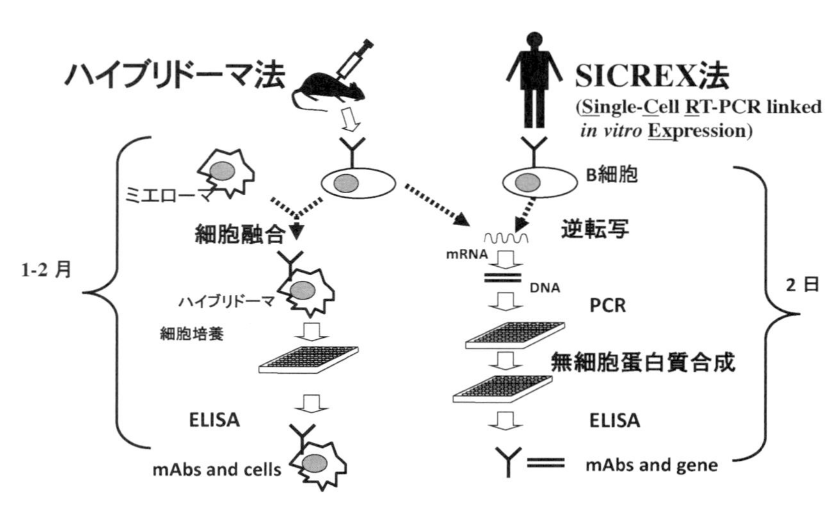

図6　SICREX法概要

9　おわりに

無細胞蛋白質合成系を用いたライブラリー構築システムの利点として，①ライブラリーサイズが大きい，②非天然アミノ酸を含むライブラリーを構築することができる，③細胞毒性を持つようなものでも選択可能である，④細胞を培養する必要がなく迅速な選択系が構築できる，などがあげられる。すでに米国や日本でもこれらの技術を使ったベンチャー企業が誕生しており，今後様々な機能分子が取得されていくことが期待される。

文　　献

1）L. C. Mattheakis *et al., Proc. Natl. Acad. Sci. U. S. A.*, **91**（19）, 9022-6（1994）
2）A. Plückthun, *Methods Mol Biol.*, **805**, 3-28（2012）
3）R. W. Roberts, J. W. Szostak, *Proc. Natl. Acad. Sci. U. S. A.*, **94**（23）, 12297-302（1997）
4）N. Nemoto *et al., FEBS Lett.*, **414**（2）, 405-8（1997）
5）D. S. Tawfik, A. D.Griffiths, *Nat. Biotechnol.*, **16**（7）, 652-6（1998）
6）N. Doi *et al., FEBS Lett.*, **457**（2）, 227-30（1999）
7）N. Doi *et al., PLoS One*, **7**（1）, e30084（2012）
8）A. Sepp *et al., FEBS Lett.*, **532**（3）, 455-8（2002）
9）T. Kojima *et al., Nucleic Acids Res.*, **33**（17）, e150（2005）
10）R. Gan *et al., Biotechnol. Prog.*, **24**（5）, 1107-14（2008）
11）T. Kojima *et al., Journal of bioscience and bioengineering*, **101**（5）, 440-4（2006）
12）T. Kojima, H. Nakano, *Methods Mol. Biol.*, **687**, 307-17（2011）
13）P. M.Fordyce *et al., Nat. Biotechnol.*, **28**（9）, 970-5（2010）
14）S. Rungpragayphan *et al., Methods Mol. Biol.*, **375**, 79-94（2007）
15）Y. Koga *et al., J. Mol. Biol.*, **331**（3）, 585-92（2003）
16）C. Miyazaki-Imamura *et al., Protein Eng.*, **16**（6）, 423-8（2003）
17）B. H. Lui *et al., J. Mol. Biol.*, **413**（2）, 406-15（2011）
18）X. Jiang *et al., Biotechnol. Prog.*, **22**（4）, 979-88（2006）
19）兒島，甘，中野，エマルジョンPCRが拓く分子間相互作用ハイスループットスクリーニング．生物工学会誌，**87**, 283-286（2009）

第8章　トランスジェニック動物によるバイオ医薬品生産に関する海外ガイドライン解説

内田恵理子*

1　はじめに

遺伝子組換え技術を用いて製造されるバイオ医薬品は医療に欠かせないものとなっているが，培養細胞を用いたバイオ医薬品製造は製造コストが高く，医療経済上の課題となっているばかりか，患者にとって重い負担となっている場合がある。ムコ多糖症治療薬として注目を集めているエラプレースやナグラザイムなどの酵素製剤を用いた治療には，年間数千万円もの費用がかかるといわれている。そこで，より低コストでバイオ医薬品を製造する方法として，目的タンパク質を発現するように遺伝子改変されたトランスジェニック動物や植物をバイオ医薬品の生産工場として利用する方法の開発が進められている。

トランスジェニック動物によるバイオ医薬品製造は欧米を中心に開発が進められ，既にトランスジェニックヤギの乳から製造されたアンチトロンビンが2006年に欧州，2009年に米国で承認され，またウサギの乳から製造された補体C1インヒビターが欧州で2010年に承認されている（表1）。その他，長期的な投与が必要で医療費が大きな負担となる血液製剤（血液凝固因子等）や遺伝性疾患の酵素補充療法に用いる酵素などの希少疾患治療薬，モノクローナル抗体，バイオ後続品を中心に開発が進められている。バイオ医薬品製造の原材料としては主にヤギ，ウサギ，

表1　トランスジェニック動物により製造されたバイオ医薬品の臨床開発の現状

タンパク質/製品名	企業名	適応症	動物種	原材料	開発段階
アンチトロンビン/ATryn	GTC Biotherapeutics（米国）	遺伝性アンチトロンビン欠損症	ヤギ	乳	承認 欧州（2006） 米国（2009）
補体C1インヒビター/Ruconest	Pharming（オランダ）	遺伝性血管性浮腫	ウサギ	乳	承認 欧州（2010）
αフェトプロテイン	Merrimack Pharmaceuticals	関節リウマチ，ブドウ膜炎，乾癬	ヤギ	乳	Phase II
顆粒球コロニー刺激因子	Synageva BioPharma	好中球減少	ニワトリ	卵白	Phase II
リソソーム酸性リパーゼ(LAL)	Synageva BioPharma	LAL欠損症	ニワトリ	卵白	Phase II

*　Eriko Uchida　国立医薬品食品衛生研究所　遺伝子細胞医薬部第一室　室長

ウシ，マウスの乳や鶏卵などが利用されている。このようなトランスジェニック動物によるバイオ医薬品製造は，培養細胞での発現と比較して大量の組換えタンパク質を乳中や卵白中に発現させることが可能であり，また培養施設や培地等を必要としないため製造コストが低いという利点に加えて，糖タンパク質の翻訳後修飾がヒトの天然型タンパク質に近いなどの利点があると考えられている。一方で，品質管理の容易な培養細胞ではなく生きた動物を生産に利用することから，その品質・安全性の確保には従来のバイオ医薬品で求められる要件に加えて，トランスジェニック動物の作製や維持管理，動物由来の感染性因子への配慮等を含む特別な要件が必要となる。我が国ではトランスジェニック動物を生産基材としたバイオ医薬品は未承認であり，これら製品に特化したガイドラインは存在しないが，欧米ではトランスジェニック動物によるバイオ医薬品生産に関するガイドラインが公表されている。そこで，本章では海外のガイドラインを基に，トランスジェニック動物由来のバイオ医薬品品質，安全性確保のための考慮事項を概説する。

2　トランスジェニック動物によるバイオ医薬品製造に関する海外ガイドライン

トランスジェニック動物を利用する医薬品に関連するガイドラインとしては，米国食品医薬品局（FDA）から「トランスジェニック動物由来治療用製品の製造と試験に関するPoints to consider（PTC）」[1] が，また欧州医薬品庁（EMA）から「ヒト用生物薬品の製造へのトランスジェニック動物の使用に関するガイドライン」[2] がともに1995年に発出されている。FDAのPTCは動物工場で製造するバイオ医薬品だけでなく異種移植用臓器も対象とし，これら治療用医薬品が他の方法で製造されたものと同様の安全性，有効性を保証するために考慮すべき事項を示したものである。一方，EUのガイドラインは，バイオ医薬品のトランスジェニック動物による生産に特有の考慮事項を示したガイドラインである。最近，EUから本ガイドラインの改定に関するコンセプトペーパー[3] が発出された。改正案では，トランスジェニック動物を用いた医薬品の臨床開発・製品化が進み，またバイオ医薬品のICHガイドラインが整備された現状を受け，従来のバイオ医薬品に対する品質ガイダンスをクローン動物以外のトランスジェニック動物由来製品に当てはめた場合の独自の考慮事項について，病原体からの安全性確保や宿主由来不純物，トランスジェニック動物独自の品質管理システム，製品特性解析などを含めて提示される予定である。また，関連する指針として，FDAは「モノクローナル抗体の生産と品質管理に関するPTC」[4] において，モノクローナル抗体をトランスジェニック動物で作製する場合の留意事項に触れている。また，FDAは2009年に「産業利用される遺伝子改変動物の規制に関するガイダンス」[5] を公表している。本ガイダンスは，遺伝子改変動物の安全性や環境影響，有効性を評価するために明らかにすべき事項を示したもので，バイオ医薬品製造用の遺伝子改変動物のみならず，食用の遺伝子改変動物や疾患モデル動物なども対象としている。トランスジェニック動物を用いたバイオ医薬品製造に関しては，1995年のFDA PTCを補完するものとなる。トランスジェニックヤギで製造されたアンチトロンビンは本ガイダンスの発出を受けて承認された。

3 トランスジェニック動物により生産されたバイオ医薬品の品質・安全性等確保のための留意事項

トランスジェニック動物を利用して製造したタンパク質の医薬品としての品質，安全性等の確保には，特徴ある製造方法の詳細を明確にし，その妥当性と恒常性の検証を行う必要がある。併せて得られた製品における適切な試験を実施する必要がある。以下に，主に1995年のFDA及びEUのガイドラインに基づき，トランスジェニック動物により生産されたバイオ医薬品の品質・安全性等確保のための留意点を概説する。

3.1 初代トランスジェニック動物の作出と特性解析

3.1.1 作出に使用する動物

トランスジェニック動物によるバイオ医薬品の製造には，宿主として主にヤギ，ウシ，ブタ，ニワトリ等の家畜やウサギ，マウス等の実験動物を用い，組換えタンパク質の原料としては動物の乳汁や鶏卵が用いられている。動物の選択は，育種にかかる時間や，トランスジェニック動物の樹立・繁殖の容易さ，乳等の原材料の得やすさなど様々な要因を考慮して決定されるが，どの動物種を用いる場合でも，各動物種にはそれぞれ固有のウイルスや微生物等の感染性因子による汚染の懸念があり，特に人獣共通感染症を引き起こすことが知られている感染性因子に対する注意が必要となる。初代トランスジェニック動物の樹立には，微生物学的及びウイルス学的な観点から人獣共通感染症のリスクを含めた評価をなされた動物で，その動物種およびヒトに感染する物質を可能な限り排除した閉鎖集団またはコロニーを使用すべきである。使用する動物は履歴（種，系統，起源となる国，健康状態，その他血統に関する情報）及びその動物種特有の疾病あるいは血液関連の疾病などの獣医学的検査結果を明らかにしておく必要がある。プリオン等の伝染性海綿状脳症（TSE）関連疾病が同じ動物種で生じている国から輸入した動物の使用は避け，スクレイピーに抵抗性の品種といった点も考慮すべきであろう。樹立したトランスジェニック動物とその子孫のTSEリスクの低減化に関してはEUのガイドライン[6]が参考になる。

3.1.2 遺伝子発現構成体の構築と特性解析

トランスジェニック動物を作出するために動物に導入される目的遺伝子及びその制御因子等の発現システム（遺伝子発現構成体）に関する情報は，最終目的産物の構造や特性が期待されたものであり，十分な特性解析が必要となる。遺伝子発現構成体の特性解析については，基本的にはICH Q6B[7]などの従来のバイオ医薬品に関するガイドラインにおいて求められる事項がそのまま適用されることになる。用いる遺伝子発現構成体は，目的タンパク質をコードする遺伝子のみならず，発現制御に用いるプロモーターやエンハンサー等の由来，遺伝子発現構成体の全塩基配列や作製過程の詳細を明らかにする必要がある。特に，目的遺伝子を乳腺や卵管細胞などの目的組織で適切に発現・分泌させるための制御配列の機能について，その合理性の説明が必要とされる。

3.1.3　遺伝子導入法

トランスジェニック動物を作出するための遺伝子導入法には，受精卵の前核に目的DNAをマイクロインジェクションし，遺伝子導入した受精卵を擬似妊娠メスに移植する方法や，初期胚の胚盤胞にレトロウイルスベクター等を用いて遺伝子導入する方法などがある。トランスジェニック動物の作出にどのような方法を用いたかについては，卵の分離法，インビトロ受精法，遺伝子導入法，卵の体内への移植法，出産法などを含め，行った操作の詳細を明らかにする必要がある。遺伝子導入にウイルスベクターを用いる場合には，ベクターの製造法や純度等を考慮する必要があり，これには遺伝子治療薬に関する指針が参考になる。

3.1.4　初代トランスジェニック動物の確認

遺伝子導入により得られた動物のうち，生殖細胞系列まで目的遺伝子を持つ動物は様々な比率で得られ，導入遺伝子が染色体に取り込まれる時期の違いに応じて，特定の細胞のみが導入遺伝子を持つ動物個体ではモザイク発現をすることもある。そのため，作出された初代トランスジェニック動物の確認法および選別法，初代動物に導入された遺伝子の存在の確認方法とその感度を明確にし，外来遺伝子を持つが遺伝子発現していない動物と外来遺伝子を持たない動物を区別する必要がある。得られた初代トランスジェニック動物については，①導入遺伝子の推定コピー数と挿入部位数，②導入遺伝子の配列の正確性，③遺伝子発現レベルと組織分布，④目的産物の収量（季節や年齢等による収量の変動を含む），⑤目的タンパク質の翻訳後修飾の状態及び翻訳後修飾が天然と異なる場合には生物学的，免疫学的活性に影響があるか，⑥目的産物が高発現することにより動物個体に悪影響がないか，などに関して明らかにしておくことが望ましい。

3.2　トランスジェニック動物の保存・維持

動物は継代培養細胞のように無期限に保存・維持することはできない。そこで，医薬品の生産を継続するためのトランスジェニック動物の維持管理システムとして，培養細胞に対するセルバンクシステムを模して，マスター・トランスジェニック・バンク（MTB）およびワーキング・トランスジェニック・バンク（WTB）を作製することが望ましいとされる。各バンクは十分に特性解析された限られた数のトランスジェニック動物から作製するか，一頭（一匹）の初代トランスジェニック動物とその直系の子孫動物から得られた凍結精子や胚をバンク化することもできる。トランスジェニック動物の繁殖に適した細胞を保存すべきであろう。

3.3　生産用トランスジェニック動物の作出と選別

特性解析が終わった初代トランスジェニック動物は生産用動物の繁殖に使用される。導入遺伝子は非トランスジェニック動物またはトランスジェニック動物との交配により次世代に受け継がれる。生産用動物はその履歴（初代トランスジェニック動物に遡れる記録及び出生場所，出生日，医薬品生産への使用，病気の発生および経過，最終処分に関する記録），動物の繁殖方法（人工授精，胚移入，精子の収集・貯蔵の方法，インビトロ受精法を用いる場合は，精子および卵子の収集・選別の基準，接合体の単離および仮親への移植の経過），ドナー及び宿主となる動物の感染性因子による汚染の否定，妊娠の確認と出産の方法などを明らかにする必要がある。なお，異なるトランスジェニック系統の動物を交配させるべきではない。

生産用トランスジェニック動物は，生産の一定性が担保できるように特性解析を行う必要がある。均一な生産動物群を再現性良く育種できれば，より安定なトランスジェニック動物を用いた医薬品製造が可能となる。目的産物の生産の一定性は導入遺伝子の安定性と遺伝子発現の安定性に依存する。導入遺伝子は通常，染色体の一か所に複数のコピーが挿入されるが，育種を続けていく間に，配列の再編成や消失が起こる可能性が高い。従って，数世代にわたる導入遺伝子の安定性をサザンブロットや塩基配列解析等の方法でモニタリングする必要がある。遺伝子の挿入部位を明らかにするには制限酵素多型解析が利用できる。また，導入遺伝子の発現量は継代するにつれて減少することが多いため，目的産物の収量，発現量を数世代にわたってモニターし，生産用動物としての遺伝子発現の許容範囲を定める必要がある。RNA発現量をノザンブロットやRT-PCR，DNase protection assay法等を用いて確認することが望ましい。その他，2009年のFDAガイダンスに基づき，生産用トランスジェニック動物について明らかにすべきとされる主な事項を表2にまとめた。

表2　トランスジェニック動物について明らかにすべき主な事項

トランスジェニック動物の同定	＊倍数性 ＊接合性（ホモ接合体かヘテロ接合体か） ＊動物の名称，種，属，系統 ＊遺伝子発現構成体の名称とコピー数 ＊挿入部位の特徴 ＊動物の使用目的
遺伝子発現構成体の分子特性	＊遺伝子発現構成体の機能と各コンポーネントの由来 ＊遺伝子発現構成体の塩基配列と作製過程の詳細 ＊導入DNAの目的とする機能 ＊導入前の遺伝子発現構成体の純度 ＊可動性DNA配列の有無，病原体や毒素，アレルゲン，細胞や組織の成長調節阻害するような物質をコードする塩基配列の有無など
トランスジェニック動物系統の分子生物学的特性	＊初代トランスジェニック動物への遺伝子発現構成体の導入方法 ＊トランスジェニック動物はキメラかどうか ＊初代動物からの繁殖方法 ＊遺伝的に安定した後のトランスジェニック動物の特性解析（遺伝子発現構成体の挿入部位及びコピー数と向き，コード領域や調節領域の遮断が起きていないか等）
トランスジェニック動物の表現型の特性	＊トランスジェニック動物のヒトへのリスク ＊トランスジェニック動物の健康リスク（遺伝子発現構成体とその発現産物が直接的又は間接的に毒性を示すか，トランスジェニック動物の健康状態や治療記録等）
遺伝的安定性及び表現型の安定性	＊導入遺伝子の安定性 ＊遺伝子発現の安定性（連続しない2つ以上の世代での発現が一定か）
環境影響評価	トランスジェニック動物の使用，廃棄が環境に及ぼす影響
有効性評価	トランスジェニック動物が目的とする特性を示すかどうか

3.4　トランスジェニック動物の飼育施設と飼育管理

トランスジェニック動物の維持管理は，目的産物の品質を保証するため，動物個体のみでなく飼育管理方式を含めて十分な注意が必要となる。動物を医薬品の製造工場として利用するには，飼育環境の統御や飼料，飲水，飼育装置の品質管理などにおいて，従来の家畜以上のレベルの微生物管理が要求される。可能であれば特定病原体フリー（SPF）の条件下で飼育をすることが望ましい。飼育管理で特に重要な点は感染性因子による汚染であり，感染源は飼料，他の動物や人間，獣医学的措置などが考えられる。飼料にはTSEの危険因子を排除するため反芻動物を原料とした肉骨粉を含んではならない。病原体の動物施設内への侵入は厳重に防止し，動物管理施設への新たな動物の搬入時には十分な検疫を行い，人間や搬入物品からの微生物混入にも注意を払う必要がある。原則として生産コロニーへの動物の搬入は禁止すべきである。また日本では，トランスジェニック動物はカルタヘナ法に基づき，外部からの動物の侵入やトランスジェニック動物が逃亡して繁殖することがないように適切な拡散防止措置を執った施設で飼育しなければならない。

飼育する動物は，健康状態や微生物学的な状態についてモニタリングすると共に，定期的に獣医学的検査を行う必要がある。予防や治療目的で抗生物質やホルモンを動物に投与した場合もこれらが最終製品に混入することは許容されない。医薬品生産に用いる動物は全て，投与された動物薬やワクチンを含めて誕生から死亡までの記録を取り，疾病記録はできる限り詳細に残す必要がある。

3.5　トランスジェニック動物からの原材料の採取

トランスジェニック動物で製造するバイオ医薬品の原材料として，現在は乳や鶏卵が主に利用されている。原材料の採取は，目的産物の力価や生物学的純度を最大限保つことなど，品質や安全性に留意しながら無菌的に行う必要があるが，動物や原材料の種類によって注意すべき点は異なる。

3.5.1　生産用動物

目的産物を得るために動物から原材料を採取するに当たり，個々の動物の適格性の判定は品種，系列系譜，ワクチン接種歴等を含む健康記録に基づいて行う。原材料の採取前に動物を隔離し，個々の動物について適切な感度，特異性，有効性を示す方法を用いて検査を行い，既知の感染性因子の有無を検査する必要がある。用いる動物種により，混入する可能性のある有害物質や感染性因子は異なる。トランスジェニック動物種が感染している可能性のある感染性因子としては，①従来から家畜で知られている人獣共通感染症原因微生物，②清浄化によっても排除が困難な微生物（レトロウイルスなど），③新興感染症の原因となるもの（プリオンなど）に分類できる。特に人獣共通感染症を引き起こす感染性因子の検査は慎重に行うべきである。一般に，何らかのヒトへの感染性を持つ因子に汚染されている動物は医薬品製造に用いるべきではない。

3.5.2 原材料

トランスジェニック動物では目的産物の発現量は変動しやすく，また個体によっても分泌量が異なる。そこで乳などの原材料に含まれる目的タンパク質の含量の受け入れ基準を設けるとともに，含量に変動があっても安全かつ安定に製品が得られるような製法を選ぶ必要がある。また，原材料の特性を明らかにするとともに，その妥当性を示す必要がある。乳汁の構成成分は非常に複雑であるが，その特性に応じて目的タンパク質の精製をどのように行うのかを明確に示すことが求められる。乳や鶏卵は食品としての安全性は確立されているが，タンパク質性医薬品は非経口的に投与されるために，不純物の十分な除去が必要となる。また，乳は細菌汚染が生じやすいが，ミルクの製造に通常用いられる加熱・殺菌処理はバイオ医薬品の原材料には適用できない。原材料の微生物学的限度値（バイオバーデン）を設定すべきであろう。

3.6 原材料からの目的産物の精製

トランスジェニック動物由来の原材料は，継代細胞を用いたものと異なり病原体フリーとすることは困難であり，人に対する様々な病原体（ウイルス，細菌，マイコプラズマ，TSE）やエンドトキシンなどの有害因子が混入してくる可能性がある。トランスジェニック動物由来製品の安全性を確保する上で，精製工程のバリデーションは非常に重要であり，病原体や有害因子の除去又は不活性化が保証される製造工程を採用するとともに，精製工程での除去効率，試験方法，検出限界等を示す必要がある。原材料が乳の場合はマイコプラズマの汚染が想定されることから，出発原料でのマイコプラズマの限度値を設定するとともに，精製工程ではマイコプラズマの除去に関するバリデーションが求められる。ウイルスの不活化，除去工程のバリデーションについてはICH Q5A[8] が参考になる。

不純物としては原料由来，製造工程由来，目的タンパク質が変化したものなどが考えられる。乳や卵白などの動物由来の原材料には，目的タンパク質以外の宿主タンパク質が大量に含まれるため，高度な精製が必要となる。乳にはプロテアーゼが含まれており，目的タンパク質に及ぼす影響を評価しておく必要がある。分解が起こる場合，出発原料中の含量の受け入れ基準の設定が必要となる。また乳糖により非酵素的に糖修飾や糖化がおこる可能性がある。宿主に相同タンパク質がある場合は必要に応じて製品から除去されていることを示す必要がある。出発原料中のこれらの含量の受け入れ基準を設定するとともに，目的タンパク質に混入してくる不純物はその限度値の規格化が必要であろう。

3.7 最終目的産物の特性解析・品質評価

トランスジェニック動物で製造した最終目的産物は，従来のバイオ医薬品と同様に構造解析，物理化学的性質，生物学的性質等を含む特性解析及び有害因子や不純物等の品質評価を行う必要がある。トランスジェニック動物由来製品で考慮すべき品質・安全性評価項目を表3に示す。トランスジェニック動物では生産されるタンパク質が翻訳後に天然型とは異なるプロセシングを受

表3　トランスジェニック動物を用いて製造した目的産物の品質・安全性評価の項目

①	同一性（タンパク質構造解析，糖鎖構造解析）
②	特性解析（翻訳後修飾の違いによる一次構造，高次構造の違い，生物活性，免疫原性の違いなど）
③	純度：工程由来不純物や類縁物質の評価 内在性及び外来性の感染性因子の有無（特に製造用動物由来の人獣共通感染症への配慮）
④	免疫原性，毒性を持つ物質の含量
⑤	力価
⑥	製品の恒常性（製品の物理化学的特性や力価のロット間での一定性の評価）

けたり，ヒト型とは異なる糖鎖が結合するなどにより新たな抗原性を示す可能性があることに注意する必要がある。翻訳後修飾の違いによる一次構造，高次構造の違いや生物活性，免疫原性の違いなどについて，天然型のタンパク質あるいは従来の方法で製造した遺伝子組換えタンパク質を入手できる場合には，それらとの比較を行うことが望ましい。

4　おわりに

本章では取り上げなかったが，トランスジェニック技術によるバイオ医薬品の製造は，動物を利用する方法のみにとどまらず，昆虫や魚を利用した方法も研究開発が進められている。昆虫や魚等を用いて製造する医薬品の品質・安全性確保には，動物とはまた異なる独自の考慮が必要となるであろうが，基本的な考え方は本稿で紹介したトランスジェニック動物での考慮事項が参考になるものと考えられる。

文　　献

1） FDA : Points to Consider in the Manufacture and Testing of Therapeutic Products for Human Use Derived from Transgenic Animals（1995）
2） EMA : Use of Transgenic Animals in the Manufacture of Biological Medicinal Products for Human Use, Directive 75/318/EEC as amended, Date of first adoption（December, 1994）
3） EMA : Concept Paper on the Need to Revise the Guideline on the Use of Transgenic Animals in the Manufacture of Biological Medicinal Products for Human Use（3AB7A OF July 1995）, EMEA/CHMP/BWP/134153/2009
4） FDA : Points to Consider in the Manufacture and Testing of Monoclonal Antibody Products for Human Use（February 28,1997）
5） FDA : Guidance for Industry. Regulation of Genetically Engineered Animals Containing Heritable Recombinant DNA Constructs

6) EMA : Minimising the Risk of Transmitting Agents causing Spongiform Encephalopathy via Medicinal Products. Directive 81/852/EEC as amended (November,1992)
7) ICH Q5B「組換えDNA 技術を応用したタンパク質生産に用いる細胞中の遺伝子発現構成体の分析について」(平成10年1月6日医薬審第3号厚生省医薬安全局審査管理課長通知)
8) ICH Q5A「ヒト又は動物細胞株を用いて製造されるバイオテクノロジー応用医薬品のウイルス安全性評価について」(平成12年2月22日医薬審第329号厚生省医薬安全局審査管理課長通知)

#【第Ⅵ章　バイオ医薬品の大量精製技術】

第1章　抗体医薬品製造における精製戦略

稲川淳一*

1　はじめに

抗体医薬品の技術は，近年，驚異的な進歩を遂げ，複数のブロックバスターを生み出し，現在では20品目以上の抗体医薬品が上市されている。2010年の世界における医療用医薬品の売り上げ上位10品目中，5品目が抗体医薬品であり，年間増加率が2ケタの品目も多い[1)]。患者への1回の投与量は数十～数百mgと比較的多く，抗体医薬品製造工程の規模と生産量は，これまでのバイオ医薬品製造コンセプトを大きく変えたと言える。現在，上市されている抗体医薬品の多くが，年間製造量が50～1,500 kgと言われている（図1）。

このような大量の需要に答えるように，培養リアクターの容量が10,000 Lを超える場合も珍しくない。また，各種ベクターの改良により，今日2～5 g/L程度まで実現した抗体発現レベルは，この数年で10 g/Lレベルまでの向上が実現すると期待されている[2)]。このような大量発現

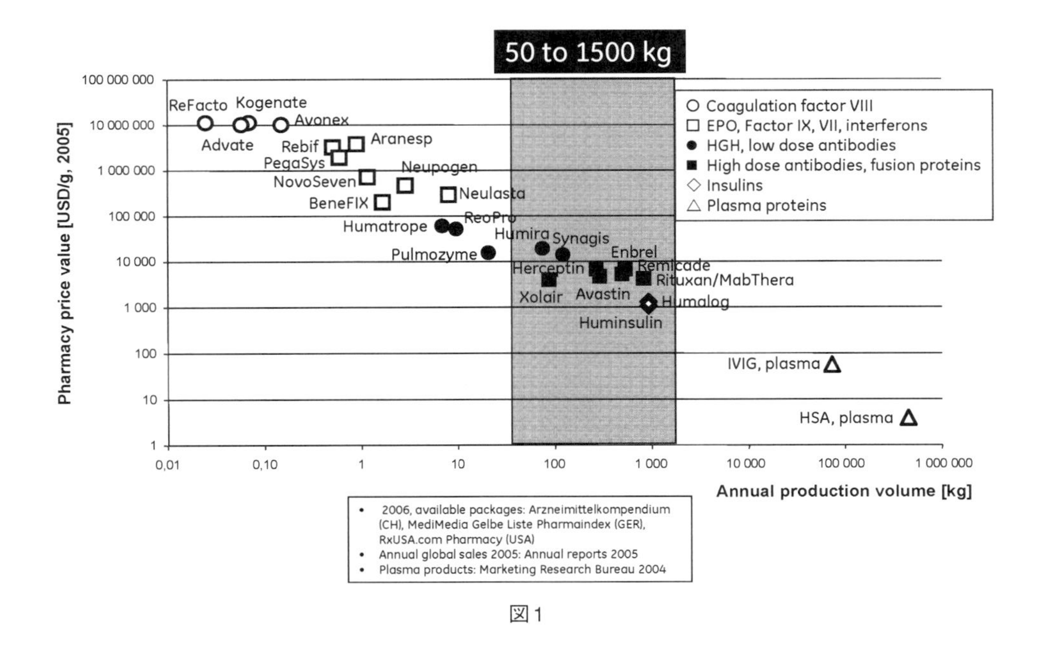

図1

* Junichi Inagawa　GEヘルスケア・ジャパン㈱　ライフサイエンス統括本部　バイオプロセス事業部　テクニカルエキスパート

を可能にした培養技術の発展によって，その下流工程である精製工程の技術にも必然的にその処理スケールの増大化が求められている。製造コストはできるだけ圧縮し，製造の効率化を図ることに注目が集まっている。本章では，抗体医薬品の製造において，最近の要求に対応すべく開発されている新しい技術について精製工程を中心に記載し，また，製造コストの削減を目指した精製工程の改善について記載する。

2　承認済みの抗体医薬品

日本で承認されている主な抗体医薬品のリストを表1に記載した。挙げた14品目の抗体医薬品の種類は全てIgGで，種類はマウス型(2)，キメラ型(3)，ヒト化(7)，ヒト(1)，ヒトFab型(1)である。マウス由来成分の少ないヒト型やヒト抗体が主流になりつつある。マウス抗体の2品目を除く抗体医薬品12品目の中のサブクラスは，IgG1(10)，IgG4(1)およびIgG1由来のFab(1)である。Fabを除くこれらのサブクラスは，プロテインAに強く結合する。また，抗体を産生させる細胞は，CHO(7)，NS0(2)，SP2/0(0)，マウスミエローマ(2)である。CHO細胞やNS0細胞の多くは，GS（glutamine synthetase）ベクターシステムの発現系で，抗体発現量を高い系が使用されている場合が多い[3]。培養日数の長期化の傾向により，培養液中の不純物の量が増加し，それ以降の精製工程の負担が増加している。同じ抗体のクラス，サブクラス，細胞およびベクター系を用いることで，精製方法のプラットフォーム化を基準とした製造プロセスが可能な場合もある。図2はIgG1抗体を等電点電気泳動で分析した結果を示している。各種抗体（レーン4～8）は等電点が5～9程度の広い範囲で分布する。同じ細胞および発現ベクターを用いて作製した同じタイプおよびサブクラスの抗体であっても等電点は異なる場合が多いので，各工程のパラメータの調整は必要である。さらに，同一抗体（例えばレーン6）であっても，等電点が約0.5～1.0程度の幅がある。これは，糖鎖構造や翻訳後修飾などの変動によることが主な原因であるが，これらは，培養条件（温度，酸素供給，期間）の違いによっても起こるので注意を要する（レーン3は糖鎖を除去したIgG)。

抗体（IgG）は比較的安定性が高く室温で操作ができ，取扱いが容易なタンパク質であるが，二量体や凝集体を作成しやすいので，これらを許容範囲以下にコントロールしなければならない。

3　抗体医薬品の精製プロセス

抗体医薬品の製造プロセスは，動物細胞を用いた培養工程に始まり，細胞除去（培養液の清澄化），精製工程，ウイルス除去（不活化を含む），濃縮/溶液調整，製剤化と進む。図3に清澄化以降の典型的な精製プロセスの例を示した。

高い品質の抗体医薬品を再現性良く，安定して，効率よく，年間数百kgから数トン製造する

表1　日本で承認されている主な抗体医薬品

	医薬品名（日本語）	医薬品名（英語）	一般名	分子量	抗原	タイプ	サブクラス	宿主細胞	開発企業	日本での発売元	承認日（海外）	薬価収載（日本）	効能・効果
1	オルソクローンOKT3	Orthoclone OKT3	ムロモナブ-CD7	150,000	CD3	マウス抗体	IgG2a	マウス由来	Ortho Biotech	ヤンセンファーマ	1986	1991.5	腎移植後の急性拒絶反応の治療
2	シナジス	Synagis	パリビズマブ	148,000	RSV	ヒト化抗体	IgG1	マウスミエローマ細胞	Medimmune	アボットジャパン	1988	2002.4	RSウイルス感染症
3	リツキサン	Rituxan	リツキシマブ	144,510	CD20	ヒト化抗体	IgG1	CHO	Roche	中外製薬全薬工業	1997	2001.8	非ホジキンリンパ腫
4	ハーセプチン	Herceptin	トラスツズマブ	148,000	HER2	ヒト化抗体	IgG1	CHO	Roche	中外製薬	1998	2004.6	転移性乳癌
5	レミケード	Remicade	インフリキシマブ	149,000	ヒトTNFα	キメラ抗体	IgG1	NS0	Centocor	田辺三菱	1998	2002.4	関節リウマチ
6	シムレクト	Simulect	バシリキシマブ	147,000	CD25	キメラ抗体	IgG1	SP2/0-Ag14	Novartis	ノバルティスファーマ	1998	2002.4	腎移植後の急性拒絶反応の治療
7	マイロターグ	Mylotarg	ゲムツズマブオゾガマイシン	153,000	CD33	ヒト化抗体	IgG4	NS0	Wyeth	武田薬品工業	2000	2005.9	急性骨髄性白血病
8	ゼヴァリン	Zevalin	イブリツモマブチウキセタン	148,000	CD20	マウス抗体	IgG1	CHO	Biogen	バイエル薬品 富士フィルムRIファーマ	2002	2008.6	非ホジキンリンパ腫など
9	アービタックス	Erbitux	セツキシマブ	151,800	ヒトEGFR	キメラ抗体	IgG1	SP2/0-Ag14	ImClone Bristol-Myers Squibb	メルクセローノ ブリストル・マイヤーズ	2003	2008.9	結腸・直腸癌
10	ヒュミラ	Humira	アダリブマブ	148,000	ヒトTNFα	ヒト抗体	IgG1	CHO	Abbott Laboratories	アボットジャパン エーザイ	2003	2008.6	関節リウマチ
11	ゾレア	Xolair	オマリズマブ	149,000	ヒトIgE	ヒト化抗体	IgG1	CHO	Tanox Novartis Genentech	ノバルティスファーマ	2003	2009.3	気管支喘息
12	アバスチン	Avastin	ベバシズマブ	149,000	VEGF	ヒト化抗体	IgG1	CHO	RocheGenentech	中外製薬	2004	2007.6	結腸・直腸癌
13	ルセンティス	Lucentis	アニビズマブ	48,000	VEGF	ヒト化Fab断片	IgG1由来	不明	Novartis Genentech	ノバルティスファーマ	2006	2009.3	加齢黄斑変性症
14	アクテムラ	アクテムラ	トシリズマブ	148,000	ヒトIL-6	ヒト化抗体	IgG1	CHO	中外製薬	中外製薬	2008.6	2008.6	関節リウマチ・キャッスルマン病

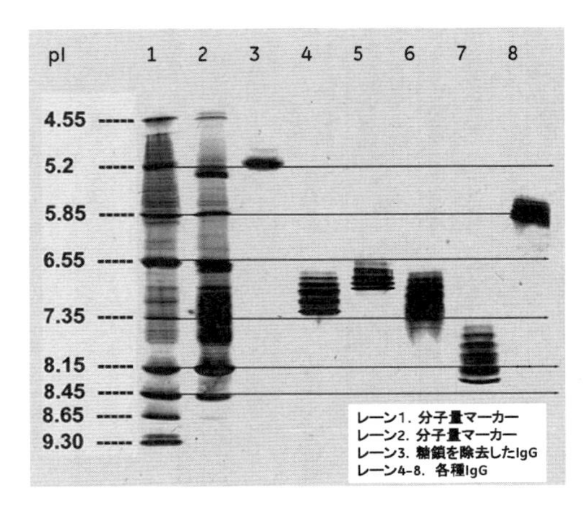

図2

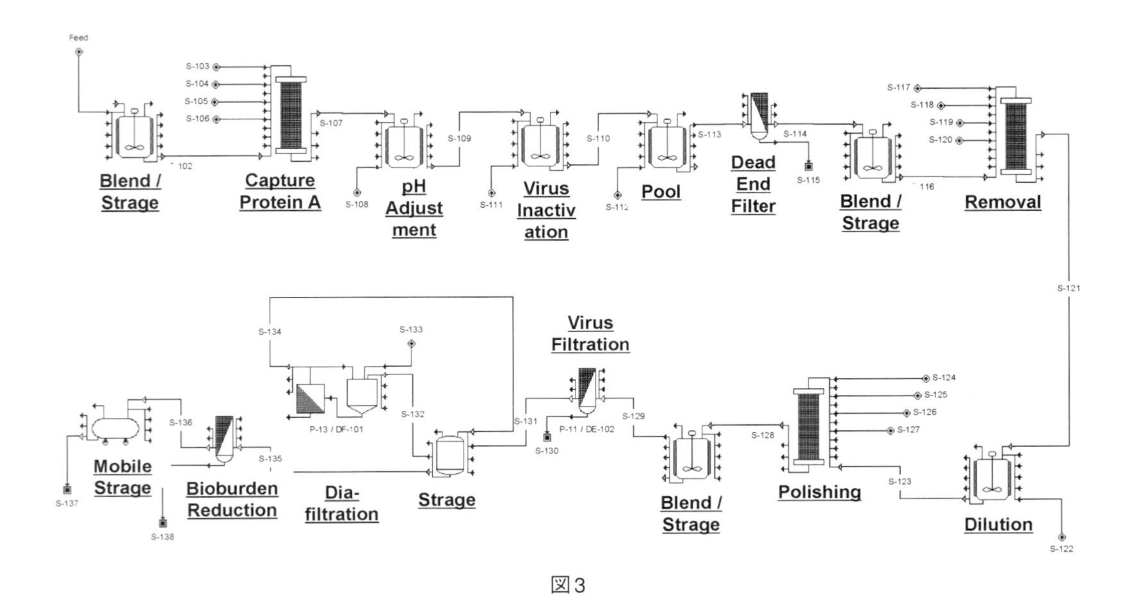

図3

ためには，非常に複雑なプロセスを的確に管理する必要がある。

以下に，クロマトグラフィー工程を中心にその特性と留意点について記載する。

3.1 クロマトグラフィーによる精製戦略（Strategy）

一般的にタンパク質を精製するためのクロマトグラフィー戦略（Strategy）には，Capture（回収），Intermediate purification（中間精製），最終精製（Polishing）の3ステップからなる3段階精製の概念を適応させる[4]。これは，3種類のクロマトグラフィーを行なうという意味ではなく，各段階の精製がこれらの3ステップの概念の範疇に入る事を意味している。場合によって

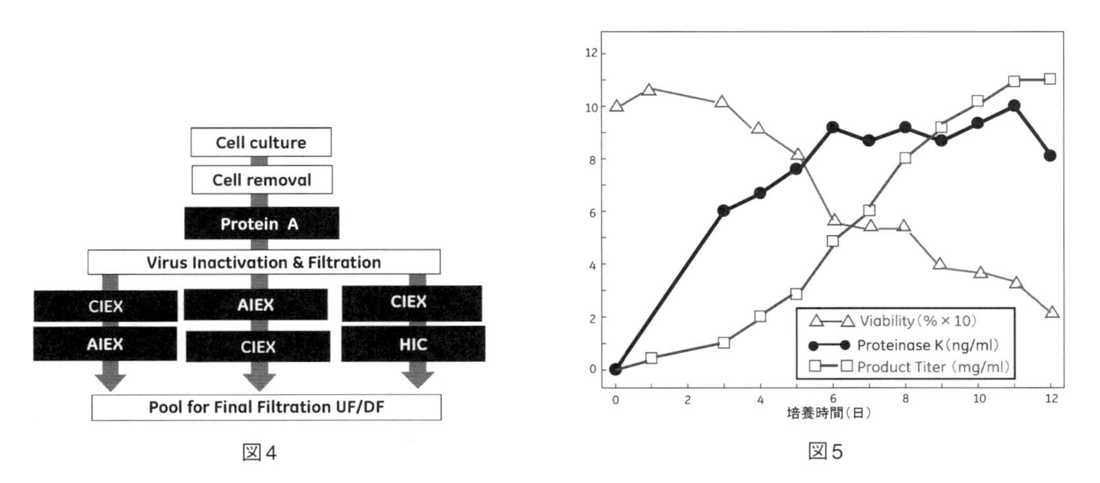

図4　　　図5

は各ステップで複数の種類のクロマトグラフィーを行なうこともあるし，Intermediate purificationとPolishingを同時に行うこともある。

抗体医薬品のクロマトグラフィー工程の主な例を図4に示した。図中のCIEXは陽イオン交換クロマトグラフィー，AIEXは陰イオン交換クロマトグラフィー，HICは疎水性相互作用クロマトグラフィーを表す。宿主細胞の種類，培養条件，生産する抗体のタイプおよびサブクラス等によってこれらの精製工程は異なり，確定した方法はないが，1段階目であるCapture工程の多くには堅牢性が高いプロテインAを用いたアフィニティー精製が多用される。さらにそれに続くイオン交換や疎水性相互作用クロマトグラフィーを組み合わせて2～3段階のIntermediateおよびPolishing操作を行う。いずれの場合も，それぞれの工程の目的を明確にして系を組むことが理想的である。

3.1.1　Capture（プロテインA担体）

プロテインAが固定化された担体を用いたアフィニティー精製が使用されている[5)]。プロテインAはIgG構造のFcドメインと特異的に，かつ可逆的に結合するが，この結合力は各種の動物種のIgG，さらにそのサブクラスによって異なるので注意が必要である。各社からプロテインA（あるいはリコンビナントプロテインA）が固定化された担体が市販されている。プロテインGもIgGのFcドメインと結合し，かつ，広い動物種のIgGに結合でき，結合力はプロテインAよりも高いといわれている。しかし，プロテインA担体は，使用されている実績が多い点や使用しやすい点（比較的高いpHで溶出される等）などから，実際に抗体医薬品精製に使用されているものは，ほとんどがプロテインA担体である。このステップは，1段階のステップワイズ精製のみで純度95％以上，回収量90％以上の抗体が得られ，ほとんどの抗体にほぼ同じ条件で行うことができる堅牢性の高いプロセスである。

培養液の細胞除去後の清澄液には，大量の不純物（プロテアーゼ等）が存在し，これらにより抗体の分解の可能性があるので，抗体をできるだけ速やかに分離する事も大きな目的である。そのため，処理スピード（流速）高い担体が大きな選択要因となる。近年，発現タイターの増加に

表2

プロセス由来の不純物や混入物
1. 細胞機材由来 細胞を構成するタンパク質（HCP），核酸，代謝産物など
2. 培地由来 増殖因子（血清），ペプトン類（Hydrolysates），アミノ酸類，消泡剤など
3. プロセス由来 機器類からの漏洩物（プロテインA，その他の化学物質（可塑剤など）等）
4. 環境から混入される可能性のある物 ウイルス，マイコプラズマ，細菌，エンドトキシン等

よる培養日数の長期化に伴い，培養中の宿主細胞のViabilityが低下する傾向にあり，培養液中の宿主由来のプロテアーゼ等の各種酵素濃度が増加傾向にある（図5）ので，これらとできるだけ速やかに分離することが大事である。

一方，この工程の溶出液には，ゲルに固定されているプロテインAが遊離される。遊離したプロテインAは，以降の精製工程で除去されていなければならなく，また管理されていなくてはならない。また，遊離が少ないプロテインA担体を選択することも有効である。

3.1.2 Intermediate purificationおよびPolishing（イオン交換，疎水性相互作用，ハイドロキシアパタイト等）

このステップは，プロテインAカラムクロマトグラフィーで精製されたサンプル中に少量存在する煩雑な不純物を除去する工程である。各種のクロマトグラフィーを組み合わせて行なう。

抗体医薬品の不純物として考えられるものは表2に示す物などである。不純物は，感度よく検出され，かつその分析方法はバリデートされていなければならない。また，抗体分子の内，ダイマー体／凝集体（アグリゲーション体）などは，これらの工程により除去する。

4 経済性を考慮した精製プロセスの構築

図1に記載したように現在の抗体医薬品の1製品の年間生産量は50～1500 kgと多く，必然的に1バッチあたりの生産量も大きくなる場合が多い。1バッチあたり50 kgを生産する場合，発現タイターが5 g/Lの場合でも培養リアクターは10,000 Lが必要である。このように抗体医薬品の生産は大きな処理量が求められる。これに伴って，クロマトグラフィーに使用される担体量は大きくなり，カラムサイズも大きくなる傾向にある。

4.1 処理能力の高いクロマトグラフィー担体の利用

図6に示すような抗体医薬品製造工程の場合を考えてみる。左側の条件である年間製造が1tの場合，2000 Lのリアクターを使い，抗体発現量が5 g/Lとして年間126バッチ製造することを想定できる（抗体の回収量80％として計算）。この場合，1バッチ当たり10 kgの抗体を製造す

る事になる。プロテインA担体のIgGの結合容量が40 g/Lのものを使用したとすると，担体の必要量は313 Lになる。この担体使用量であれば直径1.2 mのカラムにプロテインA担体を30 cmの高さでパッキングしたものを使用すれば，1回の精製処理で全サンプルを処理することができる。一方，右の年間製造量を10 tとした場合，15,000 Lのリアクターで抗体発現量が5 g/Lで，年間168バッチ製造すると想定できる。この場合1バッチ当たり75 kgのIgGの製造となり，同様なキャパシティーのプロテインA担体を使用しても，ゲル担体必要量が780 Lになり，実質的なカラムサイズである直径1.4 mで高さ40 cmパッキングしたカラムを使用しても，3回の操作を繰り返さないと1バッチ分を処理することができない。

また，1バッチの生産量が多い場合だけでなく，高価なプロテイン担体の使用量をできるだけ少なくし，工程を複数回繰り返すこともある。

4.1.1　流速特性の高い担体

図6の様に，バッチスケールが大きい場合には，プロテインAクロマトグラフィー工程は複数回繰り返すことが多いため，この処理をできるだけ迅速に行うのが望ましい。大量な処理量を要求される場合には，より流速特性の高い担体の使用は工程の時間を短縮化することができ，効率化に大きなインパクトを与える。高流速担体にはタンパク質がゲルの内部を自由に拡散できる多孔質構造と物理的な剛性をあわせ持つ能力が必要となる。

図7には，最近開発された高流速であるCapto™担体と従来のSepharose 4 Fast Flow（ともにGEヘルスケア社）の流速特性を示した。Capto担体の場合には，同じ圧力における線流速（cm/h）はより早くなる。全ての工程の作業を線流速が倍の早さで行えると，実質作業時間は半分になる。また，この担体では，より高い圧力での稼動も可能となり，高いベッド高でのクロマトグラフィーも可能である。

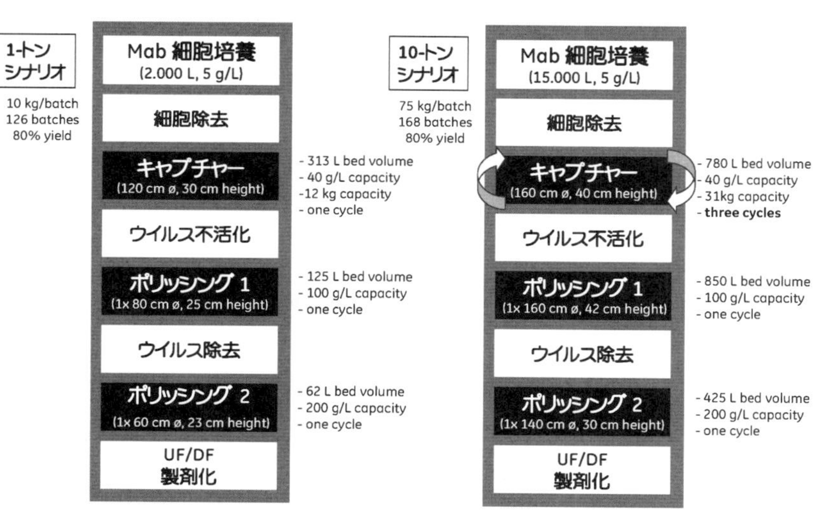

図6

近年，各社から，流速特性が改善された担体が開発されているので，新しく精製工程を開発する場合には，これらの担体の使用が望ましい。

4.1.2 結合容量（キャパシティー）が高い担体の使用

結合容量の高い担体を使用することにより，担体の使用量を減少させることも可能である。これによって，カラムサイズやクロマトシステム，さらにはそれに伴う施設の小型化が可能ともなる。

最近開発されたMabSelect™は，高流速担体であるCapto担体に，リコンビナントプロテインAを高密度に固定した担体であり，IgGの結合容量が30 mg/mlと増加されている。また，その後の工程で使用される担体も，官能基をエクステンダーを介して高密度で導入した新しい物が各社から開発されている。これらの最新の担体の使用により，生産コストを下げることが可能である。図8には，従来のプロテインA担体であるrPortein A Sepharose 4 Fast Flow，SP Sepharose Fast Flow，Q Sepharose Fast Flowの工程を新しい担体であるMabSelect，Capto S，Capto Qにそれぞれ変更した際の抗体1g生産に対するダウンストリームコストを比較したものである。このように，最新の担体を使用することで，コストは大きく抑えられる。

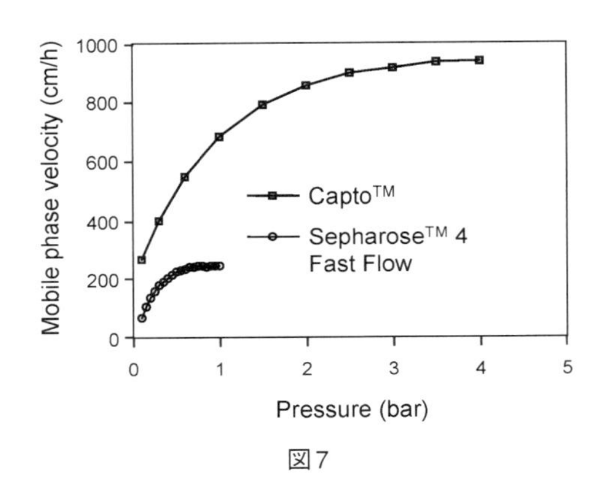

図7

4.1.3 洗浄性やライフタイムを改良した担体の使用

バイオ医薬品製造に用いられるクロマトグラフィー担体は，作業工程の中に定置洗浄（CIP, Cleaning in Place）の工程が行われる。ここでは，

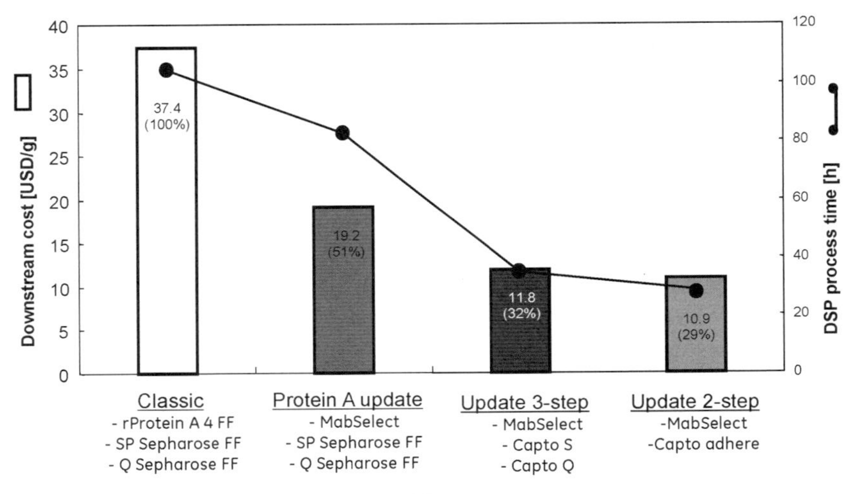

図8

高濃度のNaOH（0.5～1M）を洗浄液として用いられることが多い。NaOHは担体に吸着した不純物を効率よく洗浄できるだけでなく，酸によって容易に中和でき，残留に対する懸念が少なく，また試薬としてのコストも安価であることからメリットも多い。しかし，プロテインA担体はリガンドとしてタンパク質を使用しているため，アルカリ耐性には制限があり，従来は洗浄液としてNaOH溶液はあまり使用されず，比較的弱い酸であるリン酸や酢酸や変性剤が使用される場合が多い。しかし，これらの溶液の洗浄効果は比較的低いと言われている（図9）。また，変性剤であるグアニジン一塩酸などによる洗浄の場合，操作性やコスト面などに課題も残る。プロテインAのキャプチャー工程は，精製の初期段階であり，汚れの吸着が激しいため，十分な洗浄が行われないとキャパシティーの低下や不純物の混入が起きる場合もあるので良好な洗浄性が再現性の高い安定生産に不可欠である。

近年，アルカリ耐性のあるリコンビナントプロテインAをリガンドとして用いたMabSelect™ SuRe（GEヘルスケア社）が開発されている。これにより，比較的高い濃度のNaOH（0.1～

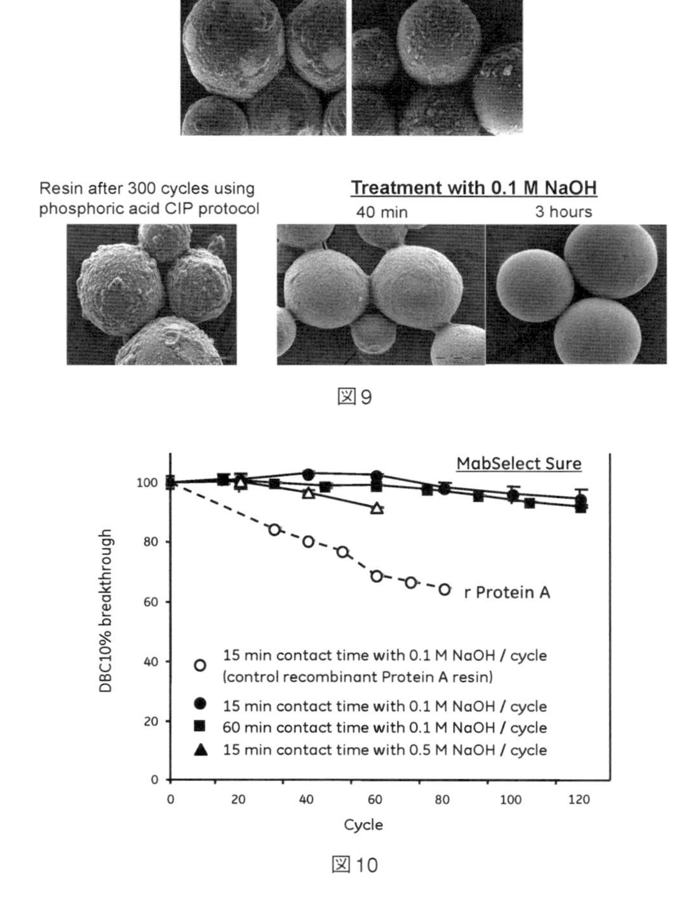

図9

図10

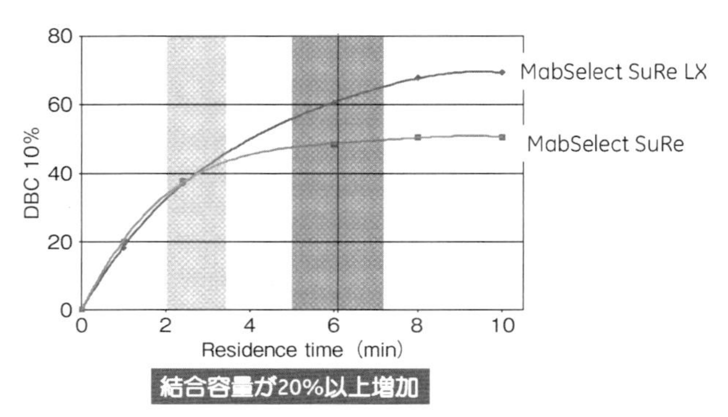

図11

0.5M）による洗浄が可能になり，結果として担体のライフタイムを長期化する事も可能である（図10）[6]。MabSelect™ SuReのIgGの動的結合容量（Dynamic Biding Capacity）はおよそ30 mg/mlゲルである。

最近，MabSelect™ SuReの動的結合容量をさらに増加させたMabSelect™ SuRe LXも開発された（図11）。この担体を使用する場合には，サンプルの添加の際のレジデンスタイム（サンプルのゲルへの接触）時間を6分間以上となるようにする。たとえば，ベッド高が20 cmのカラムの場合，200 cm/hの線流速を使用するとレジデンスタイムは6分間となる。この担体のキャパシティーは約60 mg/mlである。

4.2 抗体精製ステップ削減による効率化

クロマトグラフィーの精製ステップ数が多いと，精製に必要なコスト，時間および設備が増えるとともに，回収率の低下の問題が起こる。したがって，できるだけ少ないステップで精製し，工程を簡略化することが製造コストの削減に直接つながる[8]。

近年，複合的な反応によりタンパク質の分離を行うマルチモーダル陰イオン交換担基を有した新しい担体であるCapto™ adhere（GEヘルスケア社）を開発し，通常2段階以上のポリッシング工程を1ステップで行うことを提案している（図12）[9]。これが可能になれば，クロマトグラフィー技術の工程が，Protein A担体によるキャプチャリングとCapto™ adhereのポリッシングの2ステップ化で行うことができるようになる。Capto™ adhereの官能基は陰イオン交換を有する3級アミンの他に疎水性相互作用を有するベンゼン環，さらに水素結合を起こす水酸基を有するN-Benzyl-N-methylethanolamineで，これらが複合的に働いて，HCP，担体からリークしたプロテインA，エンドトキシン，各種ウイルスおよびIgGのダイマー／凝集体等を効率よく分離できることが期待されている。

Capto™ adhereのポリッシング操作には，素通りモードを使用するが，複合的な反応により精製を行うため，pH，電気伝導度（Conductivity），サンプル負荷量の条件をふって最適な条件を見出す必要がある。

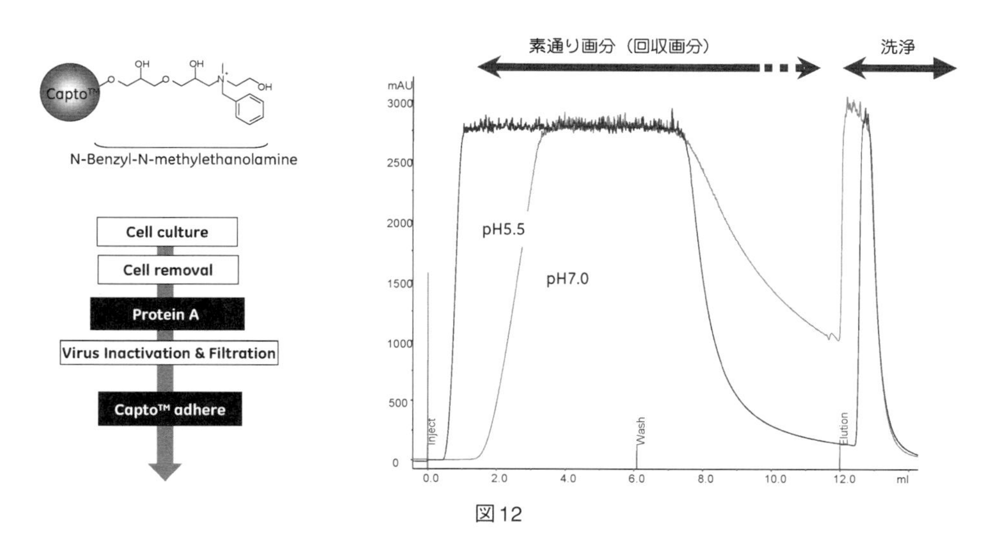

図12

MAb	Cell line	pI	Loading conditions pH	Cond	Load	HCP <50 ppm	PrA <5 ppm	D/A <1%	Yield (Capto™ adhere)
1	CHO	~9	7	8	187.5	12 (206)	0 (36)	0.5 (3.3)	90
2	CHO	8.3-8.9	5.5	3	150	2 (10)	<2 (260)	0.6 (2.1)	95
3	NS0	7.5-8.4	6	2	150	9 (85)	0 (0)	0.8 (1.5)	95
4	SP2/0	7.7-8.0	7	20	100	30 (500-2000)	0 (<1)	0.15 (0.14)	91
5	CHO	8.8	7.5	20	200	7.5 (38)	0 (<1)	<0.1 (0.7)	92

図13

各種細胞を使用して発現した等電点の異なる抗体5種類の精製に，プロテインA担体とCapto™ adhereによる2ステップの精製の検討を行った結果を図13に示した。このように条件が最適化されている場合には，宿主セルタンパク質（HCP），漏出されたプロテインAおよびIgGの凝集体が効率よく除去される。表中のカッコ内に記載されている値は，それぞれの不純物の細胞培養上清液中の濃度を示している。

精製工程の削減は，時間の削減だけでなく，回収率の改善および設備の削減にも大きく寄与し，コスト効率へのインパクトは非常に大きい。

4.3　プロセス開発の効率化

バイオ医薬品製造のプロセス開発はそのコストが年々増加の傾向にあり，全体のコストの中の大きな割合を占めている。抗体医薬品の場合には，開発する抗体が変わっても，IgG分子としての特性は似通っており，特に同じサブクラスの場合には，確立されたクロマトグラフィー技術お

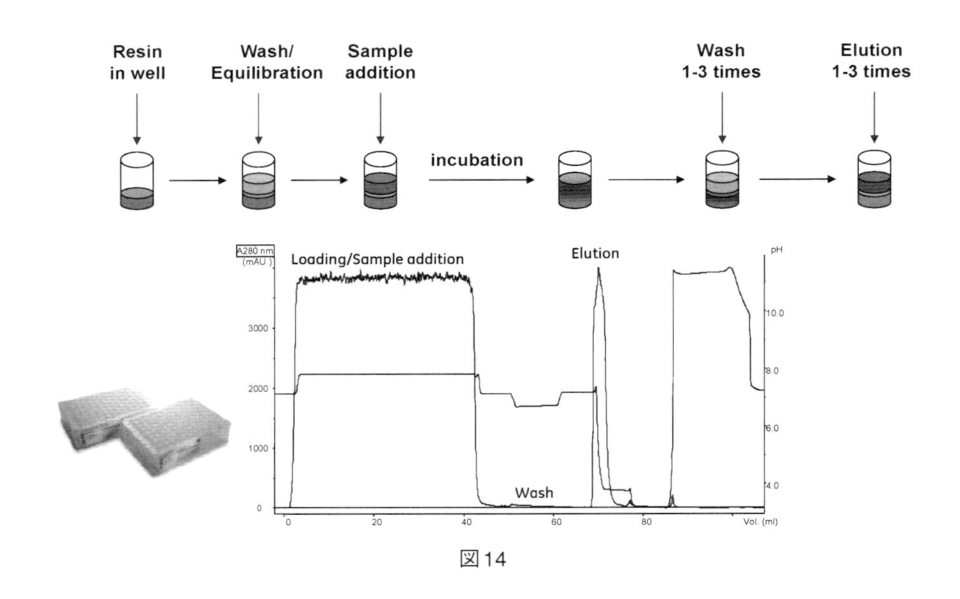

図14

よびその他の工程をそのまま使用する，いわゆる精製スキームのプラットフォーム化が可能である。しかし，IgGの等電点などの諸性質は広範囲にあり（図2），たとえプラットフォーム化された手法であっても最適化のための条件検討は必要である。この最適化の検討は，通常はスケールダウンされたクロマトグラフィー技術を用いて行われるが，長時間の検討時間が必要で，さらにサンプル消費量も多い場合が普通である。

96ウエルプレート・フィルターフォーマットを使用した精製条件の検討は各種パラメーターの条件検討には有効な手段である。これは，フィルターを有する（Filter format）96ウエルプレートに担体を入れ使用するもので，市販品も発売されている。条件検討の際には，各パラメータを実験計画法（Design of Experiment，DoE）を用いて効率的に行う[10]。DoEにより条件検討のパラメータを設定して，96ウエルフォーマットにて条件検討を行う[7]。得られた素通り画分や溶出画分を下にセットした空の96ウエルプレートに回収する。その後，この回収画分を分析する。この際に，リキッドハンドリングシステム（自動分注機）を使用すると，さらに効率よく操作することができる。条件検討後，さらに，ここで決められた最適条件をカラムクロマトグラフィーにより確認する。多くの実験によって，96ウエルプレートで検討した条件が，カラムクロマトグフィーにおいても再現されることが確認されている。

図14に，プロテインA担体を用いた抗体のキャプチャー工程の検討を96ウエルプレートで行う手法を示している。

4.4 プラットフォームアプローチ

抗体医薬品の製造開発を行っている製薬企業の多くでは，各社独自のプラットフォームを確立し，効率的な開発を進めている。多くのパイプラインの抗体の開発で，細胞の種類，抗体のタイプおよびサブクラス，発現ベクター，培養方法，培養時間，精製工程，分析方法，など一連の工程を共通にし，その開発を効率よく行う試みである。特に，非臨床試験，フェーズIおよびフェーズIIにおいてプラットフォーム化された手法が用いられ，開発時間の短縮化が図られている。これによってプロセス開発の時間を短縮し，コストの削減，早期の臨床試験へのステージアップを可能にしている。

4.5　シングルユース・デバイスの使用

プラットフォーム化の技術の採用とともに，最近，各種シングルユース・デバイスを使用し精製工程のバリデーションの時間を削減し，短期間で開発を進める試みがなされている。これは，各クロマトグラフィー工程における，準備時間やバリデーション時間など製造に直接関与しない工程をできるだけ削減しようとする試みの一つである。従来の作業では，ゲルの準備，パッキングの準備，パッキング作業を行った後に実質生産作業であるクロマトグラフィーを行い，最後にカラム保存のためのCIP作業を実施する。また，これらの作業の中には，パッキング後のカラム評価のバリデーション作業やCIP後の洗浄バリデーション作業等も含まれる。一方，ディスポーサブルカラムを用いた場合には，これらの作業が大幅に削減できる。最近では，各配管をディスポーサブルとし，容易に交換できるクロマトシステムも開発されている（AKTA^{TM}ready,GE Heathcare）。また，緩衝液バッファーの容器や溶出フラクションを入れるための各種バックも市販されている。これらのディスポーサブル機器を使用することで，各装置の洗浄作業やそのバリデーションが不必要となる。固定配管の施設の利用とともにシングルユース・デバイス・施設の利用は開発速度を高め有効である。

4.6　効率的な施設の使用

抗体医薬品の製造には，一般的に大きな生産施設が必要となる。したがって，この施設をどのように有効利用するかは，生産コストに大きなインパクトを与える。バッチ数の多い生産を行い，10,000 L以上の培養リアクターを使用するような場合には，固定配管を用いた専用設備で生産されることが多い（図15，右上）。近年，細胞培養での発現のタイターが増加しているが，年間バッチ数を変えず，リアクターを容積の小さいものにすることができる（右下）。一方，リアクター容積を変更しない場合には，年間のバッチ数が減少する（左側）。年間バッチ数が減少した場合には，結果として施設の休止状態が長くなることになる。この場合，この施設を他の抗体医薬品の生産にも利用する多目的生産施設（Multi-purpose facility）として使用することが施設のコスト軽減に大きく貢献する。多目的生産施設には，シングルユース・デバイスの使用は非常に有効で，前臨床や臨床試験などの生産規模がそれほど大きくない場合には，より有効である（図15網目の範囲）。この範囲内の規模の製造であれば，バッグを使用した細胞培養技術や，各種メンブレン，クロマトグラフィーシステム，配管およびカラムをディスポーサブル機器で行うことも可能である（図16）。

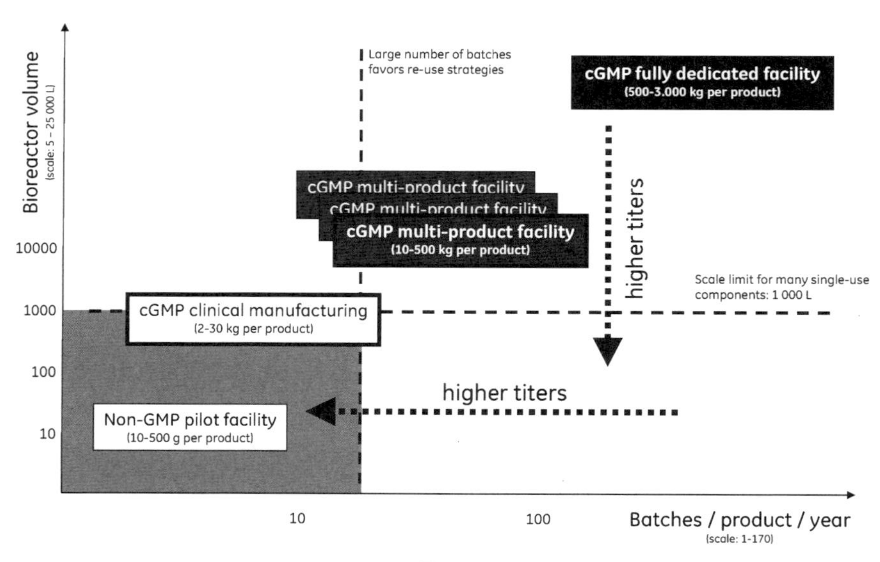

図15

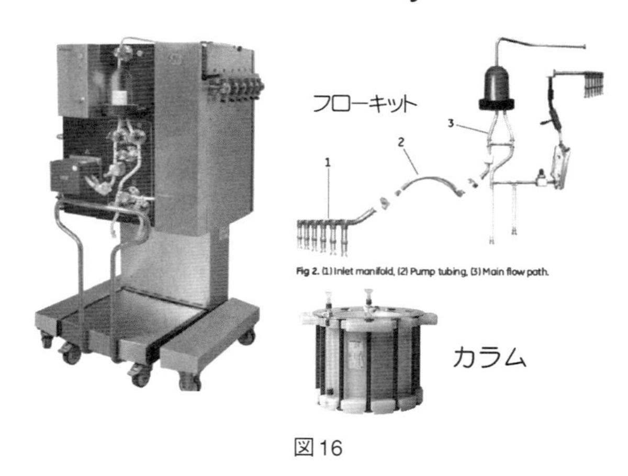

図16

現在では，細胞培養→細胞除去（清澄化）→クロマトグラフィー精製→UF/DF→ウイルス除去膜→滅菌ろ過などの全ての工程をシングルユース化することも可能である（図17）。

5 おわりに

抗体医薬品の開発および製造においては，いかに効率よく，また純度よく目的の抗体を精製できるか，さらにいかに適した施設を使用するかが製造コストに大きく影響を与える。製造スケールの増加に対応できる効率的なカラムクロマトグラフィーの技術が必要である。これを解決する

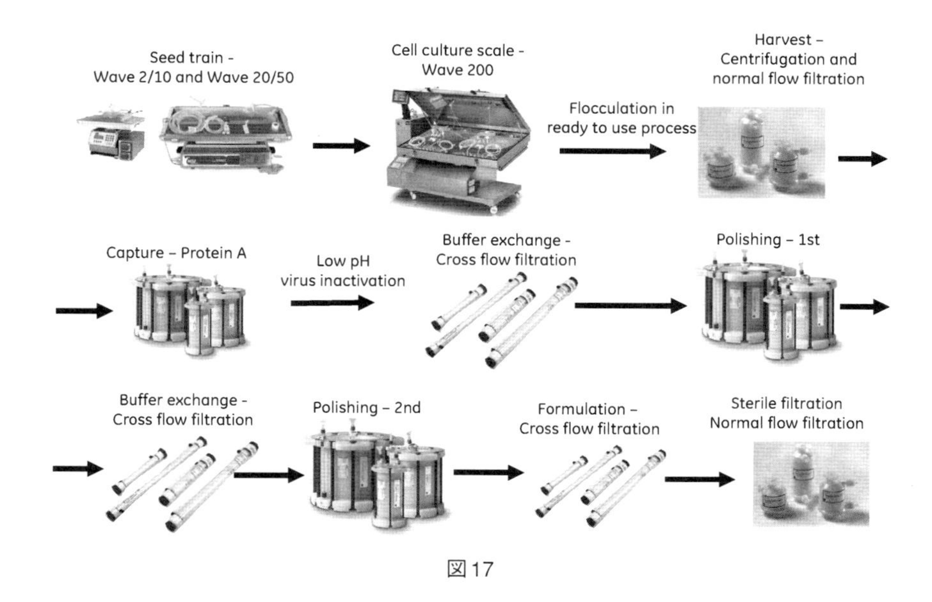

図17

ために，流速特性に優れ，かつ結合容量が大きな最新の担体の使用が重要である。また，それぞれの工程の管理・バリデーションにかかるコストを見た場合，プレコンディショニングされたツール，商品を使用することによりこれらのコストを下げられる場合が多く，必要により選択することもインパクトの大きい要因である。このように，増大する処理量，コスト効率を考えて，工程を確立するべきである。

培養技術の改良により，ダウンストリームへの処理能力の増大への期待が高まっている今日，クロマトグラフィーの新しい技術をすばやく導入し，コスト効率の高い製造工程を確立するべきである。

文　　献

1) 国際医薬品情報，第934号（2011）
2) “DSM Pharma & Crucell reach milestone in antibody production” Pharmaceutical Technology. 19, Feb（2007）
3) W. Zhou *et al.*, *Biotechnol Bioeng.*, **55**, 783-792（1997）
4) 「はじめての抗体精製ハンドブック」 GE Healthcare Bioscience
5) M. A. Vidal *et al.*, *J. Immunol. Methods*, **35**, 169-172（1980）
6) R. Hahn *et al.*, *J. Chromatogr. A*, **1093**, 98-110（2005）
7) H. Johansson, The 229th ACS national meeting, SanDiego, CA, March 13-17（2005）
8) S. Curtis *at al.*, *Biotech. Bioeng.*, **84**（2）, 79-185（2003）
9) GE Healthcare Bio-Sciences, Application Note 28-9078-92
10) GE Healthcare Bio-Sciences, Data File 28-9258-39

第2章　抗体精製用アフィニティーリガンドの論理的改変

本田真也*

1　はじめに

医薬品の主流はバイオ医薬品にシフトしている。その市場は，2007年で750億ドルを超え，全医薬品市場の10％以上を占めるに至っている。2007年の世界売上ランキングをみても上位10製品の中の4製品がバイオ医薬品である。また，22品目のバイオ医薬品が売上10億ドルを超えるブロックバスターである[1)]。このような成長と拡大に伴って，バイオ医薬品の製造技術のイノベーションへの期待が高まっている。その理由の一つは，高額なバイオ医薬品の薬価である。これに因る患者負担が普及の妨げとなっている現状があり，また，国民医療費の公費負担縮減は財政上の緊迫課題でもある。医薬品は，他の製造業に比べて製造原価比率が概して低いため，R＆D費用や営業・マーケティング費用の効率化が優先されて検討されがちであった。しかし，近年，その体質の反省から製造の変革により経営効率化を図ろうとする考えかたが生まれている[2)]。また，バイオ医薬品は，これまでの低分子医薬品と比べ，生産設備の導入コストも経常的な生産コストも著しく高いことから，製薬企業においても製造効率化に対する関心が相対的に高い傾向にある。一方，製造の技術革新は，コストの削減ばかりが目的ではない。バイオシミラー（バイオ後続品）の登場は，創薬から製薬重視へのビジネスモデル転換がバイオ医薬品においても可能であることを意味している。実際，インド，中国等の新興国におけるバイオシミラーの取り組みは精力的で[3, 4)]，日本の開発競争力の相対的低下が危惧されるほどである。医薬品は知識集約型の高付加価値産業であると共に，広範な安全性確認と厳格な品質保障を必要とする産業であることから，他と差別化し得る製造技術を新たに構築することはたやすいことではない。しかし，逆にひとたび獲得すれば企業の競争力を大きく強化させる武器となる。アンメットメディカルニーズの充足や個別化医療の実現に不可欠である少量多品目生産を進めるうえでも製造技術の高度化が必要だ。そこには大規模大量生産のブロックバスターとは異なる製造戦略が必要になるであろう。さらに，医薬品分野における世界的なオープンイノベーションの波は，日本の製薬会社においても自社単独で創薬，製造，治験のいずれもが完結できない状況をつくり出している。この結果，周辺産業領域の企業の参入や大学・ベンチャー等からの技術導入を歓迎する環境の変化を促すよ

＊　Shinya Honda　㈱産業技術総合研究所　バイオメディカル研究部門　研究グループ長；東京大学　大学院新領域創成科学研究科　メディカルゲノム専攻　客員教授

うになり，これも製造技術のイノベーション期待の一因になっている。

産業技術総合研究所は，日本の産業競争力強化に資する新たな技術を提案することを使命とする公的研究機関として，上述の認識のもと，バイオ医薬品の製造工程に関わる要素技術の研究開発を進めている。本稿では，治療用抗体の精製プロセスを概説したうえ，筆者らが行った抗体精製用アフィニティーリガンドの論理的改変について紹介する。

2　治療用抗体の精製プロセス

治療用抗体を含むバイオ医薬品は，通常，培養（cell culture），精製（purification），調剤/充填（formulation-filling），ラベリング/梱包（labeling-packaging）の流れで製品となり出荷される（図1）。培養と精製が原薬製造工程（API-manufacturing）にあたり，それ以降が製剤製造工程（fill & finish）にあたる。また，培養までをアップストリーム，精製以降をダウンストリームと呼ぶことがある[5]。クロマトグラフィーはその高い分離能力ゆえに，実験室レベルの精製で多用されているが，治療用抗体の工業レベル生産においても不可欠な精製技術となっている。そして，モノクローナル抗体の精製にはさまざまなモードのクロマトグラフィーが用いられているが，それらの中でもプロテインAアフィニティークロマトグラフィーは，何年もの間，抗体の分離精製のための業界標準の手段になっている。プロテインAは抗体のFc領域に対して特異的かつ可逆的に結合できるので，プロテインAアフィニティークロマトグラフィーは，抗体精製の最初の初期回収ステップ（capture step）として利用されている。この強い特異的結合は，培養液から細胞を除去したあとの雑多な成分からなる混合溶液から抗体のみを高収率で直接分離することを可能にする。また，抗体の歩留まりを落とすことなくわずか一回のクロマトグラフィーで99％以上の製造工程由来不純物を除くこともできる。通常，プロテインAアフィニティークロマトグラフィー工程の後には一段か二段のクロマトグラフィー工程で充分である。現在，医薬品製造各社は抗体精製のためにほぼ共通のプラットホームプロセスを構築しているが，これはプロテインAアフィニティークロマトグラフィーの性能の高さに負うところが大きい。プラットホームプロセスの構築は，上市までの期間短縮や複数のパイプラインの製造における設備調整において重要な意味をもつ。図2は治療用抗体の精製プラットホームプロセスを示したものである[6, 7]。

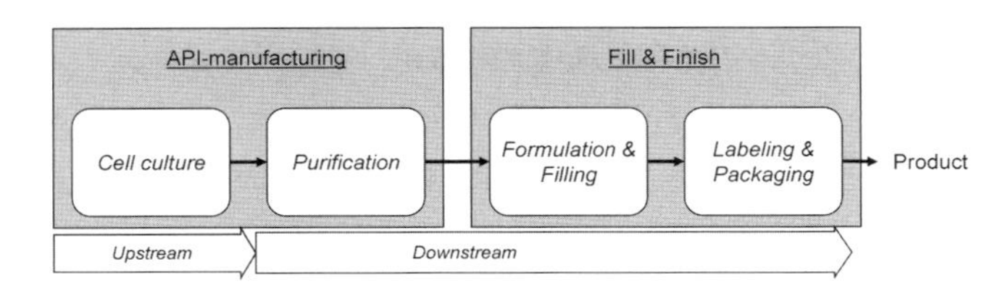

図1　バイオ医薬品の製造の流れ[5]
治療用抗体を含むバイオ医薬品は，通常，培養，精製，調剤／充填，ラベリング／梱包の工程を経て製品となる（本文参照）。

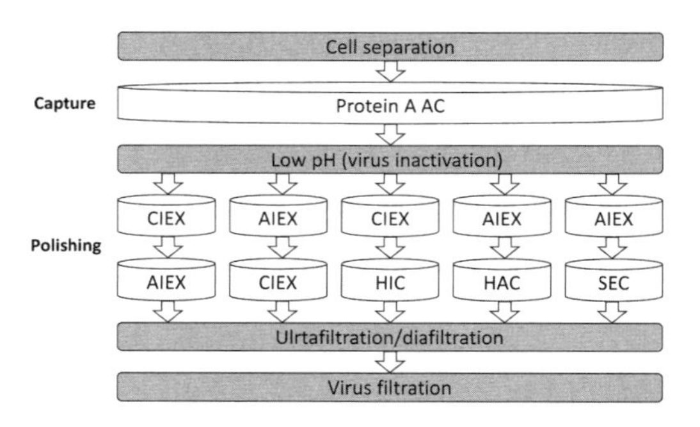

図2　治療用抗体の精製プラットホーム[6, 7]
治療用抗体の適用疾患や効用は様々であるが，抗体分子の構造と物理化学的特性は似ているので製造技術のプラットホーム化が可能である。特に精製はその状況が顕著である。第一クロマト（初期回収ステップ）はもっぱらプロテインAアフィニティークロマトグラフィーである。第二，第三クロマト（最終研磨ステップ）は他のモードのクロマトグラフィーを組み合わせて行われる。第二，第三クロマトの順はこの図と逆になる場合もある。3段階のクロマトグラフィーが標準だが，2段階で行う場合もある。膜分離（UF/DF）とウイルス除去は逆転する場合もある。

最終研磨ステップ（polishing step）に相当する第2，第3クロマトグラフィーでは様々なモードが目的分子に応じて選択されているが，第1クロマトグラフィーのモードは例外なくプロテインAアフィニティークロマトグラフィーである点に注意されたい。

3　プロテインAアフィニティークロマトグラフィー

多様な成分が含まれている細胞培養液から抗体を高純度で回収し精製することは，医薬品の品質を保証するうえで非常に重要である。また，精製工程を効率的に進めることは，治療用抗体の製造コストを削減するうえでも大変有効である。図3は治療用抗体の製造プロセスにおけるコストの一般的な分類を表している[8]。この図で示されるように，治療用抗体の総製造コストのかなりの割合（40～70％）を精製が占めている。さらに，近年の動物細胞培養技術の目覚しい進歩により培養液単位容積あたりの抗体生産量が上昇し（2～10g/L），アップストリームの大幅な効率化が達成されたため，相対的にダウンストリームのコスト比が増加してきている。上述のように治療用抗体の精製はいくつかの工程で構成されるが，その中でプロテインAアフィニティークロマトグラフィーにかかる費用が最も大きい[8]（図4）。これは，クロマトグラフィーに用いるプロテインA担体が非常に高価であることが原因である。担体の価格は概ね100万円/L前後[9]であるので，例えば100Lの工業用カラムを使用し，担体の耐用年数を半年と仮定すると，カラム担体だけで年2億円の運転費用が必要になる。これは即ち，プロテインAアフィニティークロマトグラフィーがコスト削減の対象として一番に検討すべき単位操作技術の一つであることを示唆している。たとえ数パーセントでもプロテインAアフィニティークロマトグラフィーにかかる

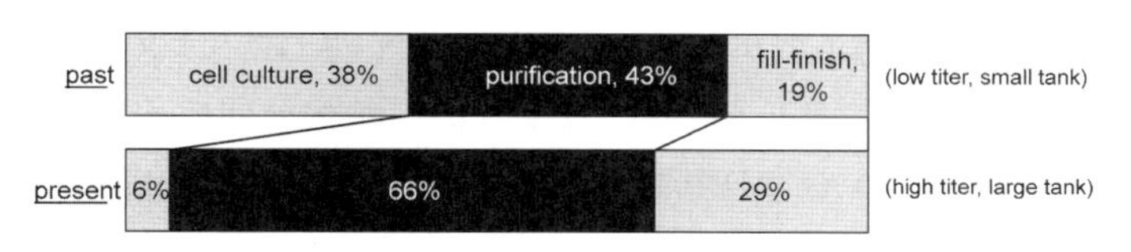

図3　治療用抗体製造コストの内訳[8)]
小さいタンク（1,000L）を使って低い力価（0.5g/L）で培養した場合(上)と巨大タンク（10,000L）を使って高い力価（5.0g/L）で培養した場合(下)の製造コストのシミュレーション。上図は約10年前の，下図は現在の典型的な状況を想定している。培養の生産性の向上に伴って，精製コストの占める割合が相対的に増加していることがわかる。

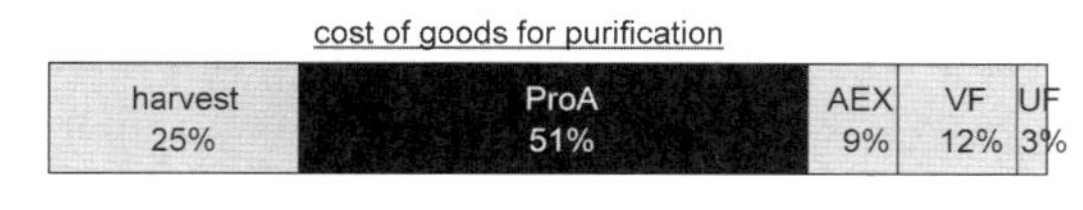

図4　精製コストの内訳[8)]
細胞分離（harvest），プロテインA（ProA），陰イオン交換（AEX），ウイルス除去（VF），限外濾過（UF）からなる精製工程の場合のコストのシミュレーション。

費用を圧縮することができれば，それは大きな額として計上できることになり，効果的な製造コスト削減策に繋がることが期待できる。

4　プロテインA代替アフィニティーリガンド

現時点において，プロテインAアフィニティークロマトグラフィーは，治療用抗体の工業レベル生産に不可欠な業界標準の工程である。しかし，一方でその高いコストがバイオ医薬品の高額薬価の一因となっている現状がある。また，紙面の都合で言及していないが，洗浄再生液に対する不安定性，リガンド漏出に対応するためのプロセス設計や品質管理の負担，長くはない担体寿命に起因する生産管理や償却管理が不可欠であるなど他の改善すべき点も少なくない[7, 10)]。そこで，これらの問題の解決をめざし，プロテインAに代わるアフィニティーリガンドの開発が試みられている。基礎研究レベルのものは無論，いくつかは製品化に至っているリガンドもある[7)]。市販されている代替リガンドとしては，一本のポリペプチド鎖で構成されることが特徴的なラクダ抗体の技術を利用したBAC社のCaptureSelect™，プロテインAの抗体結合部位を模した低分子の有機化合物（トリアジン誘導体）で構成されているProMetic Bioscience社のMAbsorbent™，疎水性電荷誘導クロマトグラフィーというマルチモードクロマトグラフィーの技術を適用したPall社のMEP Hypercell™などがある。しかしながら，部分的には匹敵する特性を示すものもあるが，総合的にはプロテインAと比べて優れているとは言えず，上記の問題に対する有効な解決策にはなっていない。たとえば，Ghoseらは，大幅なコスト削減が期待できる低分子リガンド型担体と業界標準のプロテインAを用いているGEヘルスケア社のMabselect™との性能を比較しているが，その報告[11]によれば，抗体の回収率は比較的高いものの(MAbsorbent™ A2P：73-80％，MEP Hypercell™：89-92％，Mabselect™：90-97％)，製造工程由来不純物である宿主細胞由来タンパク質の残留レベルが50から500倍も大きく，プロテインAの高い特異性をにわかに代替できるものではないことを示している。

5 プロテインGを用いた代替アフィニティーリガンドの開発

筆者らは，代替アフィニティーリガンドの開発においては，プロテインAアフィニティークロマトグラフィーが現在業界標準となっている状況とその理由を強く意識することが重要であると考えている。即ち，プロセスクロマトグラフィーがアフィニティーリガンドに求めるすべての項目[7]において，プロテインAに対して優れているか，少なくとも同程度の代替リガンドでなければ実用化に適さない。言いかえれば，一項目でもプロテインAに比べて劣るところがあるものは，コストがいかに安価であろうと，高い安全性と品質が求められる医薬品の製造では広く利用されないのではないかということである。この観点から，筆者らは，抗体結合タンパク質として知られるプロテインGを代替リガンドの対象として選択し，タンパク質工学の技法によりこれを改良することで，耐熱性，化学薬品耐性，酵素分解耐性，抗体親和性，pH応答性の優れた改変タンパク質を開発することに成功している[12,13]。現時点で製品化の段階に至ったわけではないが，以下にその開発の経緯を簡単に紹介する。

5.1 プロテインG

プロテインGは，ストレプトコッカス属連鎖球菌の細胞膜に存在する膜タンパク質で，さまざまな動物種の抗体に特異的に結合することが知られている[14]。一本のポリペプチド鎖で形成される分子量約65,000の単純タンパク質であり，複数のドメインからなるマルチドメイン型タンパク質である。抗体のFc領域に対する結合活性を示すのは，このうちの一部の細胞膜外ドメインで，たとえば図5に示すG148株由来のプロテインGの場合，抗体結合活性を示すのは，B1，B2，

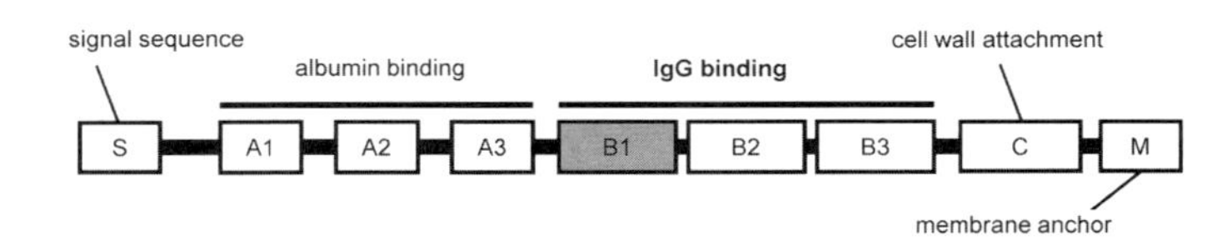

図5　ストレプトコッカス・プロテインGの構造[14]
ストレプトコッカス・プロテインGは，分子量約65,000のマルチドメインタンパク質で，N末端からシグナル配列領域（S），アルブミン結合ドメイン（A1，A2，A3），抗体結合ドメイン（B1，B2，B3），細胞壁結合領域（C），細胞膜結合領域（M）が並んだ構造となっている。三つの抗体結合ドメインのアミノ酸配列の相同性は高く，立体構造もほとんど変わらない。

B3の3つのドメインである。また，GX7805株由来のプロテインGでは3つの，GX7809株由来のプロテインGでは2つの抗体結合ドメインが存在する。これらは，いずれも60アミノ酸弱の小型タンパク質で，そのアミノ酸配列の間には高い相同性が見られることが知られている。また，プロテインGを切断し，各々のドメインを単離しても抗体結合活性が保たれることも明らかにされている。

抗体に対して特異的に結合するというプロテインGの性質は有用であることから，バイオテクノロジーのさまざまな分野で，抗体の精製，検出，評価等の目的にプロテインAとともに広く利用されている。どちらのタンパク質も抗体のFc領域のほぼ同じ部位に結合するが，結合特性として若干の相違点が存在する。抗体の精製用途には主に二点，動物種/サブクラス適応性と酸溶出条件とが比較される。ヒトにはいくつかの種類の抗体が存在し，現在，医薬品の主流となっているのは免疫グロブリンG（IgG）型の抗体である。そして，ヒトIgGには4つのサブクラス（IgG_1，IgG_2，IgG_3，IgG_4）があるが，プロテインAはIgG_3に対して結合活性を示さない。これに対し，プロテインGは4つのサブクラスすべてに対し充分な親和性を有する。また，プロテインAがほとんど結合しないヤギ，ラット，マウスIgG_1などの抗体に対してもプロテインGは結合活性を示す。動物種/サブクラス適応性に関しては，プロテインGのほうが広く，かつ総じて親和性も強い。一方，プロテインGカラムを用いたアフィニティ精製では，抗体を溶出する際にプロテインAに比べて厳しい酸性条件を必要とする。溶出時の強酸性溶液への曝露は，抗体分子の変性，会合体/凝集体の形成，あるいは脱アミド化反応などの化学劣化を招く恐れがあり，好ましいものではない。この酸溶出条件の差が，実験室では多用されているプロテインGが高品質を求められる医薬品の製造用途には好まれない理由である。抗体の酸ストレス耐性は一様でなく個々の分子ごとに異なるのだが，それに応じたカラム選択などといった場合分け対応は工業レベル生産では非効率なので，もっぱら未然の回避処置として，溶出pHのより穏和なプロテインAがアフィニティーリガンドとして利用されている。

筆者らは，プロテインGの有する潜在的特性は治療用抗体精製のための代替アフィニティーリガンドとして有望であると考え，論理的な分子デザインにより野生型プロテインGのアミノ酸配列の改変を行うことにした。改変にあたっては，プロテインAに対し優位である本来の性質，即ちヒトIgGの4つのサブクラスすべてに対して適応できるという性質を損ねることなしに，酸溶出条件をシフトさせるためにpH応答性を改善し，かつカラム担体の耐久性を高めるために安定性を向上させることを目指した。改変タンパク質の開発は2つの段階に分けて進めた。まず，立体構造を安定化させるための分子設計（第一世代）を行い，次いで，良好な安定性が得られた改変体に対して，pH応答性を改善させるための再設計（第二世代）を行った。

5.2　第一世代分子設計—安定性の向上

安定性の向上を目的としたタンパク質工学的な方法論はこれまで複数報告されており，商業的な成功を含む多くの研究例が存在する。その一方，工学としての実用性は依然不十分であり，汎用性を兼ね備えた確実な工学技術としては未だ発展の途上にあると言わざるを得ない。問題の一つは，アミノ酸置換の成功率が低く，試行錯誤を繰り返して多数の変異体を作製・試験しなければならないこと，もう一つは，安定性の向上が機能の低下をもたらすなど予期せぬ影響が生じることが多く，結果として満足する性質の改変体が得られないことである。すなわち，アミノ酸置換が及ぼす利得の期待と損失のリスクを総合的に事前評価するという意識が欠落している。筆者らはこれまで，タンパク質分子は短鎖セグメントを要素とする非線形システムであるとの視点で研究を行ってきた[15, 16]。そして，タンパク質分子を，アミノ酸残基と非共有結合で描かれるネットワークとして表現したうえ，これをネットワーク論の視点から解析することにより，タンパク質分子に潜む非線形性を推定できることを提案している。さらにはその延長で，上述の問題に対応できるあらたな方法論，即ち安定な変異型タンパク質の配列を設計するための低リスクのアルゴリズムを考案し，このアルゴリズムを実装したタンパク質配列設計ソフトウェアpromutと，これを支援する局所構造データベースProSeg[17]を開発している。第一世代設計では，これらをプロテインGのB1ドメインに適用し，その安定性の向上を目指した。

promutは以下の3段階の計算を行う。まず，野生型タンパク質の構造座標データを用い，タンパク質を構成する残基間ネットワークの中から相対的に独立した部分として定義される「自律要素」を特定する，次に，自律要素として特定した短鎖セグメントの主鎖構造を安定化する配列プロファイルをProSegで検索し決定する，最後に野生型配列と得られたプロファイルの比較から変異体配列の候補を複数出力する。プロテインGの B1ドメインの場合は，まず，構造座標データとしてPDB：1PGAを入力したところ，自律要素として第2βターンの中央部とαヘリックスの末尾が特定され，最終的に野生型の4アミノ酸残基を置換対象とする数種の変異体配列が候補として得られた。

そこで，これらの変異体配列をコードする人工遺伝子を作製し，組換えDNA技術を用いて大腸菌発現系にて改変型プロテインGを複数合成した。精製同定後，得られた複数の改変型プロテインGの構造安定性を，耐熱性，変性剤耐性，消化酵素耐性の観点から評価した。その結果，いずれの変異体も野生型に比較して高い安定性を示し，熱変性温度は7～13℃上昇（図6），変性剤耐性は14～1.6倍増加，タンパク質分解酵素耐性は4～14倍向上していることが明らかになった。アフィニティーリガンドの安定化はアフィニティークロマトカラムの耐久性向上につながることから，治療用抗体製造の低コスト化を進める上で重要な要素になると考えている。

この安定化改変タンパク質について，抗体との親和性をSPR測定により定量したところ，野生型と同等の結合活性を保持していることが確認された（図7）。さらに，安定化改変タンパク質の立体構造をX線結晶解析により決定したところ，改変部位以外の原子座標は改変前の野生型プロテインGとほぼ同一で，抗体との結合に関与する側鎖についても，野生型のものと同等の配向性が維持されていることを確認した（図8）。これより，自律要素を改変対象とする分子デザインが，タンパク質本来の機能と構造を維持しつつ，構造安定性のみを効果的に向上できることが確かめられた。

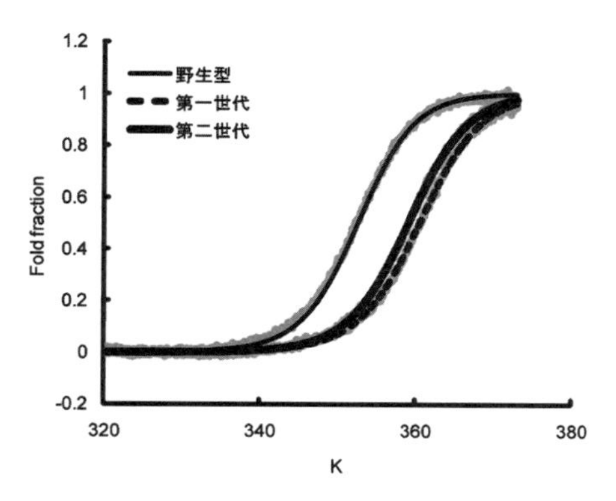

図6 円偏光二色性スペクトルによる熱安定性試験[12)]
変性温度は，野生型が351.3K，第一世代が360.5K，第二世代が359.0Kである。なお，本試験においては，分子デザインの適否を評価するため，単独の抗体結合ドメインを単離分析して，比較している。マルチドメイン型の結果ではないことに注意されたい。

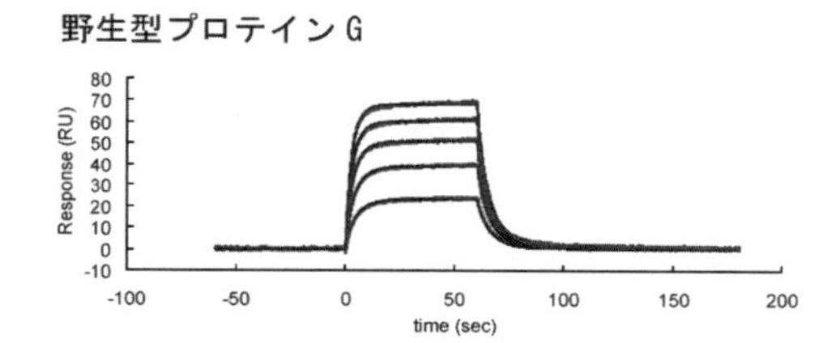

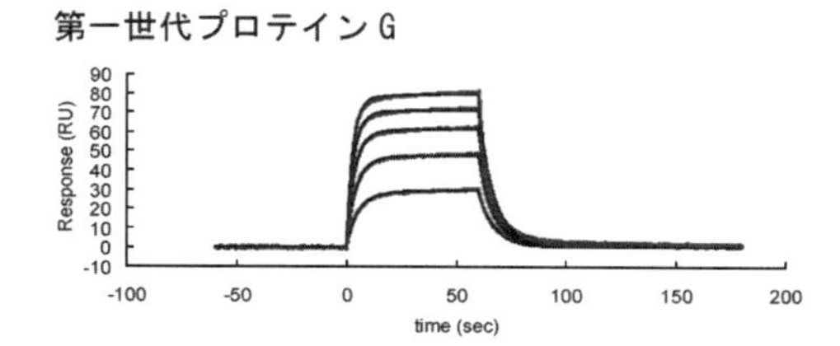

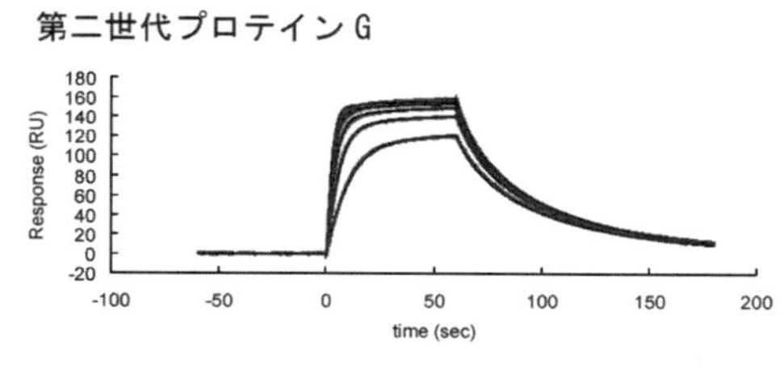

図7 SPRによるヒトモノクローナル抗体結合活性試験[12)]
解離平衡定数は，野生型が4.9×10^{-7}M，第一世代が2.9×10^{-7}M，第二世代が4.3×10^{-8}Mである。なお，本試験においては，分子デザインの適否を評価するため，単独の抗体結合ドメインを単離分析して，比較している。マルチドメイン型の結果ではないことに注意されたい。

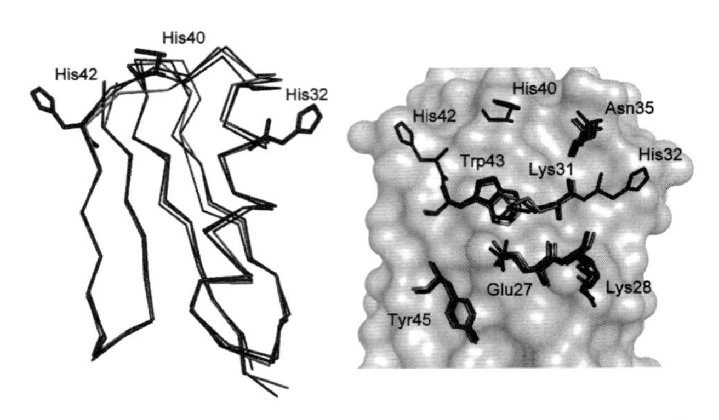

図8　野生型および改変型プロテインGのX線結晶構造解析[12]
野生型，第一世代，第二世代の構造を主鎖(左)と結合関与残基側鎖(右)について重ね合わせたもの。左図では導入したヒスチジンの側鎖を強調表示している。

5.3　第二世代分子設計―pH応答性の改善

pH応答性の改善にむけては，pH変化に依存して親和性の強弱を切り替えることで生理作用を発揮している天然タンパク質に着目した。このような天然タンパク質のうちいくつかは複合体を形成した際の立体構造が決定されているが，その多くで結合界面または周囲にヒスチジン残基の保存が認められる。これは，ヒスチジン残基側鎖のイミダゾール環の荷電状態をpHスイッチとして利用することで，pH依存的結合活性の変調を実現していると解釈される。事実，プロテインAと抗体のFc領域の結合界面にも複数のヒスチジン残基が存在し，これらの関与により穏和な酸溶出が実現できていると考えることができる。そこで，第二世代設計は，このヒスチジン残基のpHスイッチ機構を導入することを中心に進めた。

まず，X線結晶解析により新たに決定した改変プロテインGの原子座標データと，公知であるヒトIgG_1の原子座標データを使って，両者の複合体の立体構造モデルをドッキングシミュレーションによって求めた。次いで，この立体構造モデルをもとに改変プロテインGとIgG_1の結合界面を特定し，その周辺で空間的にスペースが残っており，かつ効果的な静電的反発力が期待できる部位を調べ，最後にいくつかの候補の中からヒスチジン残基を導入するための部位を複数決定した。このようなコンピュータ上での作業により，第一世代で得られた安定化プロテインG変異体の配列に，さらにヒスチジン残基を累積的に導入した第二世代の改変型プロテインGのアミノ酸配列を再設計した。これらの合成については，第一世代と同様に組換えDNA技術を用いて行い，精製同定したのち，その分子特性を評価した。

まず，抗体への結合親和性のpH依存性をSPR測定により解析した。その結果，野生型および第一世代プロテインGでは結合の至適pHが5.5付近であるのに対し，第二世代プロテインGでは至適pHが7.4～8.5にシフトしていることが明らかになった（図9上）。この至適pHのシフトに伴い，第二世代プロテインGは顕著なpH応答性の変化を実現するようになった。即ち，弱酸性領域では野生型より親和性が低下し，中性領域では親和性が逆に10倍以上向上する（図7，図

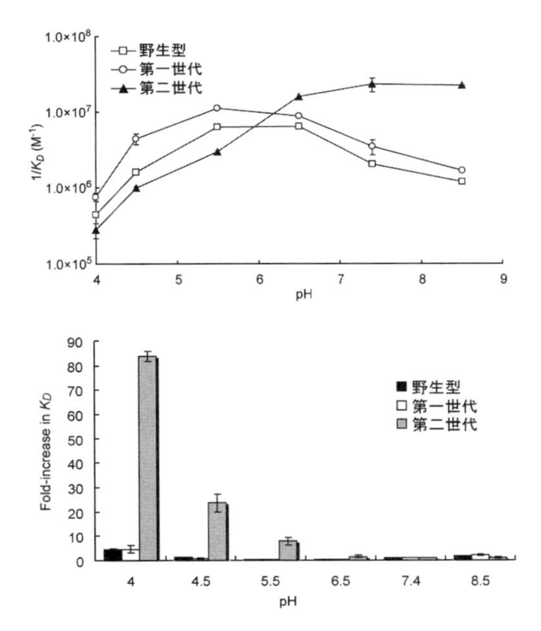

図9　改変型プロテインGのpH応答性[12]
結合親和性のpH依存性（上），および酸性域（pH4）と中性域（pH7）における解離平衡定数の比（下）。

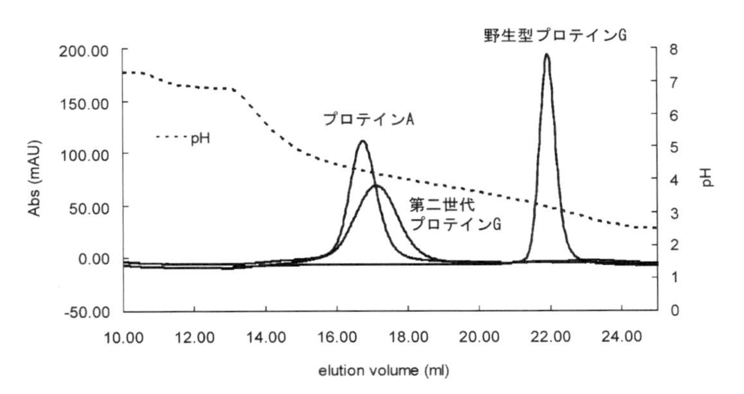

図10　アフィニティーカラムからの酸溶出挙動[12]
中性の緩衝液でモノクローナル抗体を吸着させたのち，溶出液のpHをグラジエント制御で低下させながら観測したもの。溶出ピークの位置からリガンドと抗体が解離するpH値を求めることができる。なお，本試験においては，分子デザインの適否を評価するため，単独の抗体結合ドメインを固定化し，比較している。マルチドメイン型の結果ではないことに注意されたい。また，リガンドの性能比較を目的としたため溶出液のpHはグラジエント制御で変化させたが，工業レベルでの実精製ではこのような制御はまれであることも併せて断っておく。

9下)。これは，目的とする酸溶出の条件改善にむけて好ましい変化である。そこで，第二世代プロテインGを代替リガンドとして固定化したアフィニティーカラムを試験的に作成し，これを用いてヒトIgG_1タイプのモノクローナル抗体のアフィニティー精製を行うことで，その酸溶出挙動を観測した（図10)。その結果，野生型プロテインGを用いたカラムでは吸着した抗体が溶出するピークのpH値が約3.1であるのに対し，pH応答性を改善した第二世代プロテインGカラムでは溶出pH値が約4.0にシフトすることが明らかになった。酸溶出条件としてはプロテインA（溶出pH値約4.2）に匹敵する結果であり，ピークの裾の位置もほぼ同じ範囲に重なっている。これは，第二世代プロテインGであれば，プロテインAと同程度の穏和な条件で抗体を回収できることを意味している。

さらに，X線結晶解析により，この第二世代プロテインGの立体構造を決定したところ，第一世代と同様に，主鎖の全体構造が維持され，抗体結合に関与する側鎖の配向が一致していることが確認された（図8)。導入した複数のヒスチジン残基が野生型の重要残基に対して影響を与えることなく，既存構造に付加する形で新たな機能を発揮していることもわかる。また，ヒトIgGの4つのサブクラスを含む十数種類の動物種/サブクラスの異なる抗体との結合親和性をSPR測定により求めたところ，プロテインAでは精製することができないヒトIgG_3に対しても十分な親和性を示すなど，野生型プロテインGが本来有している広範囲な動物種/サブクラス適応性を維持していることを確認した。以上の検討により，ヒスチジン残基のpHスイッチ機構をタンパク質相互作用界面の適切な位置に導入することによって，タンパク質本来の機能と構造を維持しつつ，pH依存的結合活性の変調を実現できることが確かめられた。

図11は，プロテインA，野生型のプロテインG，今回開発した第二世代の改変プロテインGの分子特性をまとめたものである。すべての項目で改変プロテインGは野生型のプロテインGよ

Affinity ligand	Protein A	Protein G	GEN 2 Engineered Protein G	
Laboratory use	often	often	**applicable**	
Industrial use	often	scarcely	**applicable**	
hIgG subclass	except IgG_3	All	**All**	MAINTAIN
Affinity to Fc of $hIgG_1$ (K_D)	180 nM	490 nM	**43 nM**	INCREASE
Thermal stability (T_m)	349 K	351 K	**359 K**	ENHANCE
Elution peak pH	4.2	3.1	**4.0**	IMPROVE

図11　アフィニティーリガンドの分子特性
プロテインA，野生型のプロテインG，第二世代の改変プロテインGのサブクラス適応性，中性域での解離平衡定数，変性温度，溶出ピークpHを比較したもの。なお，ここの値はそれぞれをシングルドメインに単離した場合の値を比較したもので，マルチドメインのものではないことに注意されたい。

り優れており，今回の論理的な分子デザインが十分な効果を挙げたことがわかる。また，上述したように，代替アフィニティーリガンドの開発においてはプロテインAとの比較が重要であるが，これについても改変プロテインGが概ね上回っていることが認められる。プロセスクロマトグラフィーがアフィニティーリガンドに求める条件は，ここに示した項目がすべてではないので，さらなる開発と評価が必要であるが，第二世代の改変プロテインGがすべてのヒトIgGサブクラスに対応するという優位性を引き続き維持している点を考慮すると，治療用抗体の精製工程で現在主流であるプロテインAを将来代替することも可能であると期待している。

6　おわりに

バイオ医薬品は，我が国が推進すべき技術開発領域の中で特に有望な先端10分野の一つに挙げられている[18]。また，政府の新成長戦略では，「ライフ・イノベーションによる健康大国戦略」の一環として，安全性が高く優れた日本発の革新的な医薬品の研究開発を官民一体で推進するとしている[19]。しかしその一方で，バイオ医薬品の生産に関する危機感が一部の識者から指摘されている。以下，中外製薬の永山氏の言[20]を引用する。「しかしながら，バイオ医薬品とくに抗体医薬などの生産については，我が国には，その製造設備を保有する企業がほとんどない状況であり，合わせて大量の高分子蛋白の生産に必要な技術やノウハウも非常に少なく，大規模な製造受託企業さえ存在する欧米に比較して大きく出遅れているといえる。このような状況下，日本企業による国内外のバイオ医薬品シーズの実用化に向けた治験薬製造や商業生産が海外で行われ，国内での生産が空洞化することが危惧される。仮にこのような状況になれば，バリューチェーンの中で最も付加価値を生み出し，雇用を創出する生産機能が失われ，日本企業が開発した革新的バイオ医薬品を海外から輸入するという事態にもなりかねない。また，医療保険の健全化の視点から見ても，今後成長が予想されるバイオ医薬品の大部分を海外からの輸入に依存するという状況は好ましくない。」

医薬品の研究開発というと創薬ばかりに関心が向けられがちであるが，生産，治療とが一体となってこそ産業として完結する。したがって，そのいずれも弛まぬ前進を続けることが競争力を維持するうえで大変重要である。筆者の属する産業技術総合研究所は，バイオ医薬品に関して，特に製造技術の欧米依存，国内空洞化が顕著であるとの認識から，2004年に「バイオロジカルズ（タンパク医薬）製造技術研究会」をバイオインダストリー協会との共催で発足させ，講演セミナーを中心とする活動を続けている[21]。製薬関連分野の技術者や理学・工学・薬学・医学等の研究者の間の情報交換の場となりあらたな産学連携の素地となることを目指すと共に，これを契機にした日本発のイノベーションが生まれることを祈念している。

謝辞

本稿で紹介したプロテインGに関する研究内容は，渡邉秀樹，澤田義人，松丸裕之，大石郁子，馮延文，須藤恭子各氏との協力により実現したもので，その一部は㈱新エネルギー・産業技術総合開発機構（NEDO）の委託研究事業により得られたものである。また，本稿で用いた図の一部は，原著論文[12]より一部改変のうえ許可を得て転載したもので，その著作権はThe American Society for Biochemistry and Molecular Biologyに帰属する。

文　　献

1） “バイオ・イノベーション研究会報告書”，経済産業省（2010）
2） 三井健次，小林創，ファーマテックジャパン，**27**，1947（2011）
3） 増田耕太郎，季刊 国際貿易と投資，**77**，122（2009）
4） 加藤浩，“途上国とバイオ医薬品の開発” http://www.grips.ac.jp/docs/kato.pdf（2009）
5） S. Behme, “Manufacturing of Pharmaceutical Proteins: From Technology to Economy”, p.33-100, Wiley-VCH（2009）
6） 稲川淳一，“抗体医薬品における規格試験法・製造と承認申請”，p105-118，サイエンス＆テクノロジー（2009）
7） 本田真也，“バイオ/抗体医薬品・後続品におけるCMC研究・申請と同等性確保”，p.149-172，サイエンス＆テクノロジー（2011）
8） B. Kelley, *Biotechnol. Prog.*, **23**, 995（2007）
9） “バイオ医薬品とクロマトグラフィー精製による抗体医薬へのアプローチ及び医薬品市場”，p.1-42，富士キメラ総研（2010）
10） 広田潔憲ら，“抗体医薬のための細胞構築と培養技術”，p.267-277，シーエムシー出版（2010）
11） S. Ghose *et al., J. Chromatogr. A*, **1122**, 144（2006）
12） H. Watanabe *et al., J. Biol. Chem.*, **284**, 12373,（2009）
13） 渡邉秀樹，本田真也，バイオインダストリー，**27**，72（2010）
14） D. Michael, P. Boyle, “Bacterial immunoglobulin-binding proteins”, p.113-126, 133-148, CRC Press,（1990）
15） S. Honda *et al., Structure*, **12**, 1507（2004）
16） Y. Sawada and S. Honda, *Biophys. J.*, **91**, 1213（2006）
17） Y. Sawada and S. Honda, *J. Comput. Aided Mol. Des.*, **23**, 163（2009）
18） “産業構造ビジョン2010”，経済産業省（2010）
19） “新成長戦略～「元気な日本」復活のシナリオ～”，内閣府（2010）
20） 永山治，“バイオ医薬品産業振興について” http://www.meti.go.jp/committee/summary/0004631/005_06_00.pdf（2011）
21） 巌倉正寛ら，ファーマテックジャパン，**26**，2257（2010）

第3章　アプタマーを用いた抗体精製

宮川　伸*1，中村義一*2

1　はじめに

RNAアプタマーとは標的分子に結合する核酸のことで，その結合力と特異性の高さから医薬品，診断薬，試薬などへの応用が考えられている[1,2]。実際に，血管内皮細胞増殖因子に対するアプタマー（Macugen®）が加齢黄斑変性症の治療薬として医療現場で使用されている。また，ウエスタンブロッティング用の試薬としてマウスIgGアプタマーとラビットIgGアプタマー(Immuno-Aptamer™)[3,4]が市販されている。

RNAまたはDNAアプタマーはアフィニティークロマトグラフィー用樹脂のリガンドに用いることができる。Romigら[5]はL-セレクチンに対するアプタマーの末端にビオチンを付加し，ストレプトアビジンのビーズに固定化して精製用カラムを作製した。CHO細胞で産生したL-セレクチンの精製を試みたところ，高純度品を得ることができた。この他，Hisタグ[6]やコカイン[7]などに対するアプタマー樹脂が報告されている。

抗体医薬やFc融合タンパク質はCHO細胞などの培養細胞を用いて製造するが，その最初の精製には一般にProtein A樹脂が用いられる。Protein Aは黄色ブドウ球菌の細胞壁成分で，IgGのFc部分に結合する。Protein A樹脂は比較的簡便に高純度の抗体が精製でき，アルブミンが吸着しにくい遺伝子組み換えされた樹脂やアルカリに強い樹脂など優れた樹脂が開発されている。一方で，価格が高いこと，樹脂から外れて最終産物に混入した場合に免疫系を刺激する可能性があること，溶出時に酸性溶液を使用するため凝集や変性が起こる場合があることなどが問題となっている[8~12]。そのため，Protein Aアフィニティークロマトグラフィーに代わる精製方法の研究開発が活発に行われている。イオン交換樹脂や疎水性樹脂を混合した樹脂[13]，IgGに結合する低分子[14]やアミノ酸[15]，ペプチド[16]などをリガンドとしたアフィニティー樹脂などが報告されている。

本章では著者らが開発したIgGアプタマーをリガンドとした抗体精製用樹脂について説明する。本アプタマー樹脂はProtein Aと比べて特異性が高く，結合した抗体を中性のキレート溶液で簡単に溶出できる。また，X線構造解析で得られた構造情報も紹介する。

＊1　Shin Miyakawa　㈱リボミック　代表取締役社長
＊2　Yoshikazu Nakamura　東京大学　医科学研究所　遺伝子動態分野　教授

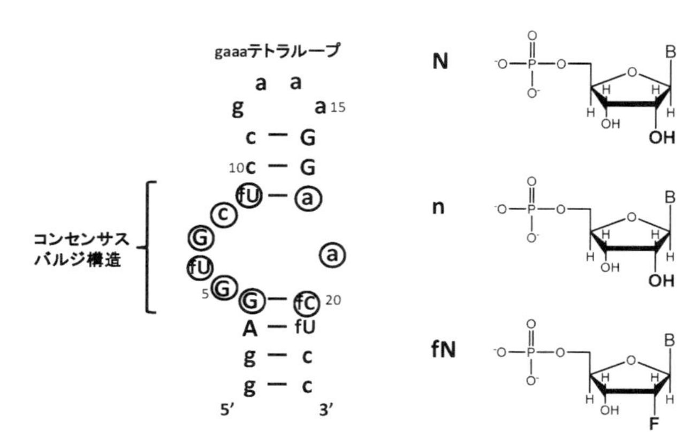

図1　Apt8-2の二次構造
MFOLDプログラムを用いて予測した。大文字のNはリボヌクレオチド，小文字のnはデオキシリボヌクレオチド，fNは2'-F修飾ヌクレオチドを示す。コンセンサスバルジ構造を構成するヌクレオチドに丸印を付けた。gaaaループは安定なテトラループである。

2　IgGアプタマーの作製

ヒトIgGのFc（hIgG-Fc）部に結合するRNAは修飾SELEX（Systematic Evolution of Ligands by EXponential enrichment）法を用いて作製した[17]。SELEX法に関しては既に多くの総説が出ているのでここでは詳細は割愛する[1,2]。RNAプールはピリミジンヌクレオチドのリボースの2'位がフッ素化された修飾RNAを用いた。標的たんぱく質として，ヒトIgG1のFc部分（Pro100～Lys330, hIgG1-Fc）を含むHisタグ付きキメラタンパク質（RANK-Fc-His, R&D Systems社製）を用いた。このキメラタンパク質はニッケルまたはコバルトビーズに固定化して使用した。10ラウンド終了後48クローンのシーケンス解析をおこなったところ，主に6配列に収束していた。MFOLDプログラム[18]を用いてそれらの配列の2次構造を予測したところ，全てGGUGCUとAACから成るバルジ構造を含んでいた（図1）。このバルジ構造を残すようにして短鎖化をおこなったところ，結合活性を有した状態で23ヌクレオチドまで短くすることができた。このコンセンサスバルジ構造はhIgG-Fcに結合するための重要な構造であることが予想された。安定性を向上させるためにプリンヌクレオチドのリボースの2'位に修飾を加え最終的にApt8-2を特定した（図1）。

3　IgGアプタマーの結合活性と特異性

IgGアプタマーの結合活性を表面プラズモン共鳴法（BIAcore2000）により測定した。センサーチップにIgGアプタマーを固定化し，抗TNFαキメラ抗体であるレミケードを流した場合のセ

(a)

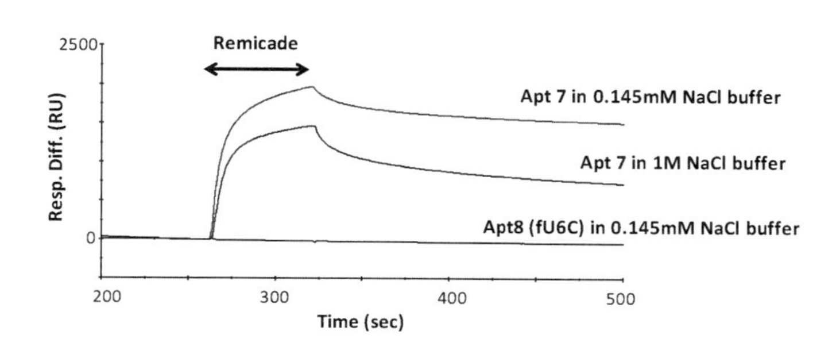

(b)

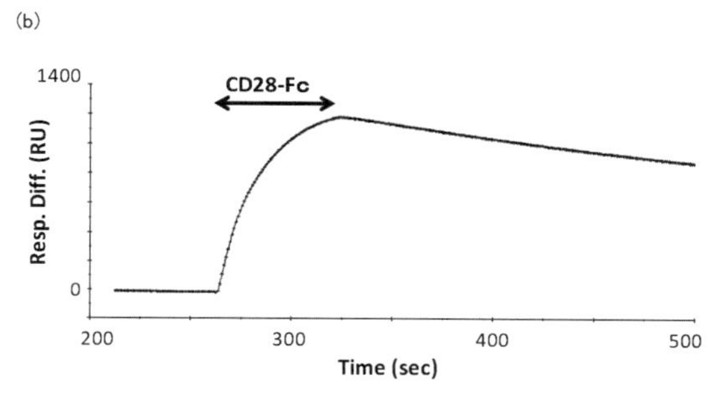

図2　BIAcoreセンサーグラム

(a)IgGアプタマーとレミケード（Infliximab, 10mg/mL, Centocore B. V.）の結合の様子。Apt7はApt8-2のプロトタイプ。Apt8(fU6C）はコンセンサスバルジ構造中のfU6をCにしたネガティブコントロール。NaCl bufferの成分は145mM NaCl, 5.4mM KCl, 1.8mM $CaCl_2$, 0.8mM $MgCl_2$, 20mM Tris (pH7.6)である。(b)Apt8-2とCD28-Fc融合タンパク質（R&D Systems社製）の結合の様子。

ンサーグラムを図2(a)に示す。生理条件に近いNaCl Buffer中で強く結合していることがわかる。また，塩濃度が高い1M NaCl buffer中でも結合していることがわかる。Apt8（fU6C）はコンセンサスバルジ構造中のU6をCに置換したRNAであるが，1変異入れるだけで結合活性がなくなった。

IgGアプタマーとFc融合タンパク質との結合を同様に測定した。図2(b)にCD28の細胞外ドメインとFc（Pro100～Lys330）の融合タンパク質（CD28-Fc）とApt8-2の結合の様子を示す。IgGアプタマーはFc融合タンパク質とも結合することがわかる。

BIAevaluation 3.0 ソフトウェアーを用いて速度論的パラメーターを求めた。測定はセンサーチップにアプタマーを固定化し12.5～100nMのヒトIgG1（CalbioChem社製）を流して測定した。1つのIgGに対して2つのアプタマーが結合することがX線とNMRを用いた構造解析からわかっていたので[17, 19]，Bivalentモードを用いて解析した。Apt8-2の場合，$ka_1 = 3 \times 10^4$

表1　IgGアプタマーの特異性

	IgG Aptamer	Protein A
Human IgG1	++	++
Human IgG2	++	++
Human IgG3	++	+
Human IgG4	++	++
Human IgA	−	−
Human IgD	−	−
Human IgE	−	−
Mouse IgG1	−	+
Mouse IgG2a	−	++
Mouse IgG2b	−	++
Mouse IgG3	−	++
Rat IgG1	−	+
Rat IgG2a	−	−
Rat IgG2b	−	−
Rat IgG2c	−	++
Guinea pig IgG	−	++
Rabbit IgG	−	++
cat IgG	−	++
dog IgG	−	++
Bovine IgG1	−	−
Bovine IgG2	−	++

Protein Aのデータは「はじめての抗体精製ハンドブック」（アマシャムバイオサイエンス株式会社）より抜粋。

$M^{-1}s^{-1}$，$kd_1=3\times10^{-3}\,s^{-1}$，$ka_2=7\times10^{-6}\,RU^{-1}s^{-1}$，$kd_2=4\times10^{-3}\,s^{-1}$であった。

ヒトIgG1～4，ヒトIgE，ヒトIgA，他の動物種のIgGとの結合を調べた。その結果を表1に示す。IgGアプタマーはヒトIgG1～4に結合したが，他の動物種のIgGには結合しなかった。CHO細胞などを用いて遺伝子組み換え体を作製する場合，培地中にウシ血清を含めても，IgGアプタマーを用いることでヒト体だけを精製することが可能である。

4　IgGアプタマー樹脂を用いた抗体精製

精製用のアプタマー樹脂は，3'末端にアミノ基が結合したIgGアプタマーを化学合成し，NHS活性基の付いた樹脂（NHS-activated Sepharose 4, GEヘルスケアー社製）にカップリングすることで作製した。この樹脂を用いてバッチ法でヒト血清からIgGを精製した。アプタマー樹脂に約等量の血清を加え，室温で15分間保持した。その後，NaCl buffer（pH7.6）で洗浄し，EDTA溶液（pH7.6）で溶出した。SDS-PAGEを用いて純度を確認したところ，rProtein A（GEヘルスケアー社製）で精製した場合と同等の結果を得た（図3a）。また，CHO細胞で産生

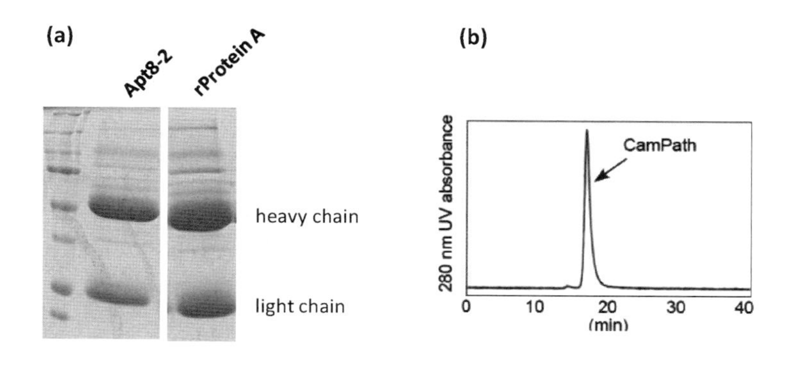

(c)

IgG回収量　リガンド固定化密度

IgG (mg/mL gel)

35 30 25 20 15 10 5 0

Ligand density (μmol/mL gel)

2.50 2.00 1.50 1.00 0.50 0.00

Apt8-2 Sepharose　B　rProA

図3　IgGアプタマー樹脂を用いた抗体精製
(a)SDS-PAGE。Apt8-2をリガンドとしたアプタマー樹脂を用いてヒト血清からIgGを精製した。溶出はpH7.6のEDTA溶液を用いた。比較のためにrProtein A樹脂を用いた精製も行った。(b)ゲルろ過クロマトグラム。Apt8-2をリガンドとしたアプタマー樹脂を用いて，CHO細胞で発現したCamPathを精製し，ゲルろ過クロマトグラフィーで分析した。CamPathの細胞培養上清はBioAnaLabのG. Hale博士とオックスフォード大学のH. Waldmann博士から提供されたものである。(c)IgGアプタマー樹脂の結合容量。

したCamPath（抗CD52ヒト化抗体）を同様にIgGアプタマー樹脂を用いて精製した。精製品をゲルろ過クロマトグラフィーで分析したところ，高純度に精製できていることが分かった（図3b）。このようにIgGアプタマー樹脂を用いることで，完全中性条件下で抗体を高純度に精製できることが分かる。

次にIgGアプタマー樹脂の結合容量を調べた。リガンド密度を変えた樹脂を作製し血清からIgGを精製した。その結果，1μmol/mL gel程度のリガンド密度で約30mg/mL gelのIgGが精製できることが分かった（図3c）。これは樹脂上に固定化されているアプタマーの1/3程度しか機能していないことを示しており，樹脂の作製方法を工夫することで，今後更に結合容量を上げることができると考えている。

5 IgGアプタマーの安定性

RNAはヌクレアーゼにより容易に分解されるので，製品化する際に安定性が問題になることがある。そこで，色々な修飾の入ったIgGアプタマーを作製しそれらの安定性を調べた。Apt8-2の修飾の様子は図1に示した。このアプタマーのCHO細胞培養上清中での安定性を調べたところ，37℃で10時間保持しても全く分解が確認されなかった（図4a）。

次にアルカリ耐性に関して調べた（図4b）。天然のRNAはアルカリで容易に分解されることが知られている。Apt8-2には天然のRNAヌクレオチドが含まれているので，0.1Nの水酸化ナトリウム水溶液では数時間で分解してしまった。そこで，全てリボースの2'位に修飾を加えた

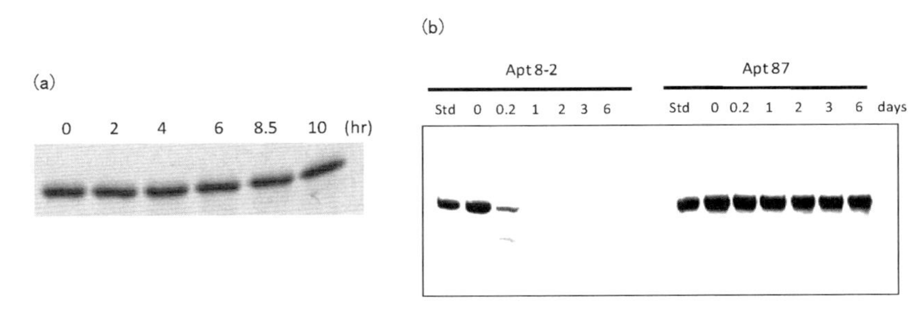

図4 IgGアプタマーの安定性
(a)変性PAGE。Apt8-2をCHO細胞培養上清中で保持した（37℃）。
(b)IgGアプタマーのアルカリ耐性（0.1Nの水酸化ナトリウム溶液）。

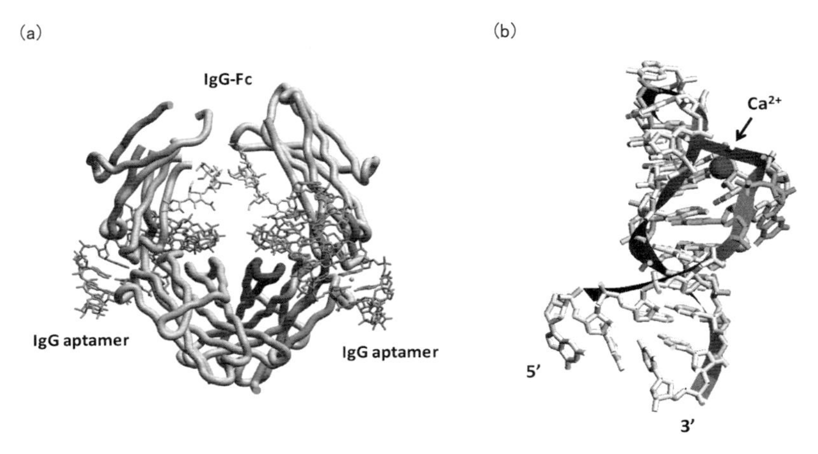

図5 X線構造解析の結果
分解能2.15Å。(a)IgG-Fcとアプタマーの複合体。(b)IgGアプタマー。
大阪大学，千葉工業大学，株式会社創晶との共同研究の成果[19]。

Apt87を作製した。このアプタマーの配列はApt8-2と同じで，ヒトIgGに対する結合活性を保持している。0.1Nの水酸化ナトリウム中で6日間安定であることが分かった。

6　IgGアプタマーの立体構造

IgGアプタマーとヒトIgG-Fcとの結合の様子はX線結晶構造解析により明らかにされた（図5）[19]。1つのIgGに対称的に2つのIgGアプタマーが結合していた。結合部位はProtein Aの結合部位の近くであった。IgGの構造にほとんど変化が見られず，RNAアプタマーがIgGの形状にフィットする形で結合していることがわかった。IgGアプタマーには水を介してカルシウムイオンが結合し，アプタマーの構造を安定化していることが示された。この2価イオンをキレート剤で取り除くことでアプタマーの構造が変化し，抗体が溶出される。IgGアプタマーはMFOLDプログラムで予想される2次構造とは異なり，U6, U9, A18間で通常のワトソンクリック塩基対と異なるベーストリプル構造を形成していた。また，U6とG7の間で塩基の向きが180度反転したフリップ構造を取っており，このG7がIgGのTyr373とスタッキング結合していた。このようにIgGアプタマーは，リン酸バックボーンの負チャージを利用したイオン結合ではなく，スタッキング結合などが主であることがわかり，高い塩濃度でも結合可能なメカニズムが解明された。

7　おわりに

IgGアプタマー樹脂はProtein A樹脂とは異なった特性を有した新しい抗体精製用樹脂である。特に中性条件下で簡便に精製できることから，今まで酸性溶出時に変性もしくは凝集してしまい捨てていた抗体やFc融合タンパク質を，比較的容易に手に入れることができるようになるであろう。今後，多くの研究者がこの樹脂を使用することで，ライフサイエンスの分野で新しい発見が生まれることを期待する。

文　献

1）宮川伸ほか，放射線生物研究，**42**（3），312（2007）
2）宮川伸ほか，分子生物学イラストレイテッド　改訂第3版，p.312，羊土社（2009）
3）N. Sakai *et al.*, *Nucleic Acids Symp. Ser.*, **52**, 487（2008）
4）Y. Yoshida *et al.*, *Anal. Biochem.*, **375**, 217（2008）
5）T. S. Romig *et al.*, *J. Chromatogr. B Biomed Sci. Appl.*, **731**, 275（1999）
6）O. Kokpinar *et al.*, *Biotechnol. Bioeng.*, **108**, 2371（2011）

7) B. Madru *et al., Talanta*, **85**, 616 (2011)
8) K. Tsumoto *et al., Biotechnol. Prog.*, **20**, 1301 (2004)
9) D. Ghose *et al., Biotechnol. Bioeng.* **92**, 665 (2005)
10) M. E. M. Cromwell *et al., AAPS J.*, **8**, E572 (2006)
11) K. Sakamoto *et al., J. Biol. Chem.*, **284**, 9986 (2009)
12) G. P. Conley *et al., Biotechnol. Bioeng.*, **108**, 2634 (2011)
13) M. Toueille *et al., J. Chromatogr. B*, **879**, 836 (2011)
14) M. Arnold *et al., J. Chromatogr. A*, **1218**, 4649 (2011)
15) A. D. Naik *et al., J. Chromatogr. A*, **1218**, 1756 (2011)
16) D. Dinon *et al., J. Mol. Recognit.*, **24**, 1087 (2011)
17) S. Miyakawa *et al., RNA*, **14**, 1154 (2008)
18) M. Zuker, *Nucleic Acids Res.*, **31**, 3406 (2003)
19) Y. Nomura *et al., Nucleic Acids Res.*, **38**, 7822 (2010)

第4章　液体クロマトグラフィー用担体の開発

青山茂之*

1　はじめに

「培養プロセス」と「分離精製プロセス」からなるバイオ製剤の製造において，上流域にあたる培養プロセスでは，培養の大容量化，生産宿主の変更，あるいは生産性の高い細胞の選択などの技術開発が進められている。このような上流域の変化に対応するための検討が下流の分離精製プロセスにおいても行われている。特に，分離精製プロセスでは，どのようなクロマトグラフィー工程を選択するかは重要となる。クロマトグラフィー工程は分離精製プロセスの鍵となるが，その主役となるクロマトグラフィー用担体においても，近年，流速，吸着および分離特性などの点で機能化が図られている。

本章では，バイオ製剤の製造に重要なクロマトグラフィー用担体（以下，単に担体と称する）について，我々の取り扱っているセルロース粒子を例にあげ，その設計や機能について説明する。

2　担体の機能情報

担体の吸着特性，流速特性，分離性，および安定性などが基本的な技術情報として担体メーカーから提供されている。担体の特徴を理解する上でこれらの情報は重要であり，本題に入る前に簡単に説明する。尚，幾つかの著書からクロマトグラフィー全般の原理や理論について優れた解説が与えられている[1, 2]。本章で用いた用語を含め，詳細はそれらを参照していただきたい。

2.1　吸着特性

静的吸着容量と動的吸着容量の2つの指標があるが，培養の大容量化が進み多量の培養液処理を必要とする近年のバイオ製剤製造では，担体の動的吸着情報がより重要となってくる。動的吸着はバッファーのpHや塩濃度，および流速などの影響を受けやすい。図1は，JNC社製陰イオン交換担体Cellufine A-500における使用線速が，BSA（牛血清アルブミン）の動的吸着容量（10％）に与える影響について示したものである。図1の通り動的吸着容量は線速をあげるに従って低下した。近年，動的吸着に優れ，しかも流速の影響を受けにくいイオン交換担体が開発されている。これらの担体は水溶性高分子で表面修飾されている。具体例として図2にJNC社製

*　Shigeyuki Aoyama　JNC㈱　水俣研究所

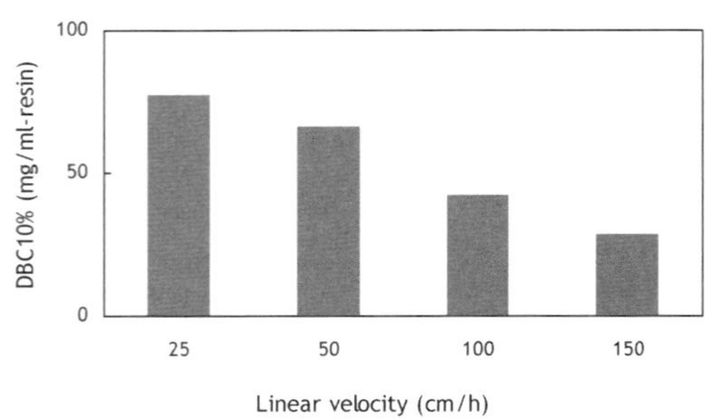

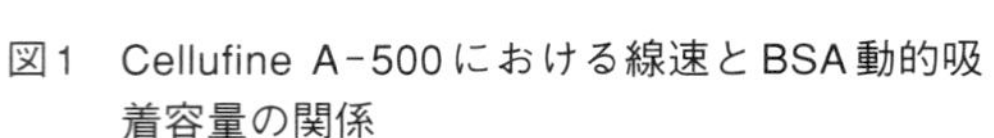

図1　Cellufine A-500における線速とBSA動的吸着容量の関係
カラム（ID6.6mm×70mm），0.01Mリン酸バッファー（pH7.2）を使用。

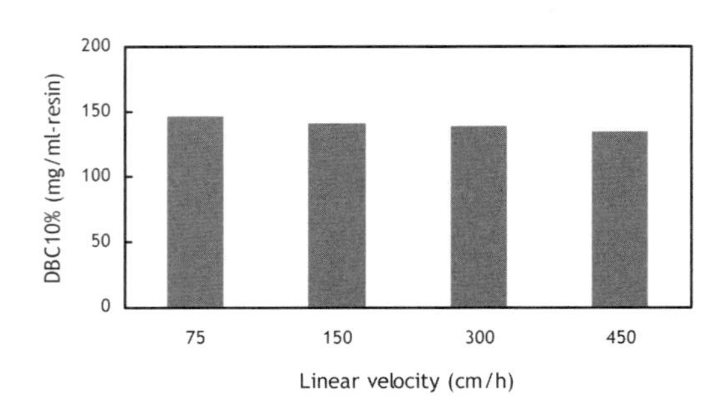

図2　Cellufine MAX DEAEにおける線速とBSA動的吸着容量の関係
カラム（ID5mm×50mm），50mMTris-HCl（pH8.5）を使用。

陰イオン交換体Cellufine MAX DEAEを用いた線速とBSAの動的吸着容量（10％）の関係を示したが，この図の通り吸着容量は流速に影響されにくいことが判る。しかしながら，このタイプの担体は塩濃度やpHの影響を強く受ける性質があり，実際に使用する際は予備評価が必要となる。尚，表面修飾技術が取り入れられた担体の特徴については後述する。

2.2　流速特性

担体の流速特性も目的物質の吸着や分離性能，あるいはスケールアップに影響を与える因子となる。流速特性は図3に示した圧力と線速の関係図として情報提供される。圧縮性の担体を用い小カラム径で圧力－線速の関係を測定する際，壁効果の影響を考慮する必要がある[3)]。壁効果の影響が薄れ，さらに中規模製造スケールとして好適なことから，担体メーカーでは直径30cm程度のカラムを用いた流速特性データを提供している。

2.3　分離性

イオン交換担体，疎水担体，ゲルろ過担体などではモデルタンパク質を用いた分離性が調べられ，技術情報として提供されている。これらの情報には同じモデルタンパク質を用いた事例が多いので，これにより担体の分離特性を比較することができる。

2.4　安定性

定置洗浄性，化学物質やpHに対する安定性，アルカリ安定性，保存安定性などの担体の安定性に関する情報も提供されている。これらの情報は担体の特徴を理解するのに役立つが，耐久性や保存安定性に優れた担体はバイオ製剤の製造コスト削減に寄与できるものとして，担体選定にも有用である。

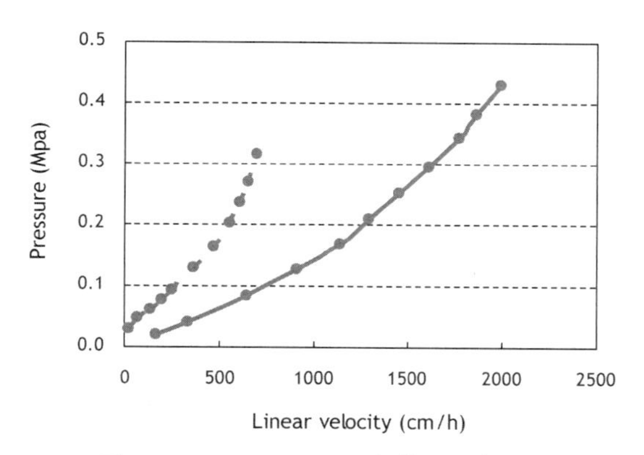

図3　Cellufine MAX S-r担体の流速特性
カラム　----：(ID20cm×20cm)　—：(ID2.4cm×20cm)
移動相　純水，測定温度　24±1℃

3　担体設計に関して

クロマトグラフィー担体は，イオン交換，アフィニティー，疎水性，ゲルろ過，およびイオン交換と疎水の特徴を併せ持つミックスモードなどリガンドの性質によって分類できる。なかでも，イオン交換担体（IEX担体）はタンパク質精製の40％に利用されるなど汎用性が特に高い[4]。IEX担体はアニオンやカチオン交換体などリガンド構造により4分類することができるが，市販IEX担体のイオン交換基の機能部位は図4のように同様の構造をとっている。従って，担体のポアサイズ特性，粒子径，スペーサー部の構造やリガンド密度などの違いがバッファーや流速などの使用法，あるいは収量などの性能に影響を与えることになる。近年，各社より吸着容量が高く高流速で使用可能なIEX担体が製品化されている。これらの担体は，高性能化のためにポア表面が水溶性高分子で修飾されている。担体のポア表面を水溶性高分子で修飾することで，リガンドをポア内の空間位に効果的に配置させることができる。これによりポア内の空間を有効に活用できるとともにタンパク質の速い拡散が可能となり，この結果，担体は高い動的吸着容量をもつようになる[5,6]。市販されている担体の比較や解説は他に譲るが[7,8]，このような水溶性高分子修飾型IEX担体の特徴を理解するための新しいモデルも提案されている[9]。水溶性高分子修飾型のIEX担体は，a)多点結合型，b)グラフト重合型，c)ポリマーブラシ型，d)ハイドロゲル型の4種類に分類できる[6]。ここでは我々の取り扱っているセルロース粒子に水溶性高分子としてデキストランを用い，多点で結合させた担体を例にあげ，担体設計をする上で制御すべき因子について説明する。尚，これらの担体はCellufine MAX シリーズのイオン交換担体として製品化されている。

①　ポアサイズ

Hartらは，アガロース粒子を原料とし水溶性高分子にデキストランを用いた多点結合型強陽イオン交換体において，ポアサイズとデキストラン付加量を最適化することでモノクローナル抗

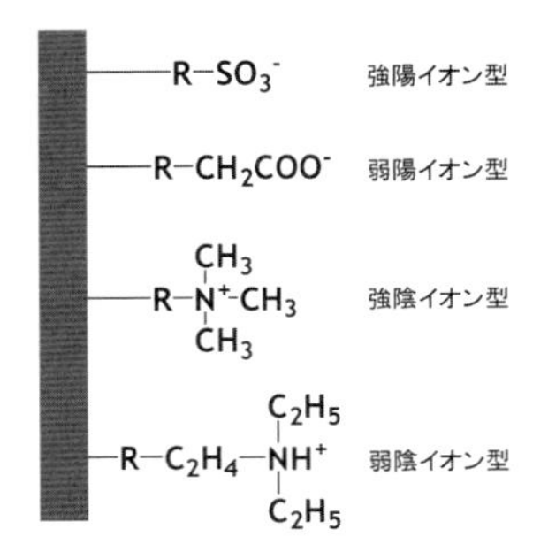

図4　イオン交換担体の種類

体の動的吸着容量が高い担体を得ることができる例を示している[10]。セルロースは結晶性の高いミクロフィブリル構造を有し，力学的な強度や化学的な安定性をもつ材料として知られている。材料科学的にセルロース粒子はアガロースと異なっており，セルロースの特有のポアサイズ特性をもつ。図5に示したA，B異なるポアサイズ特性をもつセルロース粒子から多点結合型強陽イオン交換担体を調製し，ポリクローナル抗体の動的吸着容量を求めた。この時，A，B2つの粒子から調製された担体は比較のためデキストラン付加量及びリガンド（スルホン基）量をほぼ同値とした。その結果，ポアサイズのより大きなA粒子より調製された担体は，Bより調整された担体に対し1.2倍ポリクローナル抗体の動的吸着容量が高かった。この結果からセルロース粒子においても，ポアサイズ特性はポリクローナル抗体の動的吸着容量に影響を与えることが判った。図5の粒子Aは，現行Cellufine製品群の中で最も大きなポアサイズをもつベース担体として，Cellufine MAXシリーズに使用されている。

② 架橋

担体の原料粒子は機械的強度をあげるため架橋により強度化されている。架橋剤の種類や架橋方法は担体メーカーが取り扱っている原材料により異なっている。図6は架橋剤にエピクロロヒドリンを用いアルカリ条件下にてセルロース粒子を架橋した粒子の未架橋型との比較を示したものである。架橋により流速特性が大幅に改善されていることが判る。図6の架橋粒子はCellufine MAXシリーズに採用されている。

③ 担体の最適化

水溶性高分子を利用することでIEX担体の吸着結合容量は大きくなるが，最適化には高分子の分子量や固定化量および導入するリガンド量などを考慮していく必要がある。さらに，水溶性高分子修飾型のIEX担体は塩やpHなど影響を強く受けるため，評価においても最適な条件を見つける必要がある。このような検討を重ねることでCellufine MAXの強イオン交換体シリーズは製品化に至った。Cellufine MAXの強イオン交換体シリーズには特徴の異なるhタイプとrタイプが用意されている。図7はCellufine MAXの強陽イオン交換体のhタイプとrタイプにおける保持時間とポリクローナル抗体の動的吸着容量（10％）を，図8はCellufine MAXの強陰イオン交換体のhタイプとrタイプにおける保持時間とBSAの動的吸着容量（10％）の関係をそれぞ

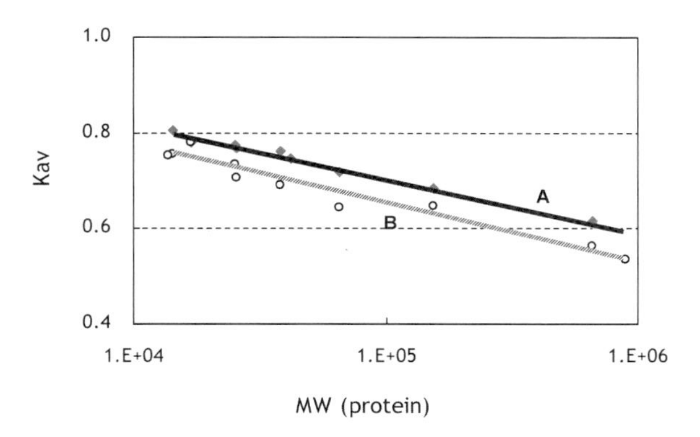

図5　セルロース粒子のポアサイズ特性

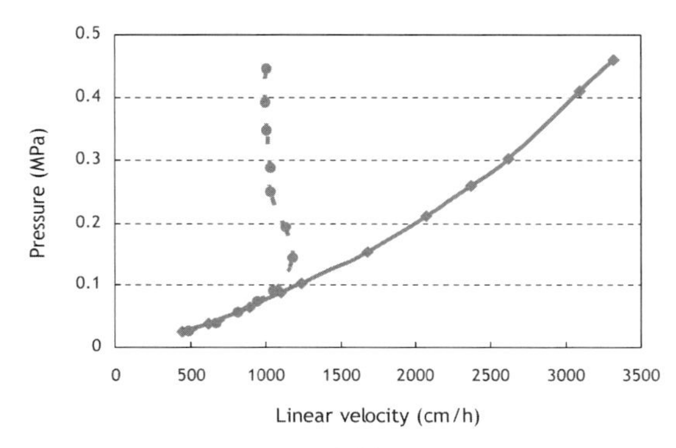

図6　セルロース粒子の架橋による流速特性の違い
架橋粒子（—），未架橋粒子（----）
カラム　ID2.4cm×20cm，移動相　純水，測定温度　24±1℃

れ示したものである。hタイプは高い動的吸着容量を有すIEX担体であることが判る。一方，rタイプは指標タンパク質を用いた時の回収性や溶出性に特徴を持つ。図9はCellufine MAX Q-rに動的吸着容量（10％）に相当するBSAまたはポリクローナル抗体をロードし，洗浄後，食塩にて溶出させた時の画分1mlを回収し，その濃度をグラフ化したものである。また，この時の溶出画分の濃度から求めた回収結果を表1に示した。これらの結果からCellufine MAX Q-rはBSAから分子サイズの大きな抗体にまで優れた回収性を示す担体であることが判る。

また，リガンド密度の最適化も担体設計には重要である。前述のHartらはアガロース粒子のデキストラン修飾型強カチオン担体におけるイオン強度（リガンド密度）とモノクローナル抗体の動的吸着容量の関係について詳細に調べている[10]。これによれば，リガンド密度の増加とともに動的吸着容量も増えていくが，あるイオン強度を境に動的吸着容量は低下していた。Cellufine MAX強カチオン担体においても，リガンド密度（イオン交換容量）とポリクローナル抗体の動的吸着容量の関係を調べると，図10に示した通りHartらの結果と同様の傾向を示した。一方，抗体分子に比べ分子量が約6000と非常に小さいインシュリンでは，同じイオン交換容量の範囲

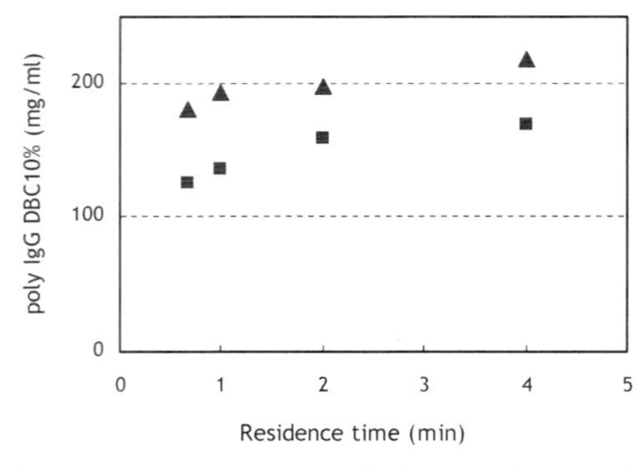

図7　Cellufine MAX S-h（▲）およびS-r（■）における保持時間とポリクローナル抗体動的吸着容量の関係

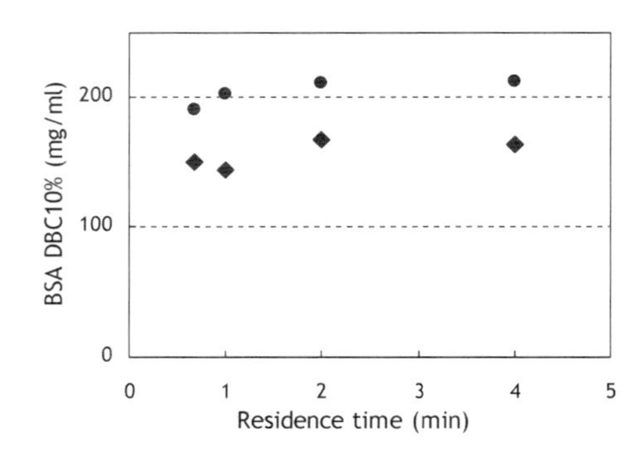

図8　Cellufine MAX Q-h（●）及びQ-r（◆）における保持時間とBSA動的吸着容量の関係

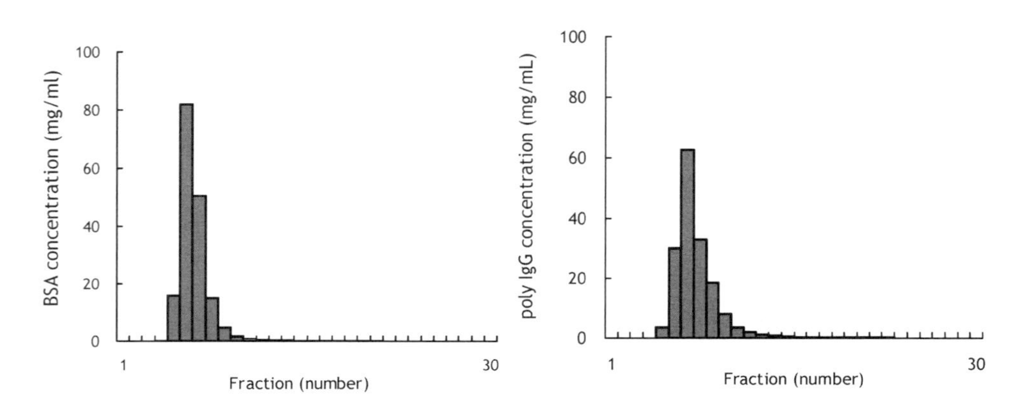

図9　Cellufine MAX Q-rの溶出特性（左：BSA，右：ポリクローナル抗体）
カラム　ID6.6mm×50mm，線速　150cm/h，ロード時のタンパク質濃度　1mg/ml
BSA 吸着・洗浄　50mM Tris-HCl(pH8.5)，BSA溶出
50mM Tris-HCl(pH8.5)-0.5M NaCl
poly-IgG　吸着・洗浄　50mM Tris-HCl(pH9.5)，poly-IgG溶出
50mM Tris-HCl(pH9.5)-0.5M NaCl

では，イオン交換容量の増加とともに動的吸着容量も増加していた（図10）。このようにタンパク質の性状によってリガンド密度を最適化する必要がある。

これら以外に粒子径も担体の流速特性や分解能などに影響を及ぼす因子である。一般に，粒子径が小さいほど理論段数は高くなり分離能は向上していくが，逆に圧力損失が増加する。従って，粒子径が小さな担体は処理時間より不純物を如何に取り除いていくかが重要となる分離精製の下流工程により好適とされている。このようにクロマトグラフィー工程の目的や用途に応じて粒子径は選定される必要がある。

以上述べたような担体性能に関与する因子を最適化していくことは，担体開発に重要である。このような検討を進めることでさらに高機能な担体やカスタマイズされた担体を開発できると考

表1　Cellufine MAX Q-rの吸着及び回収率のまとめ

	BSA	poly-IgG
動的吸着容量（10％）	190mg/ml	170mg/ml
回収率	92％	98％

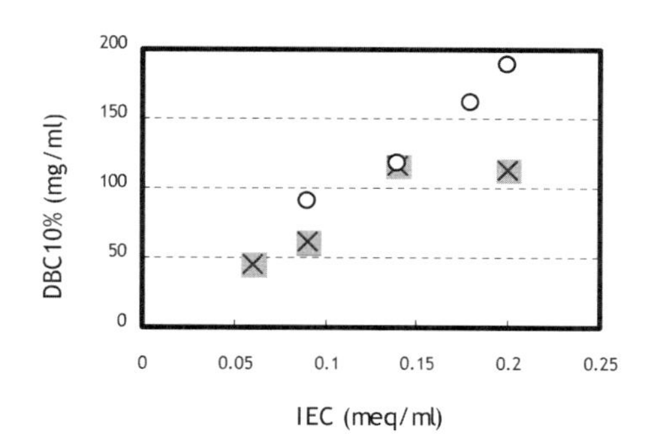

図10　イオン交換容量と動的吸着容量の関係
○（ヒト組換えインシュリン），×（ポリクローナル抗体）

えている。

これまでバイオ製剤の多くを占めるタンパク質を例に話を進めてきたが，近年，ウイルスやウイルス様粒子，高分子多糖や核酸医薬など多岐にわたる製剤開発も進んでいる。これらは分子量（サイズ）や電荷などの性状が異なっており，これらの製造に適した担体の開発も必要である。特に，近年，ウイルスなど数十～数百nmサイズをもつ粒子をクロマトグラフィーにより分離，精製したいという要望も高まっている[11]。大きなサイズを持つこれらのウイルスは，担体の最表部のみとの吸着・脱着となるためタンパク質と異なる設計が必要である。特に，担体の表面構造とリガンドの配置が設計には重要となってくる。多様な生理活性を示すヘパリンを模倣したCellufine Sulfateは，ベース担体に排除限界分子量が3000程度と非常に小さなポアサイズ特性をもつセルロース粒子を用い，リガンドとなる硫酸エステル基は粒子の最表面に導入されているという特徴をもつ。このリガンドの効果的な配置により，担体の単位体積あたりにおいて少ないリガンド導入量であっても，図11のクロマトグラムおよび図12のSDS-PAGEの結果に示したように効率よく鶏卵由来のインフルエンザウイルスを吸着，精製することができた。Cellufine Sulfateはアフィニティー相互作用によりインフルエンザウイルスと吸着していると考えているが，特異性の高いアフィニティー担体の使用はクロマトグラフィー工程において効果的な方法とされている。アフィニティー担体ではリガンドの構造がとりわけ重要となってくる。代表的なアフィニティー担体であるプロテインA担体は特異性が高く優れてはいるが，高価な担体としても知られている。よって，抗体医薬製造のコスト低減につながる代替プロテインA担体の開発が担体メーカーに強く望まれている。安価で特異性の高いアフィニティーリガンドの探索および設計技術も担体メーカーには必要である。

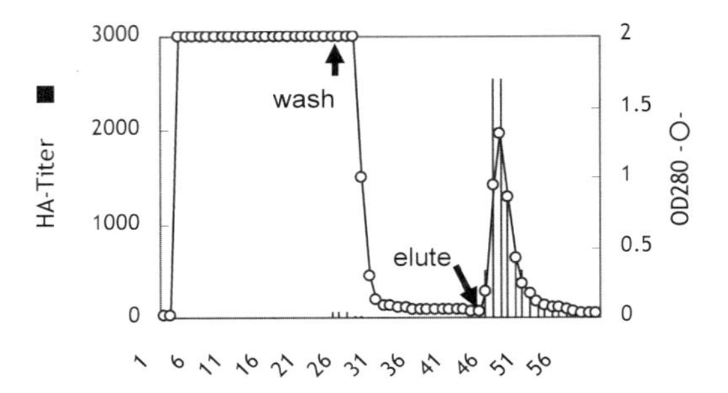

	HA-titer	Protein [μg]
Load	102,400	9,848
Elution	91,520 (89%)	800 (8%)

図11　Cellufine Sulfateによる鶏卵由来インフルエンザウイルス Vac-2（H7N7）株の精製
カラム　ID8mm×20mm，線速　120cm/hr
吸着　0.01M　リン酸バッファー（pH7.4），洗浄 0.01M　リン酸バッファー－0.19M NaCl（pH7.2）
溶出　0.01M　リン酸バッファー－3M NaCl（pH7.0）

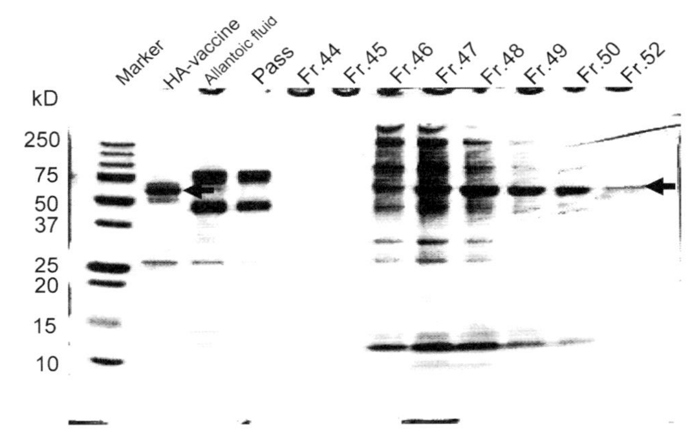

図12　Cellufine Sulfateによる鶏卵由来インフルエンザウイルス Vac-2（H7N7）株の精製（NaCl溶出画分のSDS-PAGE解析結果）

4　おわりに

目的物質の性質に応じて担体を最適化することで精製効率を高めることができる。さらに，宿主や培養条件によって不純物の量や種類は異なるため，培養プロセスにあわせて担体を最適化する。これによってもクロマトグラフィー工程を効率化できる可能性がある。いずれにせよバイオ製剤の進展に伴いクロマトグラフィー担体に要求される性能はますます高くなると考えられる。

特に，これからは製造コストの一層の低減につながる改良が求められるであろう。そのためには，目的物質に応じカスタマイズされた担体，あるいは高流速性や高吸着性に加え，高分離性も兼ねた担体，このような担体を適宜に提案していくことが重要である。ユーザーとのコミュニケーションを密にしてこのような担体開発を行い，今後ともバイオ製剤の発展に寄与していく所存である。

謝辞

Cellufine Sulfateを用いたインフルエンザウイルス粒子の吸着・精製検討をおこなうにあたり，北海道大学大学院獣医学研究科　喜田宏教授および迫田義博准教授には検討の機会，および多くの貴重なご助言賜りましたこと，深く感謝申し上げます。

文　　献

1） G. Guichon and B. Lin, "Modeling for Preparative Chromatography" ACADEMIC PRESS（2003）
2） G. Carta and A. Jungbauer, "Protein Chromatography" WILEY-VCH（2010）
3） J. J. Stickel and A. Fotopoulos, *Biotechnol. Prog.*, **17**, 744（2001）
4） D. G. Bracewell *et al.*, "Molecular Biology and Biotechnology, 5th Edition", p492, Royal Society of Chemistry,（2009）
5） E. Müller, *Chem.Eng.Technol.*, **28**, 1295（2005）
6） A. M. Lenhoff, *J. Chromatogr. A*, **1218**, 8748（2011）
7） J. Pezzini *et al., J.Chromatogr. B*, **877**, 2443（2009）
8） B. Lain *et al., Bioprocess International*, May, 26（2009）
9） B. D. Brown and A. M. Lenhoff, *J. Chromatogr. A*, **1218**, 4698（2011）
10） D. S. Hart *et al., J. Chromatogr. A*, **1216**, 4372（2009）
11） L. Pedro *et al, Chem.Eng.Technol.*, **31**, 815（2008）

第5章　酵母を用いた遺伝子組換え人血清アルブミンの大量生産技術

宮津嘉信[*1]，中島和幸[*2]，赤崎慎二[*3]

1　はじめに

人血清アルブミン（HSA）は，585個のアミノ酸からなる分子量約66.5 kDaの糖鎖を有さない単純タンパク質であり，分子内には17個のジスルフィド結合を有する。生体内では主に肝臓で合成され，血漿タンパク質の約6割をHSAが占めており，血液を正常に循環させるための膠質浸透圧の維持と，脂肪酸や酵素，ホルモン，薬物などを運搬するキャリアーとしての役割を担う。

医薬品としてのHSAは，1940年代に米国で，ヒトの血漿を原料とした工業的製法（コーンの低温エタノール分画法と呼ばれる血漿タンパク質の連続的分離法）が確立して以来普及が進み，ネフローゼ症候群，肝硬変症，熱傷などによる低アルブミン血症や出血性ショックの治療薬として広く使用されている。現在も世界のほとんどの血漿分画製剤メーカーがその方法でHSA製剤を製造しており，数量面では，静脈注射用タンパク製剤としては世界で最も多い約500トン（タンパク質換算）のHSA製剤が世界中で使用されている。他方，価格面では，タンパク製剤のなかでは最も低価格で販売されている医薬品でもある（図1）。

HSA製剤の国内の生産状況に目を向けると，HSA製剤の国内自給の推進に向けた取組みが進められるなか，2009年度に国内で使用されたHSA製剤の総量は約37トンであるが，その約4割強を輸入に依存している[1)]。今後，少子高齢化が進行し，献血を支える若年層人口が年々減少することを考えると，HSA製剤の完全自給化は容易ではない。このような状況の中，その解決に向けた一つの方策として，遺伝子組換え人血清アルブミン（rHSA）の実用化が期待されている。

HSAを遺伝子組換え技術で生産しようとする研究は1980年代から世界中で行われてきた。しかしながら，実験室レベルでは成功するものの，臨床的には1回に数十グラムオーダーのHSAが投与されることから，その医薬品化においては，従来のバイオ医薬とは全く異なる次元での低コスト化，高純度化，そしてトンスケールの量産といった障壁が立ちはだかって，ほとんどの企業が断念することとなった。そのような状況の中，現在国内2社がそれぞれ別の宿主でrHSAの

＊1　Yoshinobu Miyatsu　一般財団法人　化学及血清療法研究所　試作事業部　部長
＊2　Kazuyuki Nakashima　一般財団法人　化学及血清療法研究所　試作事業部　試作事業第1課　課長
＊3　Shinji Akasaki　一般財団法人　化学及血清療法研究所　試作事業部　試作事業第1課

実用化を目指している。1つがメタノール資化性ピキア酵母（*Pichia pastoris*），そしてもう1つが酵母（*Saccharomyces cerevisiae*）である。前者のメタノール資化性ピキア酵母を用いて生産されたrHSA製剤については，2007年に世界初のHSA代替医薬品として承認され[2)]，2008年から一時販売されたが，その後供給が停止されている。

一方，我々は1999年に，英国Delta社（現Novozymes Biopharma）から酵母（*S. cerevisiae*）を用いたrHSA生産の基本技術を導入し[3)]，rHSAの商業生産技術の開発に着手した。2005年には，rHSAのタンパク量として数トンスケールの生産能力を有する商業生産工場（図2）を建設して量産体制を整え，HSA製剤の代替としての医薬品開発を進めているところである。また一

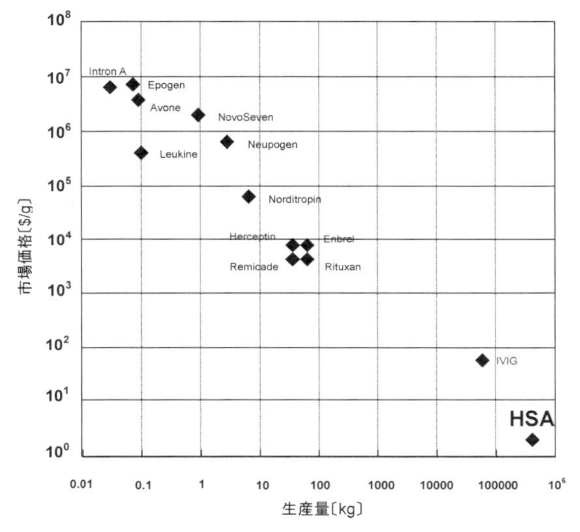

図1　主なタンパク製剤の生産量と市場価格
引用：日本ミリポア㈱Bio Forum 2002配布資料

図2　rHSA商業生産工場
①工場全景，②主培養槽，③ハーベスト遠心分離機，④精製用カラム

方で，2008年からは添加剤など医薬品以外の用途で世界に向けて供給している。

本稿では，我々がrHSAの商業化に向けて導入した高効率・高生産性の大量生産技術とrHSAの品質管理の一部について紹介したい。

2 rHSAの大量生産技術

2.1 酵母による異種タンパク質生産

酵母は人類が古くから利用してきた有用微生物であり，ビール，ワイン，日本酒などのアルコール飲料製造から，パンや日本の伝統的食品である味噌や醤油など多くの発酵食品の製造に利用されてきた。近年では，真核生物のモデル生物として分子遺伝学や分子生物の発展に貢献してきた。また，現在，酵母のゲノムも完全に解読されている[4)]。

酵母を異種タンパク質の生産に利用する利点としては，これまで研究されてきた酵母の分子生物学などの知見が活用できる，増殖速度が速いため培養工程の設備生産性を高めることができる，培地が安価，大量培養が容易，大腸菌に比べて比較的分子量が大きいタンパク質を可溶性タンパク質として発現させやすい，哺乳動物由来のウイルス感染のリスクがないことが挙げられる。また，日本の強みである長年培われた酵母の発酵技術を活用できることも利点と言える。

酵母の発現系を，医薬品生産に応用した代表的な成功例はB型肝炎ワクチンである。米国では1986年，日本では1988年に上市され[5)]，それ以来，現在まで四半世紀にわたり世界中で使用されているが，これまで安全性の問題が起こったことはない[6)]。

2.2 rHSA生産株の作製

酵母はタンパク質生産に適した宿主である一方，従来の酵母発現系では発現量が低く，そのままではrHSA生産用の宿主として利用できなかったため，突然変異導入や遺伝子組換え技術を駆使して酵母の改変を繰り返し，rHSAの生産に利用できるまでに至った。その主な改変ポイントは次の通りであった。

・翻訳後のrHSA分子内のジスルフィド結合形成促進因子の発現増強

・rHSAタンパク質の細胞外への分泌効率向上

・酵母由来プロテアーゼの欠損化

・完全合成培地における増殖性向上

一方，rHSAの大量分泌生産のための発現プラスミドの構築に際しては，*S. cerevisiae* 2μmプラスミドを基本とした酵母ー大腸菌シャトルベクターであるpSAC35[7)] を使用した。pSAC35には2μmプラスミドの特徴である599 bpの反復配列が組み込まれており，この間に，ラクタマーゼ遺伝子を含むクローニングベクターpUC9配列が挿入されている。pSAC35によって形質転換された大腸菌はアンピシリン耐性を示し，プラスミドは複製維持されるが，一旦，酵母に導入されると，プラスミド上の反復配列間で相同組換えが起こり，このシャッフリングにて，大腸菌由来のpUC9配列は脱落するように設計されている。この脱落により，プラスミドは酵母核内で安定的に複製維持される。rHSAの発現プラスミドは，pSAC35上にPRB1プロモーター，分泌リーダー配列/HSA構造遺伝子，ADH1ターミネーターを順に連結した発現カセットを挿入して作製された。

rHSA生産株は，この発現プラスミドをエレクトロポレーション法により酵母に導入して作製された。本生産株を用いることで，特別な誘導操作をすることなく，酵母の高密度培養を行いrHSAを培地中に大量に分泌生産させることが可能となった。

2.3　培養の生産性向上

培養工程は単にrHSAの生産量を高めるだけではなく，安定した品質のrHSAを恒常的に生産できるように最適化しなければならない。そのためには，培養温度，pH，溶存酸素濃度，基質濃度などの培養環境と，酵母の代謝を制御することが重要となる（図3）。しかし，従来の培養技術では，培養スケールが大きくなるほど，その制御が難しくなり，培養環境と酵母の代謝は不安定になるといった課題を抱えていた。

そこで，rHSA生産株の大量培養（フェッドバッチ培養法）においては，この課題の解決を図って，培養の再現性とrHSA品質の恒常性を確保しながら，培養槽1基（実容量27トン）で年間約10トンのrHSAタンパク質を未精製バルクハーベストとして生産できる培養方法を完成させた。

ここでは，実生産設備に適用した厳密な培養制御技術について，その事例を紹介する。

2.3.1　温度制御

従来の培養温度制御では，フィードバック制御が広く使用されてきた。フィードバック制御は，培養温度の実測値と制御目標値の偏差を温度調整用冷媒（ジャケット水）の温度設定にフィードバックして培養温度の調整を行う方式である。しかし，この方法では，制御プロセスにおいてタ

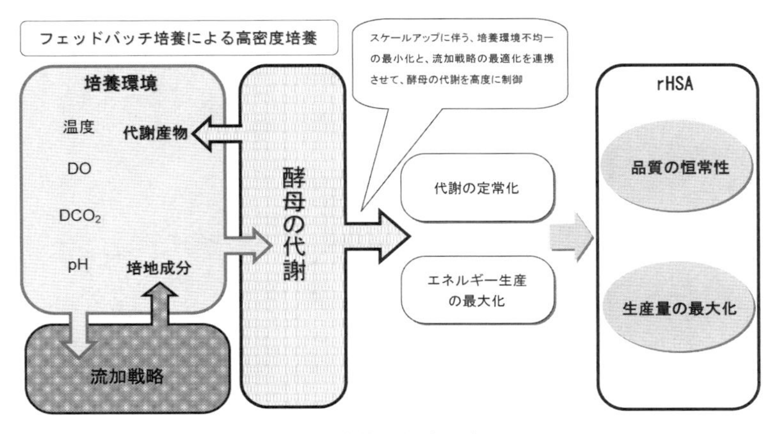

図3　培養の生産性向上

イムラグが発生するため，酵母の発熱量の大きくなる高密度培養期では温度ハンチングを起こしやすく，培養スケールが大きくなると高精度の培養制御が困難となるといった問題を有していた。

この問題を解決するために採用したのが，予測的制御であるフィードフォワード制御である。この制御方式は，酵母の呼吸速度または培養時間を指標として，酵母の一定時間後の発熱量を予測してジャケット水の設定温度を決定していくものである。この方式では，制御プロセスでのタイムラグが発生しないため温度振幅を大幅に抑制することができる。さらに，この制御方式を基軸としてフィードバック制御を併用することによって，厳密な温度制御が可能となった。

2.3.2　pH制御

pH制御は，高濃度のpH調整液を用いて，培養槽上部からの滴下，あるいは培養液中へ直接添加する方法が一般的である。しかし，いずれの添加方法もpHの局所的な偏りが発生し，rHSA生産性や品質へ影響が懸念された。

この問題を解決するために導入した技術が，液体のpH調整剤を直接培養液に添加するのではなく，一旦スパージングエアに混合ミスト化してスパージングエアと一緒に供給する方法である(図4)。培養液中に高速で放出されたミスト化pH調整剤は瞬時に分散，混合されるため，pHの局所的な偏りが解消された。さらに，制御方式を培養温度と同様にフィードフォワード制御とフィードバック制御を併用したハイブリッド方式とすることで，厳密なpH制御が可能となった。

2.3.3　酵母の代謝制御

酵母は，好気状態では好気呼吸によりATPを産生して効率よくエネルギーを獲得することができるが，培養環境の基質濃度が高すぎると代謝経路がアルコール発酵へシフトし，エネルギー産生効率が低下する。従って，フェッドバッチ培養法による酵母の高密度培養を行う場合は，酵母の代謝を常に好気呼吸状態に維持させる流加戦略が重要である。

酵母の代謝状況を把握する指標としては，酵母の通気培養中に通気ガスと排気ガス中の酸素濃度と二酸化炭素濃度をオンラインで連続モニタリングし，消費された酸素濃度に対して発生した

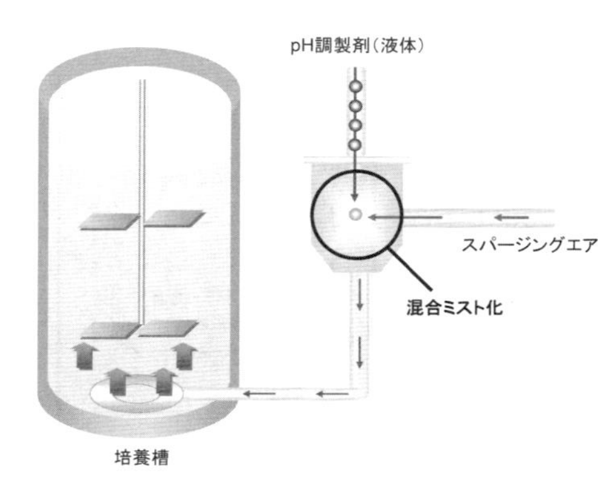

図4　pH調製剤のスパージングエアとの混合ミスト化供給

二酸化炭素量を計算することにより求められる呼吸商（RQ）が知られている。また，目的とする代謝系を効率良く行わせるための流加制御に活用することも可能であり，RQ制御培養と呼ばれる[8]。しかし，RQ制御培養もフィードバック制御であることから，温度やpHのフィードバック制御と同様に，制御プロセスにおいてタイムラグが発生するため，厳密な代謝制御は困難であった。

この問題を解決するために構築した流加制御方式が，前述の温度制御とpH制御と同様，フィードフォワード制御とフィードバック制御を併用したハイブリッド方式である。具体的には，酵母の増殖を数式化した指数流加式に基づく連続的な基質流加を基軸とし，RQの値から酵母代謝にアルコール発酵の兆候が確認された場合は，流加量を制限するフィードバック制御が行われる。この方式による厳密な代謝制御によって，使用糖量に対する菌体生産量とrHSA生産量を最大とすることができ，且つその再現性も非常に高い。

2.4　精製工程の効率化技術

一般的に投与量が多いバイオ医薬品は，安全性の点から，必然的に高い純度が要求される。従って，1回の投与量が数十マイクログラムから数十ミリグラムであった第一世代のバイオ医薬品と比べると，rHSAの投与量はその1,000倍から10,000倍の量に相当することから，rHSAの精製工程においては桁違いの高純度が要求された。一方で，HSAはタンパク製剤の中で最も安価な医薬品であることから，過去に例をみない低コストが要求された。

この相反する課題をいかに両立させるかがrHSA製法開発における最難関課題となったが，基本方針として品質優先の製法開発を行い，図5に示す精製法を完成させた。品質を最優先としたことで，製造工数の増加などに伴うコスト増を免れない場合もあったが，その分，生産システム全体の徹底的な効率化を図り，低コストを実現した。

ここでは，低コスト化のために実生産設備に適用した精製工程の高効率化技術について，その事例を紹介する。

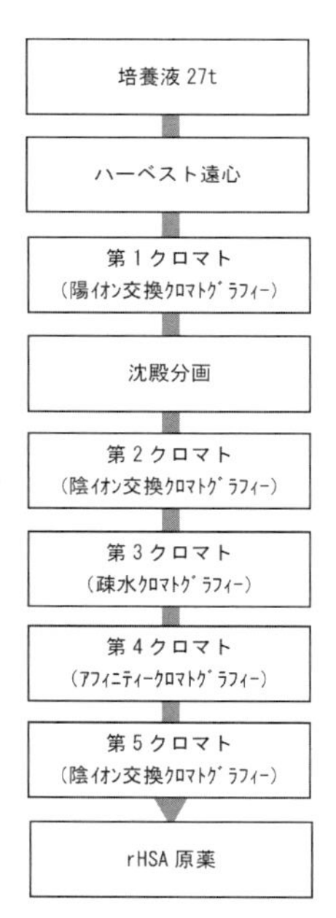

図5　rHSA精製フロー

2.4.1　バッファー設備のダウンサイジング

数種のクロマトグラフィー工程を有するrHSAの精製工程においては，多種多様かつ大量のバッファーが必要となることから，従来の個別にバッファーを作製する方法では，その作製・保管のために巨大な設備が必要となる。

そこで，効率的なバッファー作製システムとして，予め調製した数種類の濃縮ストック溶液から，精製工程で使用する数十種類のバッファーをインラインで自動的に調製するシステムを構築した（図6）。このシステムの導入によって，バッファー設備の規模が通常の1/10以下までダウンサイジングされ，またバッファー調製に関わる作業工数も大きく削減された。

2.4.2　精製設備の稼働率向上と自動化

バイオ医薬品の製造管理においては，バッチ単位で全工程を管理することが求められることから，一般的に設備全体の稼働率は低くなる傾向にある。しかし，rHSA生産の場合は，従来の稼働率が低い生産方式では求められる低コストの達成は困難であった。

そこで，rHSAの生産においては，連続生産方式に近い高稼働率を達成できるバッチ生産方式として，1つの精製ラインで複数バッチを効率的に同時生産する生産方式（連続的バッチ生産方式）を構築した。すなわち，一連の精製工程を1日のサイクルタイムで処理できるサブ工程（複

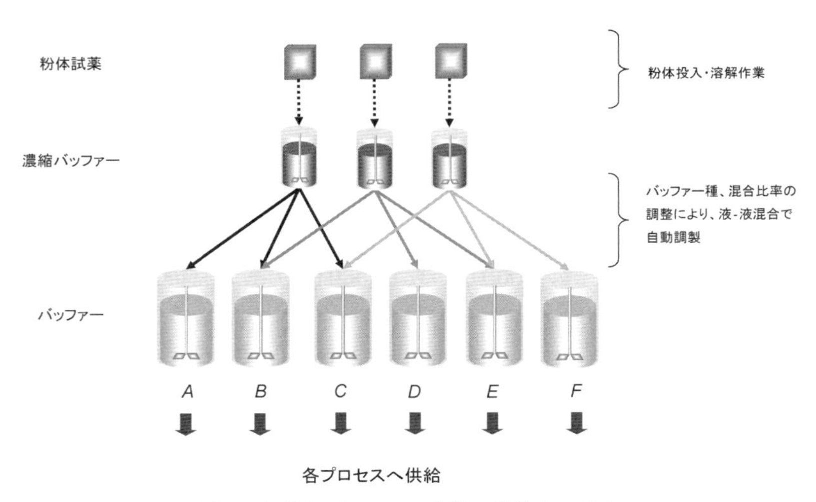

図6　高効率バッファー作製・供給システム

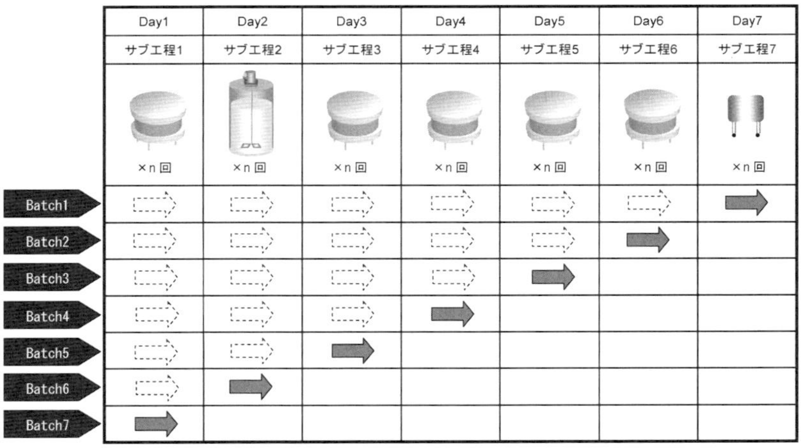

	Day1	Day2	Day3	Day4	Day5	Day6	Day7
	サブ工程1	サブ工程2	サブ工程3	サブ工程4	サブ工程5	サブ工程6	サブ工程7
	×n回	×n回	×n回	×n回	×n回	×n回	×n回
Batch1							
Batch2							
Batch3							
Batch4							
Batch5							
Batch6							
Batch7							

図7　連続的バッチ生産方式（稼働率100％）
：実施済，　：実施中

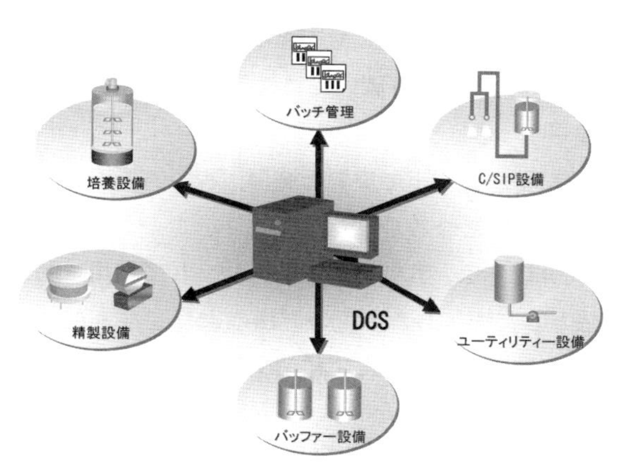

図8　DCSによるプラント制御

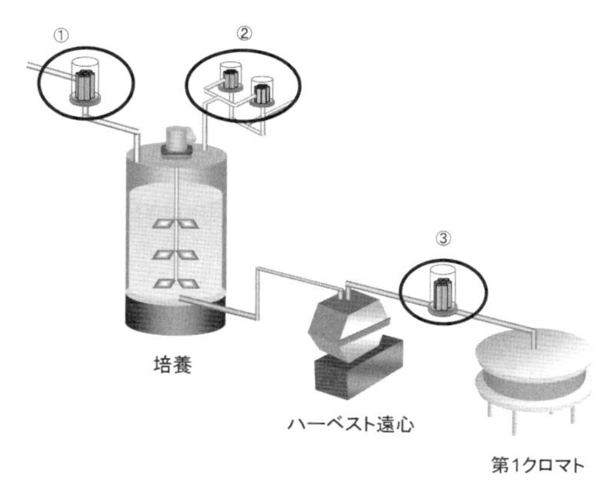

図9　フィルターコスト削減の重点ポイント
①培地ろ過フィルター，②培養槽ベントフィルター，③清澄ろ過フィルター

数回処理）に分割し，分割した各サブ工程をバッチ単位で管理する方式である。理論的には，最初のバッチ精製を開始した翌日には2番目のバッチ精製を開始することができ，その翌日には3番目のバッチ精製を開始することができる。そして，これを順次続けていけば，ある時点からは稼働率100％の状態を作り出すことができる（図7）。また，この複雑な生産方式の制御システムとして，分散制御システム（DCS）の導入が行われ，各種機器の監視および制御を行っている（図8）。

この生産法方式を導入したことで，プロセス機器の大幅なダウンサイジングと自動化により作業工数の大幅な削減が達成された。ただし，実際の運用においては，低い稼働率から徐々に上げていき，適切な稼働率を設定する必要がある。

2.5　原材料コスト削減

バイオ医薬品の生産において，原材料コストの低減は重要課題の一つである。rHSA生産の場合は，フィルターコストが原材料コストとして大きなウェイトを占めるため，特にフィルターの使用量が多い上流工程中の3箇所に重点を置いてコスト削減を図った（図9）。

2.5.1 培地ろ過フィルター

培地のろ過滅菌は，無菌培養を行う上で重要な滅菌工程であるが，大量の培地をろ過滅菌するためには大量のフィルターが必要となる。

そこで，易熱性の培地成分以外は，乳製品の殺菌方法として利用されている高温短時間殺菌法（HTST法）を培地滅菌法として導入した。この方法により，フィルターコストが大幅に削減されたとともに，殺菌処理を短時間で行えるため作業工数も削減された。

2.5.2 培養槽のベントフィルター

培養槽内に大量に空気を送って攪拌を行う酵母の培養では，排気ガス中に培養液のミスト成分が多く含まれるため，ベントフィルターの目詰まりが起りやすい。フィルターの目詰まりは，高頻度交換によるコスト増だけの問題ではなく，培養工程自体のリスクにもなる。この問題を解決するために，排気ガス配管中のベントフィルター前に高性能ミストセパレーターを設置して，排気ガス中のミストを分離除去する方式を導入した。これによって，ベントフィルターの長期使用が可能となりフィルターコストが大幅に削減されたとともに，培養中のフィルターの目詰まりリスクも低減された。

2.5.3 清澄ろ過フィルター

培養後のハーベスト工程である遠心分離において，大量に増殖した酵母の菌体分離が十分に行われないと，遠心上清に含まれるrHSAの回収率が下がるとともに，次工程の第1クロマト工程前の清澄ろ過工程で目詰まりを起こし，大量のフィルターが必要となる。

この問題を解決するために，複数の遠心分離機を直列に配置した多段遠心法を導入した。この遠心方式により，rHSAの回収率向上と清澄ろ過工程でのフィルター使用量の削減が達成された。

3 rHSA品質管理とHSAとの同等性

rHSAの精製工程で除去すべき不純物には，目的物質由来，宿主由来，工程由来などがある（表1）。その中でも，臨床用途での安全性を高めるためには，宿主由来タンパク質（HCP）の除去に最も重点を置いた品質管理を行わなければならない。

HCPを高感度で検出する分析系としては，特異性の異なる2種類の抗HCP抗血清および抗体を調製して，*in vitro*試験としてELISAとWestern blottingを，*in vivo*試験としてモルモット受身皮膚アナフィラキシー試験（PCA）とモルモット能動的全身性アナフィラキシー試験（ASA）を構築し，これらを利用して製法開発や工程管理，製品の品質試験を行ってきた。

図10のグラフに，実生産スケールにおける精製工程でのHCP除去状況を示している。横軸は左から右に向かって上流工程から下流工程の各工程が順番に並んでいる。縦軸はHCP含有量を

対数目盛で示していて，その量は各工程でrHSA量とHCP量を測定して求められたrHSA 1グラム当りのHCP量である。従って，その数値が低いほどrHSAの純度は高いとみなされる。グラフを見て分かるように，HCP量は工程が進むにつれて指数的に減少していき，精製工程の中盤では，精製開始時の数百万分の一以下まで減少して，2種類のELISAともに定量限界（8ng/g-rHSA）以下となる。また，グラフ上にはモルモットPCAの結果も示しているが，精製工程中盤には2種類の抗血清ともに陰性となっていることから，本精製工程はHCPに対して十分な除去能力を有していて，安全で堅牢性の高い製造方法であることが示された。

また，得られたrHSAについて，ヒト血漿由来HSAとの同等性を検証するために各種の特性解析を実施した（表2）。その中から，質量分析と多分子結合能の結果を図11，図12に示す。

上記の特性試験の結果から，rHSAの分子均一性は高く，rHSAはHSAと同等の構造及び生物学的性質を有していることが確認された[9]。

表1　rHSAのドラッグプロファイル

有効成分		不純物		
目的物質	関連物質	目的物質由来	宿主由来	工程由来
モノマー	ダイマー	未成熟体	宿主由来タンパク質	消泡剤
	ノンメルカプト体	マンノシル化体	酵母由来DNA	クロマト担体溶出物
	脱アミノ体	ポリマー	酵母由来色素	微量金属
	N末アミノ酸欠損体	カルバミル化体		エンドトキシン

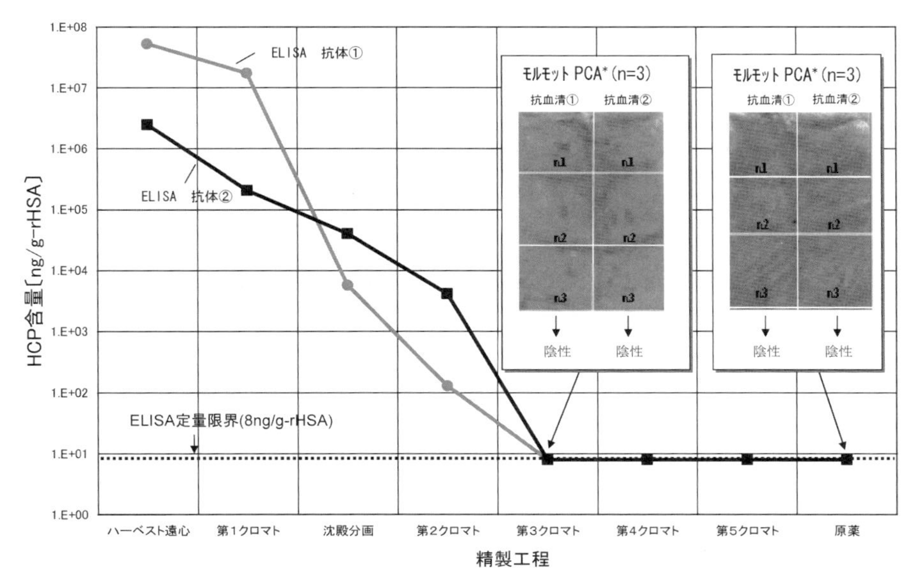

図10　精製工程でのHCP除去状況（ELISA・PCA）
抗体①，抗血清①：沈殿分画工程前のHCPを免疫源として調製
抗体②，抗血清②：沈殿分画工程後のHCPを免疫源として調製
*：陰性コントロールデータ，陽性コントロールデータは省略した

表2　rHSAの特性解析

・質量分析	・ジスルフィド結合
・アミノ酸組成	・コロイド浸透圧
・N末端アミノ酸配列	・多分子結合能
・C末端アミノ酸配列	・核磁気共鳴（MMR）
・ペプチドマップ	・X線結晶構造解析

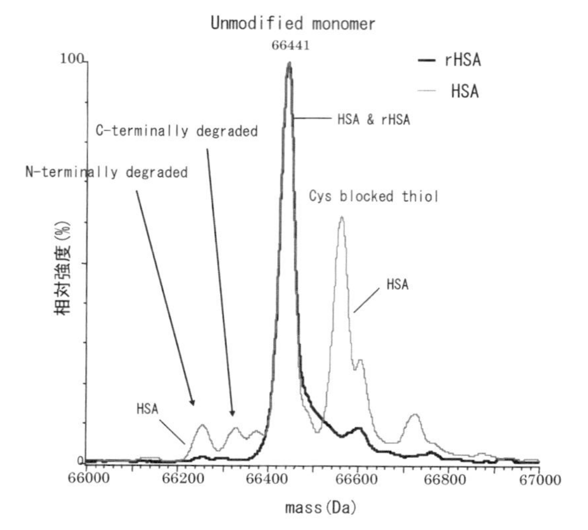

図11　質量分析
rHSAはHSAより均一なパターンを示し，主ピークの質量は66441でHSAの非修飾分子の質量と一致した

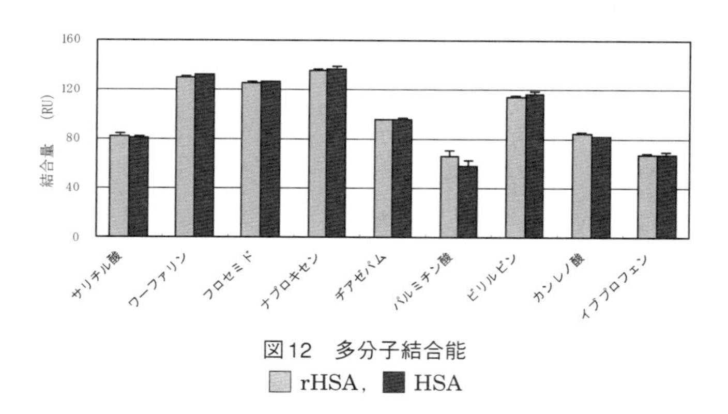

図12　多分子結合能
▒ rHSA，■ HSA

4　rHSAの新たな展開

ウイルスやプリオン等の感染性物質の混入リスクがなく，高純度で，バッチ間の品質の恒常性が高いrHSAに世界的な関心が集まっており，これを利用した医薬品以外の用途開発が進んでいる。バイオ医薬品への安定剤を初めとして，再生医療用の培地成分や医療機器のコーティング剤，

ドラッグデリバリーシステム担体，イメージング剤などである。我々はこれに応えるべく，2008年よりrHSAを世界に向けて供給している。

5　おわりに

バイオ医薬品の歴史を振り返ると，1982年に世界で始めて大腸菌を使ったインシュリン製剤が登場してから30年目を迎えるが，ニッチ産業としてスタートしたバイオ医薬品の分野は，現在では世界中の大手製薬企業が進出する成長産業へと変貌を遂げており，世界各地で大規模プラントの建設が行われている。このような状況の下，製造コストの低減は市場での競争優位性を左右する重要課題となってきており，医薬品メーカーは各社しのぎを削って技術開発を行っている。

今日，酵母の糖鎖改変技術の進展によって，酵母の生産系は，治療用抗体などヒト型糖鎖を持つ糖タンパク質の生産手段としても実用化に向けた検討が進んでおり[10]，安全で安価なバイオ医薬品の生産手段として，今後益々その重要性は増していくものと考えられる。

本稿では，現在各社が取り組んでいるバイオ医薬品の低コスト化に先んじて，我々がrHSA生産の工業化においてチャレンジしてきた大量生産技術について紹介したが，今後のバイオ医薬品の製造技術を考える上で，何らかの参考になれば幸いである。

文　献

1）厚生労働省医薬食品局血液対策課，平成22年版血液事業報告書，50-52，(2011)
2）大谷渡ほか，人工血液，**16**（3），146-161，日本血液代替学会（2008）
3）M. David *et al., Innovations in Pharmaceutical Technology*, **22**, 42-44（2007）
4）A. Goffeau *et al., Science*, **274**, 546（1996）
5）宮津嘉信ほか，VIRUS REPORT, **4**（2）32-39（2007）
6）国立感染症研究所，B型肝炎ワクチンに関するファクトシート，1-21（2010）
7）A. Simon *et al., Curr Genet.*, **16**, 21-25（1989）
8）合葉修一，日本農芸化学会誌，**61**，162（1987）
9）中島和幸ほか，化血研所報　黎明，**17**，42-54（2008）
10）K. Kuroda *et al., Appl. Environ. Microbiol.*, **74**, 446（2008）

バイオ医薬品製造の効率化と生産基材の開発《普及版》(B1259)

2012年 4月 2日　初　版　第1刷発行
2018年 10月11日　普及版　第1刷発行

監　修　山口照英　　Printed in Japan
発行者　辻　賢司
発行所　株式会社シーエムシー出版
東京都千代田区神田錦町 1-17-1
電話 03(3293)7066
大阪市中央区内平野町 1-3-12
電話 06(4794)8234
http://www.cmcbooks.co.jp/

〔印刷　あさひ高速印刷株式会社〕

ISBN978-4-7813-1296-5 C3045 ¥5300E